地中熱ヒートポンプシステム

改訂2版

北海道大学 環境システム工学研究室 編

推薦のことば

　近年，地球温暖化対策を進めながら持続的社会をつくっていくことが人類共通の課題となっている．2015 年に採択されたパリ協定と SDGs（持続可能な開発目標）は世界全体でこの大きな課題に取り組む国際的な枠組みであり，これらの取組みにおいて再生可能エネルギーの利用拡大はなくてはならないものとなっている．再生可能エネルギーの熱利用として，地中熱利用に取り組む意義はここにある．

　地中熱は国の政策にもなっているが，利用拡大を進めるには関連する分野の人々のリテラシーをもっと高めていく必要がある．リテラシーとは，「物事を正確に理解し，活用できること」という意味である．地中熱という言葉は，昨今では建築・設備関連の分野で広く使われるようになってきているが，その中でどれだけの人が地中熱のリテラシーをもっているといえるだろうか．地中熱を理解するだけでなく，それを活用できる能力を含めての地中熱リテラシーである．この地中熱リテラシーを高めていくには，利用技術を体系的に記述した教科書が必要であり，その役割を果たしているのが本書である．

　本書の初版が 2007 年に出版された後，NPO 法人 地中熱利用促進協会による地中熱基礎講座が 2010 年 3 月から計 16 回実施されており，そのテキストに本書が使用された．この基礎講座の目的は，地中熱利用に関する基礎的な知識の習得にあり，講義では本書を執筆された先生方に講師になっていただき，地中熱ヒートポンプシステムの基礎知識だけでなく，将来展望などについてもお話をいただいている．基礎講座にはこれまでに，業務で地中熱に関わる人，地中熱の設計・施工に携わる技術者，自治体の営繕部門の担当者，再生可能エネルギー関連事業の技術者，学生など多くの方が受講されている．

　本書改訂 2 版では初版に続き，これからの地中熱基礎講座のテキストとしても活用が予定されている．地中熱リテラシーの向上はさまざまな場での教育により実現できるものであり，大学での教育はもちろんのこと，本書を用いた基礎講座のような場での社会人教育もリテラシーの向上に役立つものである．

　今後電力の脱炭素化が進めば，太陽光や風力，地熱で発電された再エネの電気を使って，地中熱利用が CO_2 フリーでできる時代がいずれ到来するであろう．そうなれば地球温暖化の進行に歯止めをかけられる．地中熱ヒートポンプは通常のエアコンと違って，冷房排熱を大気中に放出しない．ヒートアイランド現象の歯止めにもさらなる貢献が期待できる．このような未来をつくるために，地中熱リテラシーを高めていける本書を多くの方々に推薦したい．

2020 年 9 月

NPO 法人 地中熱利用促進協会

理事長　笹 田　政 克

改訂 2 版刊行にあたって

　2007 年（平成 19 年）に北海道大学大学院工学研究科寄附講座「地中熱利用システム工学講座」が著した『地中熱ヒートポンプシステム』が出版されてから早 13 年が経過した．本書は地中熱ヒートポンプシステムの入門書であるとともに，実務でも計画・設計のイロハがわかるように取りまとめた，当時としては唯一の計画・設計のガイドブックであった．

　この間，わが国の地中熱ヒートポンプシステムの累計設置件数はクローズドループ・オープンループ合わせて 7 倍以上（2018 年までに 3 000 件）の市場に成長した．認知度はまだまだ十分とはいえないが，それでも発注者である国や地方公共団体はじめ建物オーナーやプロポーザル側の設計事務所やコンサルタント，請負者となる建設会社や大手設備会社，さらには地場の工務店や設備工事店に至るまで，技術者であればその大半が地中熱のことを耳にしたことがあるところまで浸透してきたと思う．この点に関して本書の第 1 版が果たした貢献は少なくはないと自負している．

　さて，この 13 年間を振り返ってみると，地中熱ヒートポンプシステムを取り巻く国内外の状況は大きく変化した．まず，2010 年 6 月の「エネルギー基本計画」である．この中で温度差エネルギーとして地中熱が導入拡大すべき再生可能エネルギーと明示され，国としても地中熱利用の本格的普及に動き出したことは大きな追い風となった．2011 年 3 月に起きた東日本大震災では地震と津波による甚大な人的・物的な災害に加え，福島第一原子力発電所の事故により多くの方が被災し首都圏も含めた東京電力管内の電力供給が逼迫した．以降，発電のための化石燃料消費が増大し電力料金の値上げが繰り返され，電力の二酸化炭素排出係数も増大した．

　一方，2015 年 12 月には新たな気候変動に関する国際的枠組みである「パリ協定」が採択された．これをふまえ国内では，特定建築物に対して建築確認時の省エネルギー基準適合を義務化する「建築物省エネ法」が 2017 年に施行された．この中で地中熱ヒートポンプシステムは省エネルギー空調システムの一つとして組み込まれ，適合化のために地中熱ヒートポンプシステムの導入検討がなされる機会も多くなってきた．またこの間，新エネルギー・産業技術開発機構（NEDO）は，「再生可能エネルギー熱利用技術開発（2014〜2018 年度）」，「再生可能エネルギー熱利用システムに掛かるコスト低減技術開発（2019〜2023 年度）」と 2 度にわたるナショナルプロジェクトを実施している．

　しかし，いまだに高コストから脱却できず，導入にはまだ設置補助金頼りの部分も大きいといえる．また最近は補助対象が建物の ZEB 化，ZEH 化に対するもので，地中熱ヒートポンプシステムはその 1 アイテムである．こういった情勢の中，ここ数年の導入件数は伸び悩んでいる状況である．地球温暖化防止のための化石エネルギー消費起源の二酸化炭素排出量の削減は必須であり，あらゆる分野で再生可能エネルギーへの転換を進めてい

かなければならない．中でも民生用エネルギー消費量の約半分を占める暖冷房・空調・給湯用の熱エネルギーは低温の需要であり，再生可能エネルギー熱利用，特に高効率が期待できる地中熱利用のさらなる導入推進は重要である．

そこで今回の「北海道大学 環境システム工学研究室」が編集した改訂 2 版では，地中熱ヒートポンプシステムとは何かをわかりやすく理解できる解説書として，また実務においても計画・設計がある程度できるように，2020 年時点までの情報を網羅して内容をアップデートした．同時に，地質学・地盤工学の基礎や地下水利用調査に関する簡単な情報を追加するとともに，事例なども最新のものとした．

本書が地中熱ヒートポンプシステムの基礎や計画・設計方法の理解に貢献し，それが再生可能エネルギー熱の一つである地中熱利用の普及へとつながり，地球温暖化防止の一助となることを期待する．

北海道大学大学院 工学研究院環境工学部門 環境システム工学研究室

教授 長 野 克 則

「地中熱ヒートポンプシステム」(改訂2版)

[執筆者一覧] (五十音順)

石上　　孝　三菱マテリアルテクノ株式会社
　　　　　　(3-2.2 ～ 3-2.5)

葛　　隆生　北海道大学大学院工学研究院
　　　　　　(1-6, 3-1, 3-2.1, 3-4 ～ 3-6, 4章, 7-1, 7-3, 7-4, 7-5.3, 付録2～4)

阪田　義隆　北海道大学大学院工学研究院
　　　　　　(2章, 6章, 7-2, 7-5.1, 7-5.2, 付録5)

長野　克則　北海道大学大学院工学研究院
　　　　　　(1章 (1-6を除く), 5-1, 5-2.1, 8章, 付録1)

中村　　靖　日鉄エンジニアリング株式会社
　　　　　　(3-3, 5-2.2)

「地中熱ヒートポンプシステム」(第1版)

[執筆者一覧]

北海道大学大学院工学研究科 地中熱利用システム工学講座
[執筆者代表]
　射場本忠彦 (1.1)
　成田　樹昭 (3.2, 3.3, 4.3, 5.1, 6.3, 付録1.2)
　武田　清香 (2.2, 2.5, 2.6, 5.2.1, 5.3.1, 付録1.3)
[執筆者]
　葛　　隆生 (1.6, 5.3.2, 5.4, 付録2.3)
　佐伯英一郎 (2.4)
　柴田　和夫 (2.3)
　柴田　耕平 (4.2)
　滝川　郁美 (付録1.1, 2.1, 2.2)
　田村　　裕 (付録1.1, 2.1, 2.2)
　中曽　康壽 (3.1)
　長野　克則 (1.2, 1.3, 1.4, 1.5, 4.1, 6.1, 6.2)
　中村　　靖 (2.4, 5.3.3, 付録2.3)
　濱田　靖弘 (2.1, 5.2.2)

目　次

6章　地中熱利用のための事前調査

7章　地中熱ヒートポンプシステムの設計

地中熱ヒートポンプシステムの基礎知識

01 ヒートポンプ利用の意義

1. 永久機関の夢

　現実にはあり得ないのであるが，外部からエネルギーを受け取ることなく仕事を行い続ける装置，すなわち"永久機関"への夢と試みは，あのレオナルド・ダビンチ（1452 ～ 1519 年）すら虜にした時期（後に否定）があったらしい．以来，数世紀を経た今日においても，"現代の錬金術"を幻想する人は後を絶たないというから"永久機関"は罪深い．

　現に，特許庁のホームページで"永久機関"を検索してみると，1997 ～ 2001 年の特許公開公報中に特許 52 件，実用新案 1 件が表示される．この中には，さすがに「永久機関ではないが，○○を有効に活用する…」との言い訳的な記述で，気圧や温度の変化などの自然現象を利用することで"永久機関もどき"を標榜しているものもある．もどきの背景には，特許庁が示す《特許・実用新案審査基準》中で，発明に該当しないものの類型の一つとして「自然法則に反するもの」をあげており，『発明を特定するための事項の少なくとも一部に，熱力学の第二法則などの自然法則に反する手段（例：いわゆる「永久機関」）があるときは，請求項に係る発明は「発明」に該当しない』と明記されているゆえと思われる．

　確かに，エネルギーの消費なしで機械が動いていれば，"地球温暖化問題"は起こっていないはずであるが，残念なことに永久機関は，熱力学の第一法則および熱力学の第二法則から，その実現が否定されている．

　熱力学の第一法則はエネルギー保存の法則ともいわれ，「ある閉じた系の中のエネルギーの総量は変化しない」，あるいは「熱と仕事とは本来同じもので，熱を仕事に変えることもできるし，仕事を熱に変えることもできる」と表現されている．仕事から熱への変換は**図 1.1** のジュールの実験に示すように，重りの降下によって加えられた仕事が熱となり，水槽内の温度を上昇させる．また，熱から仕事への変換は，**図 1.2** の摩擦のないシリンダの実験が示すように，加えた熱がシリンダ内の気体を加熱して膨張させ，動かされたピストンによって仕事がなされる．これらをさらに普遍化して考えてみると，**図 1.3** に示すように，加えられた熱 Q により外部に仕事 W をし，内部エネルギー U が増加（温度上昇あり）することから，$\Delta U = JQ - W$ となる（J：熱の仕事等量，後述）．

　一方，熱力学の第二法則は熱移動の方向性と質の法則ともいわれ，「熱は低温の物体から高温の物体へとひとりでに移動することはない（クラジウスの定理）」，あるいは「熱はひとりでに力学的な仕事に変わらない（トムソンの原理）」と表現される．

　結局，二つの熱力学の法則から"永久機関"は後述するように否定されることになる．なお，熱量，仕事量，および電力量の関係は**表 1.1** のように表される．

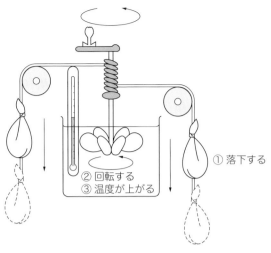

① 落下する
② 回転する
③ 温度が上がる

図1.1　ジュールの実験（熱量と仕事量の関係）

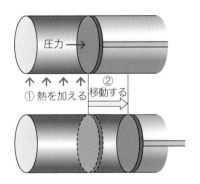

圧力→
① 熱を加える
② 移動する

図1.2　熱から仕事への変換

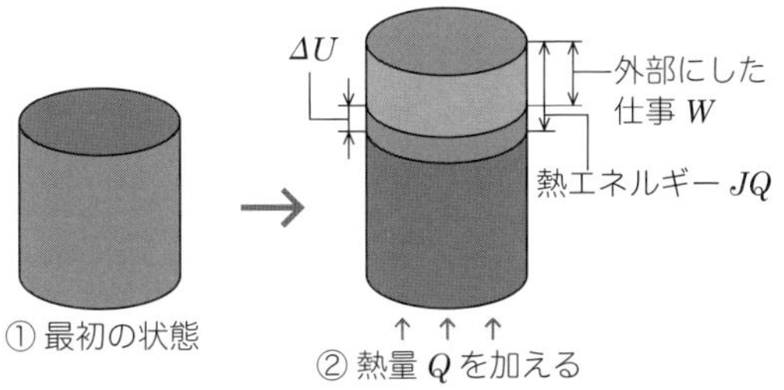

ΔU
外部にした
仕事 W
熱エネルギー JQ

① 最初の状態

② 熱量 Q を加える

物体に熱量 Q を与え，物体が外部に W の仕事をするとき，
物体の内部エネルギーは $\Delta U = JQ - W$ だけ増加する．

図1.3　内部エネルギーと仕事

表1.1　熱量，仕事量，電力量の関係

> ❶ 質量 1 kg の物体に 1 m/s² の加速度を与える力を 1 ニュートン〔N〕
> 　　　$1\text{ N} = 1\text{ kg} \times 1\text{ m/s}^2 \fallingdotseq 0.1\text{ kg} \times 10\text{ m/s}^2 \fallingdotseq 0.1\text{ kg} \times 9.8\text{ m·kg}$
> 　　　1 kg 重 ≒ 約 9.8 N
> 　　地球の重力加速度は約 9.8 m/s²（≒ 10 m/s²），
> 　　したがって，質量 100 g の物体をぶら下げている力が 1 N（≒ 0.1 kg × 10 m/s²）
>
> ❷ 1 N の力で物体を距離 1 m 移動させる仕事，すなわち 1 ニュートン・メートル〔N·m〕
> 　　→ 1 ジュール〔J〕
> 　　　1 N × 1 m = 1 J
> 　　質量 100 g の物体を重力に逆らって 1 m 上方に持ち上げる仕事が 1 J と想起
>
> ❸ 単位時間 1 秒〔s〕当りの仕事，すなわち 1 J/s を仕事率 1 ワット〔W〕
> 　　1 ボルト〔V〕の電位差を有する 2 点間を 1 アンペア〔A〕の電流が流れるときの仕事率
> 　　→ 1 ワット〔W〕
> 　　　1 J/s = 1 W
> 　　　1 J/s × 3 600 s × 1 000 = 1 000 W × 1 h = 1 kWh = 860 kcal
> 　　　1 kW = 860 kcal/h, 1 kcal = 1/860 kWh
> 　　　$4.18\text{ kJ} = (4.18 \times 1\,000)\text{J} = (4.18 \times 1\,000)\text{N·m}$
> 　　　　　　$= (4.18 \times 1\,000) \cdot (1\text{ kg 重 / 約 } 9.8) \cdot \text{m}$
> 　　　　　　$= 427\text{ kg 重·m} = 1\text{ kcal}$（熱の仕事等量）
> 　　　$A = 1/427$〔kcal/kg 重·m〕（仕事の熱当量）

さて，熱を力学的な仕事に変える装置が熱機関（エンジン）である．自動車エンジン（内燃機関）の場合，ガソリンや軽油を燃焼し熱を発生させ，高温の気体を作って，その膨張力を利用して仕事に変換している．

一方，圧縮という力学的な仕事によって熱を移動させる冷凍機（ヒートポンプ）も，逆動作の熱機関である．熱機関における主役は気体（作動流体）で，その圧力 P，体積 V，温度 T の関係が織りなす状態の変化を利用してエネルギー変換（仕事）を行っている．

高校の教科書などにも記載されているように，理想気体の性質を示した法則にボイル・シャルルの法則がある．すなわち，理想気体は状態方程式（PV/T）＝一定の関係に則った挙動を行うので，圧力 P が一定であれば，温度 T の変化に応じて体積 V が膨張あるいは収縮する．

熱機関（外燃機関）の概念を**図 1.4** で説明する．まずシリンダを外部から加熱し気体を膨張させるとピストンは上昇する．次に，シリンダを外部から冷却し気体を収縮させるとピストンは下降する．本例のように加熱と冷却を繰り返すことによって，ピストンは連続的に稼働するので仕事を取り出すことができる．すなわち，熱が仕事に変換され動力として利用できることを意味している．

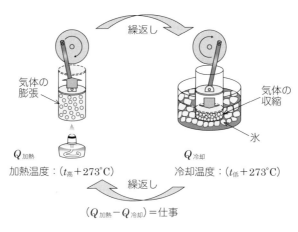

図 1.4　熱機関の概念図

一般に気体の状態変化を考えるとき，気体の圧力 P を縦軸に，体積 V を横軸に，絶対温度 T をパラメータとした P–V 線図の上に，作動流体の挙動を表すことが多い．

詳細は専門書を参照願うとして，理想気体を作動流体とする最も効率の良い理想的な熱機関が，**図 1.5** に示すカルノーサイクルである．やや現実離れした仮定であるが，カルノーサイクルでは一定量の理想気体を，以下の①→②→③→④→①のプロセスに従い状態変化を繰り返させる．すなわち，

① 温度 T_1 の状態Ⓐから，温度 T_1 は一定のまま膨張させて状態Ⓑとする（等温膨張変化）

② 状態Ⓑから断熱した状態で，膨張させて温度 T_2 の状態Ⓒとする（断熱膨張変化）

③ 温度 T_2 の状態Ⓒから，温度 T_2 は一定のまま圧縮して状態Ⓓとする（等温圧縮変化）

④ 状態Ⓓから断熱した状態で，圧縮して温度 T_1 の状態Ⓐに戻す（断熱圧縮変化）

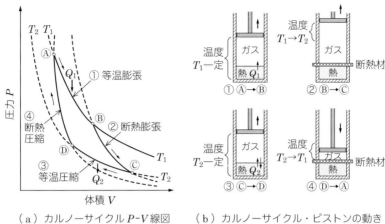

（a）カルノーサイクルP-V線図　（b）カルノーサイクル・ピストンの動き
イメージ図

図1.5　カルノーサイクルの概念図

である．Ⓑ©間およびⒹⒶ間は断熱した状態の動作を仮定しているので熱の授受はない．しかしカルノーサイクルを成立させるには，ⒶⒷ区間における体積膨張と圧力低下に伴って温度低下が起きるので，温度T_1を保つために高温の熱Q_1を受け取って等温変化を継続させる．また，©Ⓓ区間における体積圧縮・圧力上昇に伴って温度上昇が起きるので，温度T_2を保つために熱Q_2を放出して等温変化を継続させる．結局，受け取った熱Q_1と放出した熱Q_2の差分の熱エネルギーΔQが，ピストンを作動させて仕事のエネルギーΔWに変換されたことを意味する．仕事エネルギーΔWと熱エネルギーΔQは等価の関係にあり，仕事の熱当量Aを介して，$\Delta Q = A \cdot \Delta W$で変換できる（熱力学の第一法則）．カルノーサイクルにおいては，高温側で受け取る熱Q_1とその温度T_1，および低温側に放出する熱Q_2と温度T_2は$(Q_2/Q_1) = (T_2/T_1)$の関係にあることが知られている（証明は略）．

　カルノーサイクルは最も無駄のない理想的熱機関のサイクルであるが，加えた熱Q_1のすべてが仕事$A \cdot W$に変わるのではなく，必ず熱損失Q_2が付随することを意味している（熱力学の第二法則）．

　またカルノーサイクルにおいては①→④→③→②→①のプロセスに従う状態変化の逆動作も成立する．これは逆カルノーサイクルと呼ばれ，仕事$A \cdot W$を加えるとΔQの熱移動が行えることを意味する．すなわち，逆カルノーサイクルを行う装置が最も無駄のない理想的な冷凍機（ヒートポンプ）である．

3．効　率

　一般に効率は，投入したエネルギーのうち役に立ったエネルギーはどれだけか，で示される．すなわち，入力値（分母）に対する出力値（分子）の割合である．理想状態の熱機関（カルノーサイクル）における効率を考えてみる．

　例えば自動車の場合，動力を得るのを目的にガソリンの燃焼熱Q_1によってエンジンを動かし（仕事$A \cdot W$），排熱Q_2をラジエータに放出している．この場合の効率η_Mは式（1）となる．また別例として，近年著しく発電効率が向上している大型火力発電所のコンバインドサイクル発電で説明する．コンバインドサイクルとは燃焼ガスで駆動するガスタービ

ンと，その排熱による蒸気タービンを組み合わせて発電機を駆動させるものであるが，燃焼温度を高温化（1 500℃程度，温度 T_1 に相当．1 500℃級 ACC：Advanced Combined Cycle）することで効率向上を意図している．一方，排熱側，すなわち冷却はいずれも海水（温度 T_2 相当）が用いられている．本例はカルノーサイクルではないものの原則は同様である．結局，燃焼温度 T_1 を高温化することが熱機関の効率 η_M の向上をもたらすことを式(1) から理解できよう．

$$\eta_M = \frac{A \cdot W}{Q_1} = \frac{Q_1 - Q_2}{Q_1} = \frac{T_1 - T_2}{T_1} \tag{1}$$

一方，冷蔵庫の場合には庫内を冷やすのを目的に圧縮機を動かし（仕事 $A \cdot W$），低温の庫内から Q_2 の熱を吸収して，放熱板から高温の庫外へ Q_1 の熱を捨てている．この場合の効率 η_R は式(2) となる．冷房でいうと，T_2 の室内から熱 Q_2（室の熱負荷分）を，より温度が高い外気 T_1 へと放熱（汲出し）していることとなる．

例えば，共通に外気温度（凝縮温度）が 35℃ として，屋外型冷蔵庫内を 5℃ 程度（蒸発温度 2℃）とすると，理想的な冷凍機効率（カルノーサイクル）は $(2+273)/(35-2)$ から $\eta_R \fallingdotseq 8$ となる．一方，冷房時の室内温度を 25℃ 程度（蒸発温度 16℃）とすると，$(16+273)/(35-16)$ から $\eta_{HP} \fallingdotseq 15$ となる（図 1.6(a) 参照）．現実には冷媒が理想気体ではないことに加え，モータ効率や圧縮機効率などが輻輳するので η_R は大幅に減少する．

$$\eta_R = \frac{Q_2}{A \cdot W} = \frac{Q_2}{Q_1 - Q_2} = \frac{T_2}{T_1 - T_2} \tag{2}$$

逆に，暖房時のエアコンの場合は室内を加熱するのが目的で圧縮機を動かし（仕事 $A \cdot W$），屋外機で低温の屋外から Q_2 の熱を吸熱し，より温度が高い室内へ Q_1 の熱を供給している．すなわち，室内（温度 T_1 相当）は室内機により加熱されるが，外気（温度 T_1 相当）は屋外機によって冷却される．この場合の効率 η_{HP} は式(3) となる．

$$\eta_{HP} = \frac{Q_1}{A \cdot W} = \frac{Q_1}{Q_1 - Q_2} = \frac{T_1}{T_1 - T_2} \tag{3}$$

例えば，共通に外気温度（蒸発温度）が 0℃ として，暖房時の室内温度を 23℃ 程度（凝

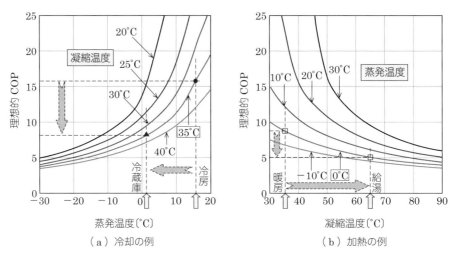

（a）冷却の例 （b）加熱の例

図 1.6　理想的 COP の例

縮温度 35℃）とすると，理想的な冷凍機効率（カルノーサイクル）は（35＋273）/（35－0）から $\eta_{HP} \fallingdotseq 9$ となるが，給湯用に温水加熱するとして温水温度を 55℃（凝縮温度 65℃ 程度）とすると，（65＋273）/（65－0）から $\eta_{HP} \fallingdotseq 5$ となる（図 1.6(b) 参照）．現実には冷媒が理想気体ではないことに加え，モータ効率や圧縮機効率などが輻輳して η_{HP} は大幅に減少する．

式（2）と式（3）から式（4）が導かれる．

$$\eta_{HP} = \frac{T_1}{T_1 - T_2} = \frac{T_1 - T_2 + T_2}{T_1 - T_2} = 1 + \frac{T_2}{T_1 - T_2} = 1 + \eta_R \tag{4}$$

式（4）は温度条件が等しい場合においては，「温熱利用のヒートポンプ効率 η_{HP} は，冷熱利用の冷凍機効率 η_R より必ず 1 だけ大きくなる」ことを意味する大変重要な式である．同時に，温熱利用のヒートポンプ効率は必ず 1 より大きいことを示している．例えば冷蔵庫の場合，庫内から吸い上げた熱 Q_2 とモータへの入力相当分のエネルギー $A \cdot W$ を加えた熱 Q_1 を常に放熱板から放熱している．これはヒートポンプを暖房に用いると，電気ヒータによる暖房（効率 1）よりも必ず高い効率で暖房できることを意味している．

熱機関の効率 η_M において，高温側と低温側の温度差が大きいほど効率向上がもたらされることを前述したが，逆の熱機関である冷凍機やヒートポンプの効率においては，高温側と低温側の温度差が小さいほど効率向上がもたらされる．比喩的であるが，落差が大きい水力発電所ほど発電能力が大きくなるのに対し，その水をポンプで持ち上げる（揚水）側に回ると，落差が大きいほど大きいポンプ能力が必要となることと同様の意味合いを持つ．

なお，冷凍機（ヒートポンプ）の場合，運転電力量 E の二次エネルギー換算値 $[E〔kW〕× 3595\,kJ/kW$ （$E〔kW〕× 860\,kcal/kW$）に対し，冷却または加熱できた熱量 Q〔kJ〕（〔kcal〕）]，すなわち，熱量基準の効率を成績係数（Coefficient of Performance：COP）と呼んでいる．

4. ヒートポンプのもたらすもの

式（4）で表されるように「ヒートポンプの効率 η_{HP} は 1 を超える」．字面だけからすると，あたかも "エネルギーが増大していく" かのようにも思えるが，前述したように永久機関は存在しない．

冷凍機の理想的効率を示した式（2）と，ヒートポンプの理想的効率を示した式（3）の違いは，分子を低温側にとるか高温側にとるかの差異である．すなわち，利用する側の立場からの観点によるもので，機械としては冷凍機もヒートポンプも同じである（以下，必要なところを除き，冷凍機とヒートポンプを区別しない）．

自明（熱力学の第二法則）のように，熱は温度が高い所から低い所へと流れ，自然界では決して逆方向には流れない（移動しない）．温度が高い低いは相対的な関係のみを指していて，温度そのものの絶対値よりも温度差が意味を持つ．

冷房の場合，温度を低くした室内へと温度が高い外界から熱が侵入してくるので，冷房状態を維持するためには，侵入してきた熱（室内熱負荷）と等量の熱を汲み出す必要がある．室内機では冷媒を膨張させて室温より低い部分を作成して室内の熱を流れ込ませ，冷媒回路を通じて屋外へと移送する．屋外機では冷媒を圧縮して外気温度より高い部分を作

成し，屋外へと放熱して冷房の役割を果たしている．

暖房の場合は，温度の高低関係が冷房の場合と逆になるだけで，その基本は変わらない．

ヒートポンプは作動流体（カルノーサイクルの場合は理想気体，一般には冷媒）をコンプレッサの圧縮側で圧縮し温度を上げ，一方，吸引側で膨張させて温度を下げる操作を連続的に行っているに過ぎない．すなわち，エネルギー（電力）は圧縮機を作動させるために使われるが，熱は勝手に移動してくる"おまけ"である．したがって，"おまけ"が，見掛け上，あたかもエネルギーを増大させているかのように思わせがちであり，まさにヒートポンプの妙味でもある．

最近，冷凍機やヒートポンプの効率向上にはめざましいものがある（**図 1.7**）．もちろん，カルノーサイクルの効率に照らし合わせると，さらなる効率向上も期待できそうであるが，実用上の立場からは，機械効率向上の限界は近いとの意見を耳にする．

一方，ヒートポンプの妙味である"おまけ"側を拡大する余地は，まだまだ大きいものと期待できる．すなわち，加熱側で言うと，蒸発器側の熱源（ヒートソース）温度が高いほど，また凝縮器側の利用（ヒートシンク）温度が低いほど効率向上が期待できるが，その組合せは無限に存在する故である．

例えばヒートソースとして，冬期の外気温度よりは高温であるが，暖房・給湯へ直接利用するには低温すぎる河川水，海水，下水，地中熱など，さまざまな種類かつ賦存熱量も莫大な「自然エネルギー」や「未利用エネルギー」の活用が期待できるからである．その中には人，車，住宅，ビル，工場など，生活や生産活動に伴って否応なしに排出される熱を熱源として転用し，都市のヒートアイランド化を抑制するなどの技術も含まれていることは言うまでない．

あわせて，ヒートシンク側の見直しも重要な視点である．必要以上に高い温度での熱利用を避け，より利用温度に近いレベルでの熱利用に配慮する．例えば，建物の断熱気密性能を向上させることによって，より低温の熱で暖房を可能とするなどの工夫である．

また，ヒートポンプは冷熱と温熱を同時に生産しているので，両者の同時使用，すなわち熱回収ができれば効率は倍増する．わかりやすい例として，温水プールとアイススケー

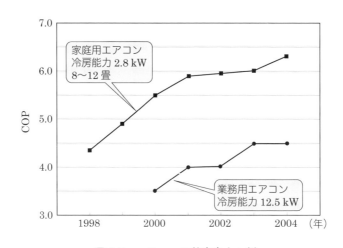

図 1.7　エアコンの効率向上の例
（出典：ヒートポンプがわかる本，日本冷凍空調学会より）

ト場の併設がよく引用されるが，同様に地域冷暖房もその範疇となる．一般に，温熱と冷熱使用の量的，あるいは時間的差異を吸収するためには蓄熱槽が用いられる．本著の主題である地中熱利用においても，土壌が蓄熱槽の役割を果たしている．

蓄熱槽の役割は対象が日単位，あるいは年単位であるにかかわらず，熱生産と消費のズレ（熱回収も含む）を吸収することが大きな役割である．一般に，熱利用の実態を思案すると歴然であるように，熱消費は変動するし，その変動形態もさまざまである．ヒートポンプにかかわらず，機械物は定格的に稼働させるほうが効率が良い．仮にインバータ[*1]を用いて 100 〜 0% の範囲で制御できたとしても（一般に 40% 程度以下ではオンオフ）制御用電力の消費は付随する．そもそも人間側に生活リズムがあるので，不眠不休で連続的に熱を利用するケースは考え難い．したがって，蓄熱槽とヒートポンプを組み合わせることが定格運転を実現し，省エネルギーを具現化する．

また，ヒートポンプ・蓄熱システムでは熱源運転時間の長さに反比例してヒートポンプ容量は低減する．逆に，蓄熱運転時間の延長に比例して蓄熱槽容量は増大する．例えば，12 時間の熱消費に対し 24 時間の熱生産が可能なヒートポンプ・蓄熱システムであれば，ヒートポンプの容量は 1/2 ですむ．

前述のように，熱機関として元々ヒートポンプ自体が持つ効率の高さ，ヒートソースとヒートシンクの組合せの工夫がもたらす COP の向上，ヒートポンプと蓄熱槽の組合せや運転方法がもたらす COP の向上や機器容量の削減効果など，ヒートポンプがもたらす省エネルギー性，すなわち，環境負荷低減のポテンシャルは大きい．しかも，多くの部分で，設計者の創意工夫が発揮できる．ヒートポンプ・蓄熱システムの大いなる活用を期待する．

1'02 地中熱利用について

1. 地中熱とは

地中熱とは，おおよそ地下 200 m より浅い地盤に賦存する温度が数十 ℃ 以下の低温の熱エネルギーと定義できる．その起源は地表面からの太陽エネルギーと地殻深部からの熱流であるが，火山地帯を除くと後者の影響度合いは前者に比べて極めて小さい．一般に，深さ 10 m より深い地点の温度は外界の気温変動によらず年間を通じてほぼ一定である．このときの地温を不易層温度と呼び，一般にはその地域の年平均気温よりも 1 〜 2℃ 前

---

*1　インバータ：半導体などを用いて直流電流を任意の周波数の交流電流に変換する装置．工業分野では，前段となる交流電流を直流電流に変換する装置（整流器）と組み合わせたものをインバータと呼ぶことが多い．ポンプやファンなどの回転機器の流量はその回転数に比例し，消費電力は回転数の 3 乗に比例する．また，回転数は電源の周波数と等しい（60 Hz であれば二極モータ使用の場合 3 600 rpm）．一般的に機器出力（流量すなわち負荷）は最大値で選定するが，負荷は変動するので，周波数が固定された商用電源をそのまま使用すると，多くの場合不必要な電力を消費することになる．インバータを用いることにより，必要負荷に合わせた周波数すなわち回転数に調整できるので省エネルギー上有効である．例えば，ポンプの必要流量（負荷）が設計値の 1/2 ならば，消費電力は三乗則に従って理論的には 1/8 になる．したがって，インバータは今日では多くの回転機器の標準的装備になりつつある．

後高い．**図1.8**に示すように，札幌地域の場合，年平均気温8℃に対し，地下8m以深では変動はほとんどなく約10℃となっていることがわかる[1]．一方，より深い地点の温度は，地殻深部の熱流の影響を受けて，深さが100m増すごとに2〜3℃上昇する．これを地温勾配と呼ぶ．温泉地帯や火山地帯などでの地温勾配は大きく，また地下水の卓越した地域では勾配は小さくなる．ここで，地層の熱伝導率を2.0 W/(m・K) として，地下深部からの熱流を求めると，1 m² 当りわずか0.04〜0.06 Wと小さいことがわかる．したがって，浅層地盤のエンタルピーを熱源として利用する場合，地下水を含めて長期的に見ると，主には太陽エネルギーを利用していることにほかならないことが理解できる．このため，地中熱の持続可能な利用には限界があるのは言うまでもない．

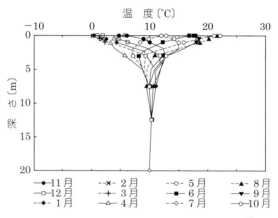

図1.8　札幌市（中央区）の地中温度実測値 [1]

　一方，地盤はそこに存在する地下水と相まって膨大な体積，そしてそれに付随する熱容量を持っている．このような地中の温度の恒常性や熱容量は，人の生活の場として，また食料や氷の貯蔵の場として古くから利用されてきた．二度にわたる石油危機以降，欧米ではこの膨大な熱容量を巨大な顕熱蓄熱槽として利用することに注目し，大規模な実証試験が数多く行われてきた．また，最近ではスウェーデンにおいて都市規模の地域冷房用の冷蓄熱に利用されている例もいくつかある．

2.　地中熱利用の分類と地中熱ヒートポンプシステム

　地中熱利用（Ground Thermal Energy System：以降GTES）は次の二つに分類される．一つは，地盤や地下水の保有エンタルピーを熱源，または排熱吸収源として利用するものである．これにはヒートポンプを持たないで直接利用するものと，ヒートポンプを介して利用する方法があるが，ヒートポンプを持つもののほうが一般的であり，これを地中熱ヒートポンプシステム（Ground Source Heat Pump System：GSHP）と呼ぶ．

　図1.9にあるように，地中熱ヒートポンプシステムは大きくクローズドループとオープンループに分けられる．クローズドループは地中に垂直，斜め，または水平に間接的に地盤と熱のやり取りをするための地中熱交換器（Ground Heat Exchanger：GHEX）を埋設するもので，地中結合型ヒートポンプシステム（Ground Coupled Heat Pump System：GCHP）と呼ばれている．同時に，湖沼などにコイル状やイカダ状の樹脂製の熱交換器を

ドブ漬けして間接的に熱利用するものもこの方式の範疇である．一方，オープンループは，地下水や湖沼の水を直接，地上のヒートポンプの熱源として汲み上げて利用するものを指し，地下水利用型ヒートポンプシステム（Ground Water Heat Pump：GWHP）と呼ばれている．この場合，必ず還元用の井戸や配管を持つ．オープンシステムは地下水や水量が豊富なところでは初期投資に対する熱利用量が大きくとれるため非常に有利であるが，反面，還元井戸のクロッギング[*2]や，熱交換器や配管のスケール，腐食の問題を抱えている．また，メンテナンスが必要となるため大規模システムに向いている．

世界的に見て，小〜中規模のシステムにおいては，主に垂直型の地中熱交換器を用いた方式が普及率の伸びが大きい．

二つ目は，地盤を蓄熱体として利用するシステムである．これを地下蓄熱（Underground Thermal Energy Storage：UTES）と呼ぶ．地下蓄熱には図 1.10 にあるように大きく分けて，帯水層蓄熱（Aquifer Thermal Energy Storage：ATES），掘削孔（ボアホール）蓄熱（Borehole Thermal Energy Storage：BTES），岩洞蓄熱（Rock Cavern Thermal Energy Storage：CTES）の 3 種類がある[2]．

地下蓄熱は二度にわたる石油危機後，欧州諸国が夏期の太陽熱や排熱を蓄えておき，それを直接，またはヒートポンプを用いて暖房に利用しようというところにルーツがあるが，最近では帯水層を用いた大規模な冷蓄熱が地域冷房に用いられるなど，冷熱貯蔵に新たな

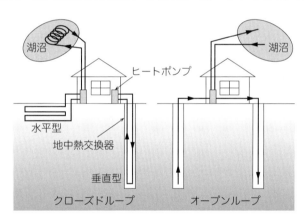

図 1.9　地中熱ヒートポンプシステム（GSHP）の分類

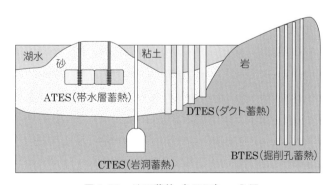

図 1.10　地下蓄熱（UTES）の分類

＊2　クロッギング：井戸のストレーナ周囲に付着した土粒子の間隙にバクテリアが繁殖し，透水性が低下すること．

価値が見いだされている.

　大規模システムになるほど地中熱ヒートポンプシステムと地下蓄熱の区別は難しくなる.例えば,多数の垂直型地中熱交換器を格子状に埋設して暖冷房に使用する大規模なヒートポンプシステムにおいては,もはや熱源としての利用だけに頼るのは難しく,永続的な利用のためには夏・冬のサイクルで放熱・採熱のバランスをある程度保ちながら運用しなくてはいけない.

　Sanner らは,年間の地中からの採熱と放熱のバランスを考え,その差が 25% 未満であれば蓄熱型の UTES,25% 以上であれば熱源型の GSHP と区別することを提案している [3].この点から判断すると,大規模な格子状の地中熱交換器を持つシステムや基礎杭方式では上記の BTES に分類される.

　本書では,地中熱ヒートポンプシステム（GSHP）の中でも,地中結合型ヒートポンプシステム（GCHP）を中心として解説と設計の考え方について述べるものとする.

3. 地中熱ヒートポンプシステムの歴史

　冷凍機やヒートポンプを利用した空調システムはすでに 19 世紀後半に実用化の域に達していたが,1912 年にはスイスにおいて地盤の熱をヒートポンプの熱源として利用する公報が出されている [4].これは,資源のないスイスが石炭代替の暖房用熱源としてヒートポンプの利用を考え,地下水など以外に熱源として普遍的に存在する地盤に着目したものとして注目に値する.その後,1940 年〜50 年代にかけて,米国の電力エネルギー委員会などが大規模な実証実験を行っている [5].

　また,国内でも 1950 年代後半〜 60 年代初頭にかけて,ヒートポンプの熱源として地盤を利用する実証実験が行われてきた [6], [7].この背景には熱交換器の性能が低く,空気熱源のヒートポンプが未だ一般的ではなかったことがある.一方,国内では 1960 年代後半に,室内機と室外機が分離したセパレート型の空気熱源ヒートポンプ式暖房機能を備えたエアコンが登場し,ヒートポンプの熱源としての地中熱の利用は省みられることはなくなった.

　その後,二度の石油危機を経た 1980 年代後半に,国際エネルギー機関 IEA [*3] が設立されると同時に,欧米各国では太陽熱利用のための地盤蓄熱に関する大規模な実証試験が行われた.これらのシステムにおいては暖房や給湯利用の昇温のためにヒートポンプは必要不可欠なアイテムの一つであった.それと同時に IEA の省エネルギープログラムの一つであるヒートポンプ実施協定内に地中熱を利用したヒートポンプシステムに関するANNEX [*4] が取り上げられ,各国間の情報交換,協働ワークが活発化してきた.

　海外での設置例を見習い,国内でも 1980 年代初頭から二重管型熱交換器をもつ地中熱

[*3] 国際エネルギー機関 IEA：International Energy Agency（国際エネルギー機関）の略称.第一次石油危機後の国際エネルギー情勢に対応するため,1974 年にアメリカの提唱により設立された.当初の設立目的は,石油を中心としたエネルギーの安全保障を確立するとともに,中長期的に安定したエネルギー需給構造を確立することであったが,最近では,石油輸入依存低減のための省エネルギー,代替エネルギーの開発・利用促進などにも重点が置かれている.

[*4] ANNEX：IEA には,エネルギー需要側の応用技術や省エネルギー技術を調査する専門委員会が設置されており,その中では種々の ANNEX と呼ばれる国際協同研究活動が行われている.地中熱ヒートポンプシステムや地下蓄熱もテーマの一つにあげられている.

ヒートポンプシステムが北海道を中心に10件程度設置された．このほか水平型熱交換器をもつ住宅規模のものも数件あった．しかし，その後は石油価格の下落と低迷，二重管型熱交換器の設置コストの問題，設計の未熟さなどにより，国内での採用件数は伸び悩んだ．

他方で，欧州ではその後も地道な研究開発が続いた．この背景には，いち早く地球環境問題に注目し，石油代替を進めるため灯油に対して環境税やCO_2税を課税するなどの政策を講じたことがあるが，その結果，掘削コストの低減，シームレスな樹脂製Uチューブの開発による地中熱交換器の設置コストの削減，プレート型熱交換器の採用によるヒートポンプのコンパクト化と大幅な性能向上，などハード面における実際的な技術革新が進んだ．そして普及とともに，認定制度，設計・施工ガイドライン，汎用設計ツール，協会設置と施工者教育などのソフト面の整備も相まって，欧米では設置数が飛躍的に伸びることとなった．

その結果，図1.11に表すように，2020年までにスウェーデン，ドイツ，スイス，フィンランド，米国，中国を中心に世界各国で合計約646万台のいわゆる地中熱ヒートポンプが設置されるに至っている[8]．特に，スウェーデンは人口が900万人強にもかかわらず，1990年代後半以降設置台数は徐々に上向きになり，2000年代は，地中熱ヒートポンプだけでも年間3万〜4万件以上に採用されていた[9]．2010年以降は図1.12に示すとおり，市場が飽和してきたこともあり，やや減少しているが，それでも年間2万件以上の採用がある．また，ここ10年で中国の導入件数が飛躍的に伸び，米国を抜き世界一の導入件数となっている．

これを受けて，わが国でも再び活発に研究開発が行われるようになり，図1.13にあるように近年設置台数が増加している[10]．この背景には，地球環境問題やヒートアイランド*5防止への貢献といったユーザーの意識の変化に加え，国内メーカーから地中熱対応ヒートポンプが販売になったことや地中熱交換器設置費用が低減されつつあるなど技術的な要素もあり，また昨今の灯油価格の高騰により経済的な魅力が出てきたことも大きな要

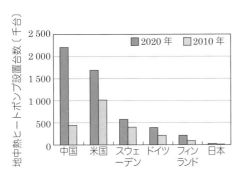

図1.11 世界の地中熱ヒートポンプ設置数[8]
（ただし，12 kW ユニット換算での推定）

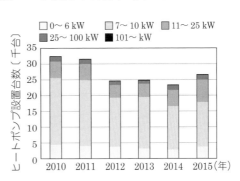

図1.12 スウェーデンにおけるヒートポンプ設置件数[9]

---

*5 ヒートアイランド：都市部において気温が上昇する現象であり，最近顕著な環境問題の一つとしてあげられる．その原因には，空調システムや燃焼機器，自動車などの人工排熱の増加があり，これにはエアコンなどの冷房設備から空気中に放出される排熱も含まれる．また他方では，都市部における緑地・水面の減少や，建築物・舗装面の増大による地表面の人工化などによる影響も考えられる．ヒートアイランド現象の進行は地球温暖化よりも速く，一例として，20世紀における地球の平均温度の上昇が約0.6℃であったのに対し，日本の東京，札幌，仙台，名古屋，大阪，福岡の主要6都市では2〜3℃上昇していることが報告されている[11]．

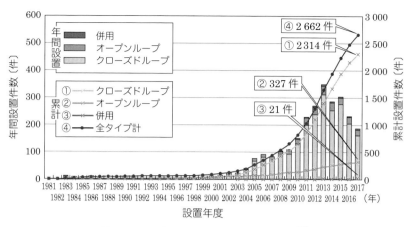

図1.13　国内の GSHP 設置件数の推移 [10]

因といえる．しかし，2013年以降の導入件数が低下しており，これは住宅など小規模建物での採用が減少していることが影響している．小規模建物での導入拡大が今後の件数増大の鍵といえる．

03　地中熱ヒートポンプシステムの基本構成

地中熱ヒートポンプシステムは大きく分けて，**図1.14** にあるように，一次側システム（地中熱源側），熱源機器システム（ヒートポンプと周辺機器），二次側システム（建物暖冷暖房・給湯，融雪設備など）の三つの部位から構成される．

まずは，ヒートポンプの特性として熱源温度と利用温度の温度差が小さければ小さいほど高い効率が得られることを理解する必要がある．そのため，建物を含めて，上記の3部位すべてが，ヒートポンプのメリットを最大限に発揮できるように低温度差利用に配慮した計画，仕様とすることが重要である．ここで特に，低温度差暖房が高い省エネルギー性を有していることはもちろんのこと，より質の高い温熱環境空間を創造できることを認識して環境設備計画を立てることが重要である．

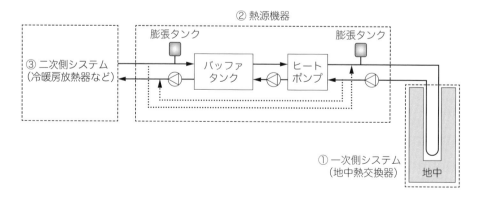

図1.14　地中熱ヒートポンプシステムの基本構成の一例
（U チューブ使用ボアホール方式，水循環方式，オンオフヒートポンプ）

（a）一次側システム（地中熱交換器）

現在，わが国で多く用いられているのはボアホール方式と基礎杭方式である．詳しくはそれぞれ 3-2 節，3-3 節において述べるが，前者では直径 125〜137 mm 程度，深さ数十〜百数十 m 程度の掘削孔（ボアホール）に同軸パイプや U 字状のチューブを挿入して熱交換器とするのが一般的である．一方，後者は建物の基礎杭構築時にチューブを同伴して基礎杭そのものを地中熱交換器とする方法である．欧州では，これをエネルギーパイル（energy pile）方式と呼んでおり，すでにチューリッヒ国際空港ターミナルビルをはじめとする数百件の実績があり，2000 年以降は変動があるものの平均で 2 000 本以上の導入がなされている（**図 1.15** 参照）[11]．わが国においても，特に都市部においては地質および耐震面から欧州に比べて同一建物でもより大きな基礎を持つ場合が多いことから，低層で規模の大きな建物，例えば欧州同様，空港ターミナルビルなどには好適であるといえる．また，国内でも橋脚の基礎杭を道路融雪に利用したシステムや空港のターミナルビルなど，数十件が導入されている[12]．

ここで地中に埋設された熱交換器と地中内の間の熱移動を考える．地中の熱移動の主たる形態は，地盤内の熱伝導によるものであり，例えば川の流れに熱交換器を設置する場合（熱対流による熱交換）に比べて熱の移動速度（熱フラックス）は小さい．そのため，想像以上に規模の大きな熱交換器規模が必要となる．地中熱交換器の採熱・放熱量は地盤の平均的な有効熱伝導率[*6]と自然地中温度差と熱媒温度との温度差の積で規定される．したがって，岩盤のように高い有効熱伝導率をもつ地質の場合，より小さな温度差，またはより短い地中熱交換器で同量の採熱・放熱量を得られるので有利である．

一般に欧州では岩盤が発達しており，土壌の密度も大きいため有効熱伝導率が大きい．

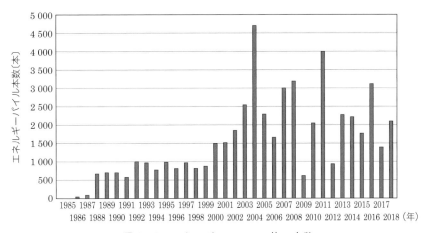

図 1.15　エネルギーパイルの施工本数
（オーストリア enercret 社内データ）[11]

＊6　有効熱伝導率：土壌は通常，複数の物質からなるうえ，それぞれが固体・液体・気体で構成され，各物質内および物質間で伝導・対流・放射などの現象が起こるため，非常に複雑な熱移動現象を表す．このため，土壌の伝熱性能は，対象部分全体の平均的な熱伝導率，すなわち有効熱伝導率を用いて表されることが多い．地中熱ヒートポンプシステムに関する場合には，地中熱交換器が埋まっている深さの範囲で全地層の地下水流動の影響も含んだ平均的な値として，「見掛けの熱伝導率」または「有効熱伝導率」を用い，地盤の熱特性を表すのが一般的である．

一方，ローム層や火山灰質土の場合，有効熱伝導率は岩盤に比べて小さいため，それに応じた地中熱交換器の長さが必要となる．扇状地において砂礫層や砂層が発達している場合には，地下水流れ（移流）が期待できる．移流による見掛け上の有効熱伝導率上昇の効果は非常に大きく，その効果は年が経過するほど大きなものとなる．年間数十 m の地下水流れがある場合でも，温度が安定した上流からの地下水が地中熱交換器の周囲の温度変化した地盤の地下水を置き換えてしまうことを想像すると，その効果が大きいことを理解することはたやすい．

（ b ）熱源機器（ヒートポンプと周辺機器）

ヒートポンプは水を汲み上げるポンプ同様に，外部から少しの高質なエネルギー（電力や高温の熱エネルギー）を投入して，低温の熱を汲み上げ，昇温して放熱するものである．その大きな特徴は，投入エネルギーの何倍もの放熱量が得られる点にある．低温熱源として海水や河川水，地盤の熱や地下水，温泉水，太陽集熱器で得られた熱，そして空気などが利用できるが，温度の恒常性と存在の普遍性，蓄熱効果による排熱の自己利用などに地中の熱利用の長所がある．

ヒートポンプの熱効率（取出しエネルギー／投入エネルギー）は，理論的にはカルノーサイクルの熱効率と同様に，熱源の温度（冷媒の蒸発温度）と放熱温度（冷媒の凝縮温度）によって決まる．したがって，利用においては，できるだけ高い温度の熱源を用いるのと同時に，利用温度ができるだけ低いシステムを計画することが重要である．

地中熱利用に用いるヒートポンプユニットとしては，一次側，二次側ともに，水（不凍液）循環方式と直膨方式がある．それぞれで形体が異なり，設計方法も異なるが，本書では主に，水-水方式を中心に解説を行う．

水-水循環方式の場合には，一次側，二次側それぞれに循環ポンプと膨張タンクが必要である．二次側の熱容量が小さい場合，オンオフ制御のヒートポンプユニットではバッファタンクを設置する必要があるが，インバータ搭載の容量制御型ユニットの場合にはバッファタンクは不要となり，設置コストやスペース，システム COP 上昇によるランニングコストの低減などの面から有利性がある．また，低廉な深夜時間帯にヒートポンプを稼働させ，発生した温冷熱を蓄熱槽に蓄えて使用することで電力のピークシフトや熱源機規模の低減，機器効率の上昇が可能であり，大規模建物を中心に用いられているが，ヒートポンプを用いた給湯システムもこの考え方と同じである．

これとは別に，ヒートポンプの圧縮機を使用せずに地中の冷熱を循環ポンプだけで冷房に使えることは水循環方式の魅力の一つである．これをフリークーリングと呼ぶ．フリークーリングの弱点は大きな除湿が期待できないことであるが，デシカントなどと組み合わせて適用することで新しい魅力を生む．一方，北海道に比べると地温が 5℃ 以上高い東北南部以南では，ヒートポンプを用いないで道路や歩道の融雪，凍結防止を行うことができる．これを直接循環方式と呼ぶ．

（ c ）二次側システム（冷暖房，給湯，融雪設備など）

高い効率を望むためには，まずは，建物側の基本的な熱性能を高めて熱負荷を小さくすることが，単に熱損失を抑えるためだけではなくヒートポンプの高効率な運転を実現させ，結果，温熱快適性を高めるために非常に重要である．そのうえで二次側システムにおいて

もできるかぎり低温度差で放熱・熱利用ができるシステムを計画しなければならない．そのためには，大きな熱交換面積，または熱交換器を確保する必要がある．

04 地中熱ヒートポンプシステムの特徴

地中熱利用の最大の特徴は，どこでも，誰でも，いつでも利用できるユビキタス性である．さらに，高効率で大気に排熱を出さないで自己利用ができる環境負荷の小さなシステムとして世界的に認知されている．また，ユーザーにとってはイニシャルコストが高いものの，他の熱源方式に比べて極めてメンテナンスフリーなことが大きな魅力である．また，換気排熱や空気熱源とのハイブリッド化も自由自在であり，冷暖房などの空調用に加え，R410A 系の冷媒でも 65℃ 程度までの温水加温は十分に可能であるため給湯にも利用できるなど応用範囲は広い．

（a）システムの長所

地中熱ヒートポンプシステムの長所とその内容を**表 1.2** にまとめた．

① どこでも使える

② 高効率が望める

③ 小型・高性能ヒートポンプユニット

④ 外から何も見えるものがない

⑤ 長寿命・メンテナンスの少ないシステム

が本システムの長所である．これらをまとめると，イニシャルコストが高いものの，環境負荷が小さく，同時により低いランニングコストやメンテナンスコストが期待できるシステムであることが理解できる．

表 1.2　地中熱ヒートポンプの長所

①	どこでも使える	基本的に，地面を有していればどこでも利用可能である．ただし，地下水位以下（または，岩盤）での利用が原則．またボアホールとボアホールの間隔は 4 m 以上確保するのが望ましい．
②	高効率が望める	年間を通して一定温度の地盤の熱源を利用するため空気方式に比べ高効率が期待できる．格子状埋設ボアホールシステムでは大きな熱容量で夏期の冷房排熱を冬期の暖房に，暖房採熱時の冷熱を夏期にと，季節間の蓄熱効果による効率増大が期待できる．また，地下水流れがあれば，熱源としてより大きな採放熱量を期待できる．
③	小型・高性能・長寿命ヒートポンプユニット	水熱源ヒートポンプであるので小型・高性能化に向いている．運転音も小さい．空気熱源のようなデフロスト運転が不要である．
④	外から何も見えるものがない	外部への騒音がない．冷房排熱を空気中に排出せず，地中に放熱するためヒートアイランド現象緩和効果に貢献する．空気熱源機の室外機のように風雨にさらされるものがないため長寿命である．
⑤	長寿命・メンテナンスの少ないシステム	地中熱交換器は水循環方式でUチューブの場合には高密度ポリエチレン管を使用するため，60 年以上の耐用年数がある．また，機械的接合がないため地震にも強い．ヒートポンプ自体は密閉サイクルであるため一般に燃焼機器よりかなり寿命が長く，故障も少ない．

（b）システムの短所

地中熱ヒートポンプシステムの短所と内容を**表 1.3** にまとめた．

① 地中熱交換器の設置コスト

② ヒートポンプ機種の限定

③ 人体，地下環境および機器材料腐食に対する安全性が高く，熱伝達性能も高い不凍液

④ 計画，設計方法

などが本システムの短所である．すなわち，設置コストの低減と信頼の積み重ねが今後の普及の鍵となる．

表 1.3　地中熱ヒートポンプの短所

①	地中熱交換器の設置コストと工事	一般的には北海道内の戸建て住宅には，暖房用で 80 〜 100 m の長さが必要であるが，ボアホール設置コストは 1 m 当り 10,000 円以上である．また，水平型の場合，住宅の延べ床面積に相当する土地面積を確保する必要がある．工事に要する時間，場所，費用，騒音を改善できる小型高速の削孔機が望まれる．
②	ヒートポンプ機種の限定	市場が形成されていないため，ヒートポンプユニットは主に小さなメーカーから供給されている．全国レベルでメンテナンスが受けられる会社の工場で製造された地中熱対応の小型・高性能ヒートポンプユニットは数が限られており，地中熱利用の給湯用ヒートポンプシステムは開発が進んでいるが市場にはない．
③	人体，地下環境，および機器材料腐食に対する安全性が高く，熱伝達性能も高い不凍液	安全性の高い不凍液としてプロピレングリコール系不凍液の使用が望ましい．しかし，プロピレングリコールは低温で粘性が大きくなり循環量の減少や熱伝達率の低下によりヒートポンプの効率が低下する問題がある．スウェーデンでは主にエタノール水溶液が不凍液に用いられている．国内でも生物分解性が高く低温でも粘性の小さいカルボン酸系の不凍液が入手できる．配管には耐腐食に対して信頼性の高い樹脂管の使用と埋設部分は融着による接続が望ましい．
④	計画，設計方法	自然の地中温度は一定であるが，地中の熱移動は主に熱伝導によるため，採熱，放熱により熱交換器周囲地中温度は採放熱量に応じて低下・上昇し，これに応じて，ヒートポンプの熱源側温度も大幅に変化する．したがって，これらの温度変化を予測してコストバランスのとれた高効率な計画，設計するには高い技術と知識が必要となる．

1.05　地中熱ヒートポンプシステムの適用用途と範囲

地中熱ヒートポンプシステムの適用用途は，加温・冷却では空気熱源ヒートポンプと同じであるが，加温と冷却が同時にできること，さらに水循環システムではフリークーリングができることが大きなメリットである．ただし，地中熱源の高効率なシステムを計画するには，この熱源がもついくつかの特徴や制限を知っておく必要もある．

　地中熱利用では，まず，熱負荷と地質条件から必要とされるおおよその地中熱交換器規模が算定されるが，一方では敷地と建物の関係から地中熱交換器の最大設置可能本数や設置レイアウトが決められる．複数のボアホール方式の場合にはおのおのの間隔を 4 m 以上確保するのが望ましく，また一般的な削孔機では掘削深さが 100 m 前後となる．当然のことながら地中熱交換器規模が大きくすればシステム効率は上昇する反面，イニシャル

コストは増大するため，上記の条件を勘案して，経済的にバランスのとれた地中熱交換器規模を計画する必要がある．一般には，機器の特性やシステム効率と設置費用のバランスを考えると自然地中温度に対し，夏と冬で熱源側の熱媒温度の変化幅が±15℃程度以内に収まるように計画・設計するのが望ましい．

一方，化石燃料を用いた加温システムと比較すると，一般には90℃以上の高温水や蒸気の発生はできないこと，出力当りのコストが高いため給湯では貯湯システムとなり，そのため圧力の高い供給には加圧システターンなどが必要となるなどの制約がある．

（a）暖　房

ヒートポンプの最大の性能を発揮させるために，できるだけ低温度の暖房とすることが大切である．そのため，放熱面積の大きな放射暖房が理想的である．ただし床暖房の場合，最適な床表面温度は25〜26℃程度であるため，室温が20℃の場合，単位面積当りの放熱量は50 W/m²程度となる．したがって，建物側の条件として，設計外気温度においてこの程度の放熱量でも十分満足できる熱性能を有することが求められる．

金属製のパネルヒータの場合，元来標準的な設計送水温度は80℃ないし60℃であるため，ヒートポンプからの送水温度が低い場合には標準的な送水温度条件に比べて，相当のパネル設置枚数が必要となり，ヒートポンプ効率上昇のメリット以上にパネル設置の費用がかさむ場合がある．送水温度とパネル設置面積のバランスを考えなければいけない．そのため，設計送水温度を55℃程度にするのが現在行われている方法である．また，業務用施設の空調機では送水温度45℃，還り温度40℃という設計が一般的である．

（b）冷　房

四方弁を有するヒートポンプでは7℃程度の冷水は容易に得られる．この場合，冷房排熱は地中に放熱されるため，いわゆる大都市のヒートアイランド現象の緩和効果に有効なシステムとして認知されつつある反面，冷房排熱は冷房負荷と消費電力の合算分であることから，冷房排熱の吸収には同レベルの暖房に比べて1.5〜2倍の地中熱交換器長さが必要となる（例えば，暖房時COPを4.0とした場合，地中からの採熱量は電気消費量1に対して3である．一方，冷房時COPを4.0とした場合，地中への放熱量は5となる．これより，放熱量は採熱量の5/3，1.7倍になっていることがわかる）．

このようなことから，米国の事務所ビルなどでは，小さなクーリングタワーを備えて，冷房ピーク時には冷房排熱の一部を外気に放熱するハイブリッドシステムとなっているところも見られる．また，1本のボアホールシステムの場合を除き，基本的には冬期の地中からの採熱量と夏期の地中への放熱量がほぼ同量になるようなシステム構成とすることを念頭において計画，設計する必要がある．一方，自然地中温度が10℃程度の寒冷地においては，水循環方式であればフリークーリングが可能であることが大きな魅力である．この場合，冷房に使える温度レベルはせいぜい15〜22℃であるため，顕熱除去が中心となり除湿はあまり期待できない．しかし，例えば北海道の夏期の相対湿度は東京以南に比べて低いため，除湿はさほど問題ではなく有効な冷熱源といえる．

（c）給　湯

ヒートポンプシステムでは一般に，使用流量分を水道水温度からダイレクトに使用温度レベルまで高めるような大出力を用意することはないため，貯湯槽と組み合わせて利用さ

れる場合が多い．このとき，ピークシフトに有効で単価も魅力的な深夜電力を利用して1日分の給湯量を貯湯しておくのが一般的である．なお，貯湯温度はレジオネラ菌*7が繁殖しない60℃以上にすることが必要である．また，デ・スーパーヒータ*8を用いることで，出力は減るものの，省エネルギー上有効な性能を確保しながら60℃以上の温水を取り出すことも可能である．このように，貯湯槽やデ・スーパーヒータ回路，暖冷房回路との組合せを工夫することで優れたシステムの構築が可能である．

（d）融　雪

融雪に必要な温度レベルは低く，東北以南では20℃以下の送水温度でも必要放熱量が満足できる場合も多いため，非常に高い効率を実現するシステムが多い．近年は国道などへの採用例も増加している．また，融雪専用に設計されたコンパクトなヒートポンプユニット内に必要な機器をすべて収納している例もある．ただし，低温送水による融雪の場合には，路面凍結防止のための予熱が必要となるため，融雪に直接関わらない予熱運転時間をいかに削減できるかが，有効熱利用率の上昇に重要である．

（e）温水プール，温浴施設の加熱

温水プール水温は30℃前後，温浴施設では42℃であることから，ヒートポンプの利用には最適である．特に，夏期には施設の冷房排熱をこれらの加温に利用できることから，ヒートポンプの特徴を最大限発揮できる例の一つである．ただし，プールや温浴施設の温水には通常塩素が含まれているので熱交換器には耐用性のある材質を使用するか，間接方式とするのが無難である．

1│06　地中熱ヒートポンプシステム導入の効果

1. 導入効果の評価方法

地中熱ヒートポンプシステムの効果としてはまず，暖冷房システムの高効率化による省エネルギーがあげられる．これは，地球温暖化問題の最大の原因とされる二酸化炭素の排出削減に直接寄与するものである．また，冷房排熱を地中へ放出することにより，ヒートアイランド現象の抑制にも効果がある．

高効率が得られる最大の要因は，熱源の温度レベルにある．**図1.16**のように東京を例にとると，外気温度は夏期に30℃以上，冬期に5℃以下となるのに比べ，地中温度は

---

*7　レジオネラ属菌：土壌や河川，湖沼などに生息する細菌の一種．給水・給湯設備や冷却塔水，循環式浴槽，加湿器などの人工環境からも検出されている．レジオネラ属菌に汚染されたエアロゾルを吸入するなどにより，レジオネラ肺炎やポンティアック熱といったレジオネラ症を発症する．レジオネラ属菌は20〜50℃で繁殖し，36℃前後で最もよく繁殖するため，特にヒートポンプにより給湯を行う場合には，60℃程度以上まで加温するよう注意しなければならない．

*8　デ・スーパーヒータ：ヒートポンプサイクル（図4.1(a)参照）において，コンプレッサ出口の冷媒が高温（例えば100℃程度，凝縮温度との差を「過熱度」という）になるまで圧縮し，その過熱度分を凝縮器の前段に設置した熱交換器，すなわちデ・スーパーヒータにより回収することで，暖房用の低温水と給湯用の高温水を同時に取り出すことができる．

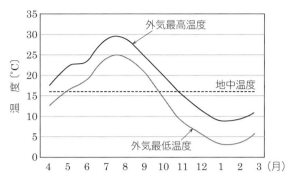

図1.16　東京の最高気温平均値と最低気温平均値および地中温度の変化

16℃程度で不易層（深さ約10 m）以深であれば年間を通じて安定する．それゆえ，地中熱ヒートポンプシステムは夏期には低温の，冬期には高温の熱源を利用できるためヒートポンプの性能が向上する．

　また，**図1.17**は地中熱ヒートポンプすなわち水熱源ヒートポンプと空気熱源ヒートポンプの性能の一例であるが，このように一般に同じ熱源温度では水熱源ヒートポンプのほうが空気熱源ヒートポンプよりも高い性能を示し，これによる高効率化も期待できる．

　このように，ヒートポンプは他と比べて一般的に高効率なシステムであるが，その中でも地中熱ヒートポンプシステムは最も高効率で，ランニングコスト削減にもつながるので経済的メリットも大きい．さらに，最大の効果は二酸化炭素排出量の削減であろう．

　地中熱ヒートポンプシステムの導入による省エネルギー効果と二酸化炭素排出量削減効果について述べる．まず，地中熱ヒートポンプシステムを導入した建物であれば，年間またはある期間(冷房期間，暖房期間など)の消費電力と製造熱量の計測を行う．地中熱ヒートポンプシステムのエネルギー消費量については，計測した消費電力より一次エネルギー消費量への換算を行う．そして，比較対象となる熱源方式を選定し，製造熱量から熱源方式の効率と一次エネルギー換算係数をもとに，同じ熱量を作成するために必要な一次エネルギー消費量を算出する．これら地中熱ヒートポンプシステムと比較対象システムの一次エネルギー消費量を差し引きすることで，省エネルギー効果を評価することが可能となる．

　また，二酸化炭素炭素排出量についても同様に，地中熱ヒートポンプシステムは計測した消費電力より二酸化炭素排出量への換算を行い，比較対象システムについても製造熱量から熱源方式の効率と二酸化炭素排出量換算係数をもとに，同じ熱量を作成するために必

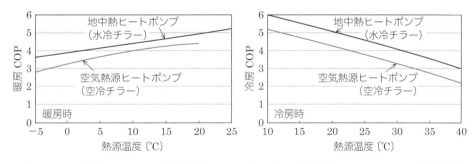

図1.17　地中熱ヒートポンプ（水熱源ヒートポンプ）と空気熱源ヒートポンプの性能比較

要な二酸化炭素排出量を算出する．これらの二酸化炭素排出量を差し引きすることで，二酸化炭素排出量を評価することが可能となる．

次に，寒冷地と温暖地それぞれの場合について，地中熱ヒートポンプシステムの導入による二酸化炭素排出量の削減効果を具体的に示す．

2. 寒冷地における導入効果

寒冷地は大きな暖房負荷のために，民生用エネルギー消費量は温暖地と比べると著しく多く，地中熱ヒートポンプ導入の効果が最も期待できる地域とされている．最近，供給電力 1 kW 当りの二酸化炭素排出量換算係数が変更となっていることに伴い，電気の使用割合の大きい，ヒートポンプ機器の二酸化炭素排出量は増大しているものの，それでも地中熱ヒートポンプシステムは他の熱源システムと比較して大きな二酸化炭素排出量削減効果を有しているといえる．図 1.18 に寒冷地の暖房時熱出力 1 kW 当りの二酸化炭素排出量を示す．一般的に使用されている灯油ボイラは最も二酸化炭素排出量が多くなっていることがわかる．空気熱源ヒートポンプについては，寒冷地では冬期の外気温度が低く，デフロスト運転が必要となり，高効率な運転が難しくなる．さらに最近，供給電力 1 kW 当りの二酸化炭素排出量換算係数が変更となっていることに伴い，灯油ボイラと比較してもそれほど大きな二酸化炭素排出量削減効果は望めない結果となる．一方，地中熱ヒートポンプシステムは，適切な地中熱交換器と二次側の温水温度の設計を行うことにより，寒冷地でも期間平均で 3.5 以上の SCOP が確保できることから，灯油ボイラと比較して約 45% の二酸化炭素排出量削減効果が期待できる．また，大規模物件での導入が多いガスボイラと比較しても 30% 近い削減効果がある．したがって，住宅においても大規模な物件においても高い二酸化炭素削減効果が期待できるシステムであるといえよう．

冷房時についても図 1.19 に示すとおり，空気熱源ヒートポンプ，吸収式冷凍機と比較して二酸化炭素排出量削減効果があることが見て取れる．寒冷地域の場合は冷房負荷が小さいため，冷凍機を使用しないフリークーリングで冷房を行うことも可能である．この場

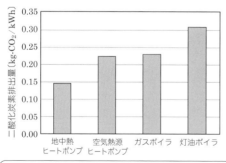

システムの効率（入力電力 1 kW 当りに得られる熱量，ボイラは燃焼の効率）
　地中熱ヒートポンプ：3.5，空気熱源ヒートポンプ：2.3
　ガスボイラ，灯油ボイラ：0.8
発生熱量 1 kWh 当りの CO_2 の排出量係数
　電気：0.512kg-CO_2　　ガス：0.184 kg-CO_2
　灯油：0.245 kg-CO_2

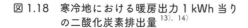

図 1.18　寒冷地における暖房出力 1 kWh 当りの二酸化炭素排出量 [13), 14)]

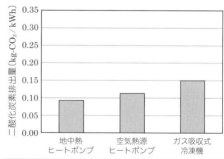

システムの効率（入力電力 1 kW 当りに得られる熱量，吸収式冷凍機は効率）
　地中熱ヒートポンプ：5.5，空気熱源ヒートポンプ：4.5
　ガス吸収式冷凍機：1.2
発生熱量 1 kWh 当りの CO_2 の排出量係数
　電気：0.512 kg-CO_2　　ガス：0.184 kg-CO_2

図 1.19　寒冷地における冷房出力 1 kWh 当りの二酸化炭素排出量 [13), 14)]

合には，循環ポンプのみの消費電力となるため，6〜10以上の期間平均SCOPを得ることもできる．

3. 温暖地における導入効果

　図1.20，図1.21に温暖地域の暖房時，冷房時のそれぞれの場合における熱出力1kW当りの二酸化炭素排出量を示す．温暖地域の導入効果についても，供給電力1kW当りの二酸化炭素排出量換算係数が変更となっていることで，特に燃焼系の熱源システムとの比較では，削減効果が小さくなっているものの，地中熱ヒートポンプシステムは空気熱源ヒートポンプと比較して，暖房時で33%，冷房時で20%の二酸化炭素排出量削減効果が見込まれる．また，ガスボイラおよび吸収式冷凍機と比較して，暖房時で36%，冷房時で24%の削減効果が予想される．

　さらに，温暖地域の地中熱ヒートポンプシステムのもう一つの導入効果として，大都市のヒートアイランド現象の抑制効果があげられる．ヒートアイランドの原因の一つとして冷房排熱の増加が考えられている．例えば，東京都全域に地中熱ヒートポンプシステムが導入され，冷房排熱がすべて地中に放出された場合には，夏期冷房時において昼間で約0.4℃，夜間で約1.1〜1.6℃の気温上昇の抑制効果があることが推測されている[15]．

　また，地中はヒートポンプの熱源として利用される他に蓄熱体として利用することも可能で，一般的に地中蓄熱と呼ばれている．この地中蓄熱の大きな特長の一つとして，その膨大な熱容量による大規模な長期蓄熱を行える点があげられる．

　冬期において，ヒートポンプの暖房運転で発生する冷排熱や外気の冷熱を直接地中に蓄えれば，夏期の冷房に使用することができる．またその逆サイクルで夏期の温熱を冬期に利用することもできる．地中熱利用によってこのような季節間蓄熱システムを構築することも可能である．地中熱ヒートポンプシステムに加えて，このようなシステムが実際に導入されるようになれば，都市のヒートアイランド現象はさらに抑制できるものと思われる．

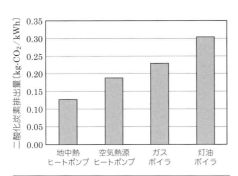

システムの効率（入力電力1kW当りに得られる熱量，ボイラは燃焼の効率）
　地中熱ヒートポンプ：4.0，空気熱源ヒートポンプ：2.7
　ガスボイラ，灯油ボイラ：0.8
発生熱量1kWh当りのCO₂の排出量係数
　電気：0.512 kg-CO₂　ガス：0.184 kg-CO₂
　灯油：0.245 kg-CO₂

図1.20　温暖地における暖房出力1kWh当りの二酸化炭素排出量[13), 14)]

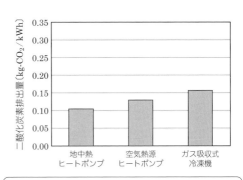

システムの効率（入力電力1kW当りに得られる熱量，吸収式冷凍機は効率）
　地中熱ヒートポンプ：5.0，空気熱源ヒートポンプ：4.0
　ガス吸収式冷凍機：1.2
発生熱量1kWh当りのCO₂の排出量係数
　電気：0.512 kg-CO₂　ガス：0.184 kg-CO₂

図1.21　温暖地における冷房出力1kWh当りの熱源機器別二酸化炭素排出量[13), 14)]

参 考 文 献

1)　濱田靖弘，長野克則，中村真人，永坂茂之，横山真太郎，落藤 澄：積雪地における地下熱利用のための地中温度の予測に関する研究，空気調和・衛生工学会論文集，No.68, pp.361-370（1998）

2)　B. Nordell: IEA ECES ANNEX8 Final Report, http://www.sb.luth.se/~bon/bon/IEA/ax8report.html（2000.12）

3)　B. Sanner: New trends and technology for under ground thermal storage（UTES），Proceedings of 7th International Conference of Thermal Energy Storage（MEGASTOCK '97），pp.677-684（1997）

4)　E. Wirth: Aus der Entwichlungsgeshichte der Warmepumpe, Schweizerische Bauzeitung, Vol.73, No.42, pp.647-651（1955）

5)　C. H. Corgan: Heat pump tests provide basic data on ground coil system, Electric Power and Light, No.26, pp.169-176（1949）

6)　守安虎治：地熱の利用（冷熱源に関する特集），衛生工業協会誌，Vol.30, No.8, pp.305-314（1956）

7)　高志 勤：熱ポンプ熱源としての地下熱利用，冷凍，Vol.37, No.419, pp.1-10（1962）

8)　地中熱利用促進協会：ニュースレター，No.356（2020）

9)　O. Andersson and S. Gehlin：State-of-the-Art: Sweden, Quality Management in Design, Construction and Operation of Borehole Systems，IEA ECS ANNEX27 Report（2018）

10)　環境省：平成 30 年度地中熱利用状況調査の結果について，https://www.env.go.jp/press/files/jp/111221.pdf（2019）

11)　enercret 社：enercret 社におけるエネルギーパイルの施工本数（オーストリア・enercret 社内データ）（2020）

12)　宮本重信，竹内正紀，木村照夫：基礎杭利用による地熱融雪法の設計施工運転と数値シミュレーション，土木学会論文集，No.609/VI-41，pp.99-110（1998）

13)　環境省：算定・報告・公表制度における算定方法・排出係数一覧，https://ghg-santeikohyo.env.go.jp/files/calc/itiran2019.pdf（2020）

14)　環境省：温室効果ガス排出量算定・報告マニュアル，https://ghg-santeikohyo.env.go.jp/files/manual/chpt2_4-5.pdf（2020）

15)　東京大学生産技術研究所，大成建設，ゼネラルヒートポンプ工業：大都市における基礎杭を利用した地中熱空調システムの普及・実用化に関する研究，NEDO 助成研究報告書（2006）

2章

地質・地下水

日本列島は，日本海を隔てて，アジア大陸とほぼ平行に連なって，北海道，本州，四国，九州，沖縄をはじめ多くの島々からなる弧状列島である．この島々は，太平洋プレート，ユーラシアプレート，北米プレート，フィリピン海プレートという異なる四つの大陸プレートが衝突した地殻変動がもたらした結果であり，またプレート境界の深部からはマグマが上昇し，世界でも有数の火山地域でもある．こうした地殻変動や火山活動によって，国土の7割以上が山地で覆われ，起伏に富み，火成岩，堆積岩，変成岩などさまざまな地質が現れる．また周囲を海に囲まれ，中緯度モンスーン地域に位置することで年間を通じて，世界的に比較しても多くの降水量に恵まれている．降水や流水がもたらす風化，浸食，堆積の各作用により，大量の堆積物が発生，運搬され，それらが沈降する谷や盆地を埋めて厚く堆積している．こうした堆積物は地下深部で再び固結し，岩となった後，その一部は再び地上付近に隆起し現れる．

　このような地質形成のサイクルに地殻変動が加わることで地質は漸移的もしくは，浸食面や地震（断層）や火山噴火などの突発現象により不連続的に変化する．こうした地質の違いが有効熱伝導率などの熱移動に係る地盤物性の違いとなり，ひいては地域ごとや採熱深度ごとでの地中熱システムの運転効率の差となって現れる．

　また，わが国では厚い堆積層に膨大な地下水資源が蓄えられており，とりわけ地形が起伏に富み，地下水流れが速い地域では，熱の移動に伝導だけでなく移流も加わることで，安定した採放熱が可能となる．こうした地下水資源は，井戸から汲み上げることで，生活・農業・工業用に積極的に利用されてきたが，こうした水資源としてだけでなく，熱資源としても利用できる．すなわち，地下水熱利用としてのオープンループシステムが今後，普及拡大していくと予想される．

　したがって，地中熱利用システムの設計では導入地点の地盤条件を把握することが重要であり，さらには各地域の地質・地下水状況を踏まえ，期待される導入効果や地中熱交換器長さなどの必要なシステム規模を検討することが望まれる．このため，地中熱システムの計画・設計を担う技術者は，設備や施工に関する知識だけでなく，地質や地下水に関する知識も求められる．本章では，地中熱システムの計画設計時に必要となる地質，地下水の基礎知識，地盤中の熱移動論，熱移動に係る地盤物性値について，それぞれ解説する．

²¹02　地　質

 ## 1. 地質の分類

　地質は通常，固結した岩と固結しない土に区分する．地中熱利用においても，熱物性である有効熱伝導率や透水係数が間隙率や固結度に関連し岩と土でコントラストがあるため，まず土か岩かを区別することが重要である．さらに，土あるいは岩は，それぞれの成

因，構成物，形成された時代の観点から細分することができる．土であれば，粒子の大きさ（粒度）から粘土，シルト，砂，礫で分類するのが一般的で，物理特性が同じであれば，同様な物性になると期待できる．一方，岩は，成因から火成岩，堆積岩，変成岩に大きく分類するが，同じ岩でも形成した時代や環境によって，その物性は大きく異なるため，地層ごとで考える必要がある．

（a）岩

岩は，成因により火成岩，堆積岩，変成岩に分類される（図 2.1）．火成岩は，火山活動で発生する岩の総称であり，浅部で急速に冷却・固結した「火山岩」と深部で緩やかに冷却・固結した「深成岩」に区分される．また，無色・有色鉱物の含有の違いにより，「酸性岩（二酸化ケイ素の含有率 66% 以上）」，「中性岩（同 66 ～ 52%）」，「塩基性岩（同 52% 以下）」の分類も行われる．無色鉱物・有色鉱物は比重差が大きいため，その含有量の違いに着目することで，マグマになる前の岩（母岩）やマグマが生成された深度や時間などの環境を推定することができる．

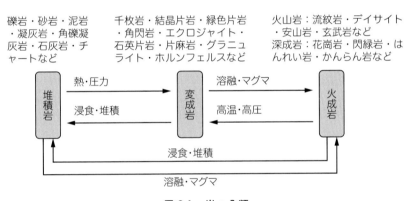

図 2.1　岩の分類

火山岩は，マグマが浅層部で固結した岩であり，急速に冷却され，成長できた鉱物（通常 0.5 mm 以上）間を成長しきれなかった微細な鉱物（石基）が埋め，より不均質な構造となっているのが特徴である．

さらに火山岩は，酸性岩が流紋岩，中性岩が安山岩，塩基性岩が玄武岩に分類される．火山岩は，火山地域に最も見られる岩であり，噴出イベントごとの連続性はあるが，同じイベントの噴出物でも固結度やき裂の分布は複雑である．冷却部となる一イベントごとの表層部では冷却面に直交方向でのき裂（冷却節理）が発達することが多い．特に，火山活動で発生した噴出物や岩体が崩壊した集合体が固結したものが噴出して間もない恒温環境下で固結した岩は火砕岩と呼ばれ，火山礫と火山灰の粒度構成から，火山角礫岩，凝灰角礫岩，火山礫岩，火山礫凝灰岩，凝灰岩などに分類され，礫や火山灰の混入や生成時の熱的環境により，粒度構成や各粒子の結晶構造，それらの固結度（溶結度）がさまざまで，地域や深度で変化が大きい．

深成岩は，浅層でマグマが冷却固結する火山岩に比べ，マグマが地下深部でゆっくりと冷却されてできるため，結晶が発達したち密な構造になりやすい．酸性岩が花崗岩，中性岩が閃緑岩，塩基性岩がはんれい岩，かんらん岩に細分される．ち密な深成岩は火山岩よ

りも有効熱伝導率が高く，透水係数は低くなる傾向にある．

　一方，結晶が粗粒な深成岩は風化にもろい傾向もあり，風化で土砂化が急速に進む．また，深成岩は火成岩よりも大きな岩体として地表付近に現れる傾向があり，長い間の地殻変動で多くのき裂や断層が発達することが多い．き裂のない岩体の透水性は低いため，裂力水が集中する高透水ゾーンを形成する．

　堆積岩は，母岩が風雨で浸食され粉砕した土粒子が，河川や海，風によって搬送された後，堆積，埋没し，地下深部にて再び固結した岩である．構成物の粒度によって，泥岩，砂岩，礫岩に分類する．一度に運搬される土砂にはさまざまな粒径分布が混ざり，各粒子の比重と粒径の違いで粒度別に淘汰されていく．このため，異なる粒径の互層となり，堆積時の水平面に沿って層理面が形成される．こうした層理面に沿って，き裂が発生しやすく，特に泥岩は高温高圧になると層状の結晶構造を有する粘土鉱物が層理面に沿って平行に配列することではく落しやすくなり，頁岩とも呼ばれる．火山噴出で発生した砕屑物が搬送，堆積し固結した岩は，火山砕屑性堆積岩として区別する．また生物遺骸が堆積し固結した岩も堆積岩の一種であり，生物遺骸が主にサンゴ遺骸であれば石灰岩，珪質プランクトンであればチャート，植物であれば石炭にそれぞれなるが，その分布は他の堆積岩に比べ，わが国の場合は一部地域に限定される．

　変成岩は，堆積岩や火成岩が形成された後，高温・高圧もしくはいずれかの条件に長時間さらされることで，その条件に応じた鉱物組成や組織，化学組成などが変化し（変成作用），別の岩石に変わったものである．変成程度は，そのときの温度・圧力の程度によって異なるが，大きくは低温高圧型，高温低圧型，高温型に細分される．こうした物理環境に加え，元々の母岩の構成物によって，生成される変成岩が異なる．一般には，変成作用によって火成岩や堆積岩に比べ，ち密で硬質な岩質となるため，高い有効熱伝導率が期待できる．変成岩は，地殻変動が活発な特定地域に現れる．

　日本列島は，四つのプレートの衝突する地域にあり，その応力分布を反映した構造帯が各所にあり，それに沿った変成岩が帯状に分布し，三波川変成帯，領家変成帯などと呼ばれる．またプレート運動によって山地や丘陵地の縁辺に押し付けられたように構造線と平行に堆積する．これらは付加体堆積物と呼ばれ，しゅう曲や断層により，その岩相変化はとりわけ複雑である．

（b）土

　土は，粒径が 0.005 mm 以下であれば粘土，0.005 〜 0.075 mm はシルト，0.075 〜 2 mm は砂，2 〜 75 mm は礫，75 mm 以上は石に分類される（**図 2.2**）．さらに，砂なら細砂，中砂，粗砂，礫なら細礫，中礫，粗礫への細分も可能である．一方，自然の土は均等で単一な粒径で構成されることはなく，異なる粒径の混合物となるため，各割合に応じてさらに分類する．地盤工学会基準（JGS 0051-2009）によれば，**図 2.3**（大分類）のように細粒分の含有率 50% を境とし，さらに粗粒土は**図 2.4**（中分類）により分類する．

粒　径〔mm〕

	0.075			2			75	
0.005	0.25	0.85		4.25	19		300	
粘土	シルト	細砂	中砂	粗砂	細礫	中礫	粗礫	粗石	巨礫
		砂			礫			石	
細粒分		粗粒分					石分	

図 2.2　地盤材料の粒径区分とその呼び名[1)]

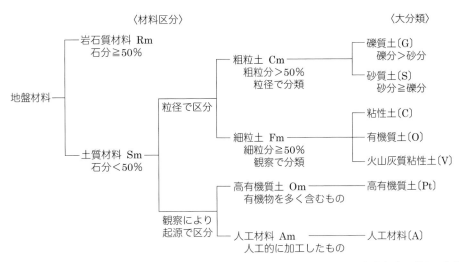

〈材料区分〉　　　　　　　　　　　　　　　　　　　　　　　　　　　　　〈大分類〉

```
地盤材料 ─┬─ 岩石質材料 Rm              ┌─ 粗粒土 Cm      ┬─ 礫質土〔G〕
          │   石分≧50%                │   粗粒分>50%   │   礫分>砂分
          │                          │   粒径で分類     └─ 砂質土〔S〕
          │                 ┌─ 粒径で区分               砂分≧礫分
          │                 │        │
          │                 │        └─ 細粒土 Fm      ┬─ 粘性土〔C〕
          │                 │           細粒分≧50%     ├─ 有機質土〔O〕
          │                 │           観察で分類       └─ 火山灰質粘性土〔V〕
          └─ 土質材料 Sm ─┤
              石分<50%      │        ┌─ 高有機質土 Om ─── 高有機質土〔Pt〕
                           │        │   有機物を多く含むもの
                           └─ 観察により
                              起源で区分  └─ 人工材料 Am ──── 人工材料〔A〕
                                          人工的に加工したもの
```

注：含有率〔%〕は質量百分率

図 2.3　地盤材料の工学的分類体系（大分類）[1)]

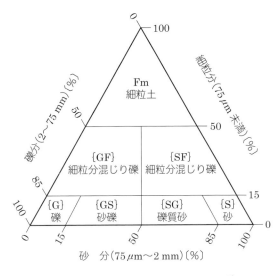

図 2.4　粗粒土の中分類用三角図表[1)]

自然の土はさまざまな粒径が混じり合うため，その名称は，割合の少ない順に「混じり」，「質」と順に並べた名前を付ける．また構成物が火山灰の場合には火山灰質土，有機質を含む場合は有機質土，有機質が大きく植物繊維など残る場合を泥炭と呼ぶ．また国際土壌学会では，細粒分主体の土を，粘度，砂，微砂の割合から，**図 2.5** のように分類している．なお「埴」は有機質，「壌」はローム（火山灰起源）に対応する．

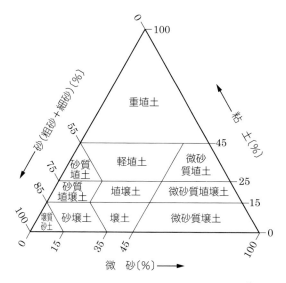

図 2.5　国際土壌学会法による土性区分図 [2]

　土の粒径分布は，ボーリングや地表露頭で採取したサンプルを用いた室内での粒度試験（JIS A 1204）により把握する．また，しばしば粒径を目視で判定し，記録することも多い．その他，土の物理特性を把握する試験には，土の密度試験，含水比試験，液性限界，塑性限界試験などがあり，JIS にて規格化されている（**表 2.1**）．

表 2.1　代表的な土質試験（物理試験）一覧

	試験項目	概　要	仕　様
物理試験	土粒子の密度試験	土の基本的性質の把握．粒子の実質部分の質量と水の比で求める．	JIS A 1202 JGS 0111-2000
	含水比試験	110℃ の炉乾燥によって失われる土中水の質量と土の乾燥質量に対する比を百分率で表したもので，土層分類の判定の際にも用いられる．	JIS A 1203 JGS 0121-2000
	土の粒度試験	土を構成する土粒子径の分布状態を全質量に対する百分率で表す．土の分類や工学的性質（透水係数の推定など）の判断に利用される．	JIS A 1204 JGS 0131-2000
	液性限界試験	土が塑性状態から液体状態に移る境界の含水比をいい，一般には多量の水分を含む土の塑性体としての最小のせん断強さを示す状態の含水比といわれている．塑性限界との差から塑性指数が求められる．また，土の分類にも用いる．LL と略記する．	JIS A 1205 JGS 0141-2000
	塑性限界試験	土が塑性体から半固体に移る境界の含水比をいい，土の含水比がそれ以上になるともろくなってき裂を生じやすくなり，自由に変形しにくくなる境界の含水比をいう．液性限界との差から塑性指数が求められる．PL と略記する．	JIS A 1205 JGS 0141-2000

2. 地質時代

　各地質がどの時代に形成されたかを知ることも重要である．同一の地質，例えば同じ砂層でも時代が異なると，固結や風化の進行程度の違いが，密度や間隙率の変化につながり，有効熱伝導率や透水係数などの物性値に反映される．一般には深くなるほど古い地質が現れ，堆積性の地質は古い時代のものほど，よく締まって間隙率が小さく，固結度が高くなる．火山性の地質では，地質の時代以上に噴出時やその後の履歴の影響を受ける．

　表 2.2 に，地質時代の一覧を示す．地球は，約 46 億年前に誕生して以降，生物の多様な進化が行われて現在に至っている．地質時代は生物進化，特に動物進化に基づき，定義されている（生物層序学的区分）．地質時代は，代，紀，世で分類され，時代の新しい順から新生代，中生代，古生代，先カンブリア時代に分けられる．例えば，新生代であれば，さらに第四紀，新第三紀，古第三紀に分けられ，第四紀はさらに完新世，更新世に分けられる．また，各時代に対応する地質は，系，界，統と呼ぶ（第四系，完新統など）．

表 2.2　地質時代とその一般的特徴

代	紀	世	Ma[3)]	主な動物	堆積物の固結度	帯水層
新生代	第四紀	完新世	～ 0.01	人類	未固結	帯水層
		更新世	～ 2.58		～半固結	
	新第三紀	鮮新世	～ 5.33	哺乳類	～固結	
		中新世	～ 23.0			
	古第三紀	漸新世	～ 33.9			水理地質基盤
		始新世	～ 56.0			
		暁新世	～ 66.0			
中生代	白亜紀，ジュラ紀，三畳紀		～ 252	爬虫類・昆虫類 両生類・魚類 原生動物	固結	
古生代	ペルム紀，石炭紀，デボン紀，シルル紀，オルドビス紀，カンブリア紀		～ 541			
先カンブリア時代			～ 4 600			

　地質時代は，その時代（環境）を特徴づける生物化石（示準化石）を識別して区分する相対年代と，^{14}C などの放射性元素の半減期を利用して区分する絶対年代がある．また，堆積物の地場極性逆転の歴史を解読したり，堆積相の変化と広域的な解水準変動を結びつけ，年代を推定する方法もある．表 2.2 は，国際地質学会による絶対年代を示している．また，わが国では火山活動も活発であったため，当時の噴火の痕跡となる火山灰や火砕流堆積物が地層中に挟まれていることも多く，時代を識別する鍵層となる．

　固結度で見る場合，第四系完新統は未固結，更新統は未固結～半固結，新第三系より古い地質は概ね固結している．火山性の地質は，第四系でも溶岩が固結し岩になる場合もあり，噴出源やその構成物，噴出条件に依存する．火山性の地質は，時代ごとの噴出物が各地域で特徴的な地質構造を形成する．例えば，新第三紀中新世は火山活動が活発な時代で，「グリーンタフ」と呼ばれる凝灰岩やその他火山性地質が，東北や中部地方などの各地で見られる．中生代の地層は，固結度が高く，火成岩では花崗岩が特徴的に見られるほか，温暖な気候を反映しチャートや石灰岩なども現れる．古生代より古い地質は，わが国では表層に現れる場合はまれである．

第四紀は，数十万年間隔で海水準が低い氷期，高い間氷期が周期的に繰り返した時代である．氷期には浸食基準面の低下によって比較的粗粒な堆積物が，間氷期には逆に比較的細粒な堆積物が供給されやすく，その堆積環境を反映した地層が形成される．ヨーロッパ全土にわたって共通する氷期・間氷期の地層の変遷と年代分析に基づき，更新世前期をミンデル氷期以前，更新世中期をミンデル〜リス間氷期〜リス氷期，更新世後期をリス〜ウルム間氷期〜ウルム氷期と呼ぶ．特に約2万年前のウルム氷期の最盛期には海水面は現在に比べ約100 m低下したとされる．その後の海水準の上昇により，氷期に形成された谷が堆積物で埋めたのが完新統である．完新統は堆積して間もない地質であり，概して軟弱であり，わが国では伝統的に，1万年前以降の軟弱層を沖積層，それ以前を洪積層とも呼んでいる．海水準の上昇は6 000年前の縄文海進時でピークとなり，現在より数m海水準が高く，海岸が内陸に浸入することで，表層付近に粘性土や腐植土などの軟弱層が堆積し，現在も残っている．また都市部では，土地造成のための，切土，埋立て，盛土が盛んに行われている．こうした人工土では都市開発の初期に締固めや材料管理が十分でない場合もあり，都市再開発時にその問題がしばしば報告される．

3. 地層区分

　風化し浸食された岩は土となり，重力，流水や風で運ばれ，下から上に順に堆積する．堆積物を供給する源や経路が続く場合，同様な構成物からなる地質が水平方向に続く．このように同一環境・条件で形成された連続する地質を地層と呼ぶ．層厚は通常，供給源に向かって厚く，遠くなるほど薄くなる傾向がある．また上下に重なる地層では，下の地層が上の地層よりも古くなる．これは地層累重の法則と呼ばれる．ただし，特に大きな地殻変動を受けた地域は，地層の上下が逆転する場合もある．放出される都度の土砂の供給量や粒度分布の違いで異なる地層が繰り返し積み重なる場合の連なりを整合という．一方，堆積一辺倒でなく浸食を挟む場合，浸食の跡がこうした浸食の後，再び堆積が始まると，浸食面を境に不連続な地層の連なりが見られる．こうした構造を不整合と呼ぶ．特に境界面が平行の場合は平衡不整合，傾斜する場合は傾斜不整合と呼ぶ．

　また堆積環境が変遷しながら形成された複数の地層が連なって，全体の層厚が数十〜数百mに達する集合を累層，さらに複数の累層が連なり，全体の層厚が数百m以上に達する場合を層群と呼び，各地域の地名をとって命名されているのが，地質図などで確認できる．地層は広がりをもって分布するため，構成する代表的な土質や岩相を既往資料から類推することが可能であり，時代順に整理してまとめたのが層序表である．

4. 地質断面図

　ボーリング柱状図などの地質資料から，各地点で地層の分類と深度を推定し，それをつなぎ合わせた地質断面図を作成することで，その地域の地質構造を理解することができる．

　図 2.6に，東京深部での地質断面図と層序表の例を示す．ここでは，東京の層序は下位から上総層群，東京層群，新期段丘堆積物層，沖積層としている．上総層群は，南関東に広く分布する鮮新世〜更新世前期の形成された海成主体の下部更新統であり，その層厚は最大4 000 mに達する．上総層群のほかに，わが国の更新統を代表する層群に，例えば

地質時代	地質年代*	地層区分	山の手台地		下町低地
			南西地域（世田谷区付近）	台地域一帯（除南西地域）	低地一帯
第四紀	完新世 1	沖積層	黒色腐植土層（善福寺川・神田川・野川等、台地を開析している中小河川沿いに分布）		有楽町層
	1.6				七号地層
	洪積世	新期段丘堆積層	関東ローム層	埋没ローム層	
	6		段丘礫層	埋没段丘礫層	
	15	東京層群	世田谷層	東京層	高砂層
	73	上総層群	江戸川層		
			舎人層		
			東久留米層		
			北多摩層		

*単位：万年前

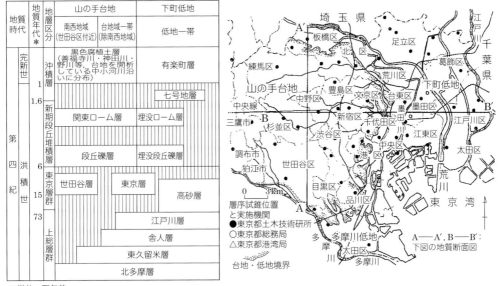

層序試錐位置と実施機関
●東京都土木技術研究所
○東京都総務局
△東京都港湾局

台地・低地境界

A―A′、B―B′：下図の地質断面図

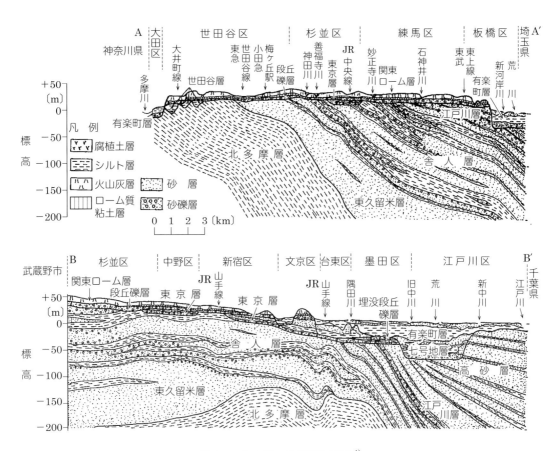

凡例
腐植土層
シルト層
火山灰層　砂層
ローム質粘土層　砂礫層

図2.6　東京都の地質断面図例[4]

関西地域の大阪層群があげられる．同図では，さらに山の手台地と，下町低地で層序を分けている．断面図で見られるように，各層の境界は傾斜し，隆起・沈降の地殻変動の履歴を反映する．山の手台地側は，更新世後期には，最終氷期に向かう海水準の低下に取り残される形で多くの段丘が形成され，それらを富士や箱根，赤城など周辺火山が噴火した際の火山灰（関東ローム層）が覆っている．また下町低地側は利根川，隅田川などの主要河川に沿っては最終氷期以降の谷埋め堆積物である沖積層が堆積する．沖積層は下位のやや締まった七号地層と有楽町層に分けられており，より軟弱な有楽町層が土木建築工事で古くより問題であったため，わが国では，同層が堆積した約1万年前以降の地層を沖積層としてきた経緯がある．

5. しゅう曲・断層

　地層は，堆積時には水平方向に広がりをもって形成されるが，その後の長い時代の間に地殻変動により受ける応力で徐々に変形する．しゅう曲とは，両側からの横方向の圧力と重力によって地層が曲げられるもので，下方に湾曲する向斜と上方に湾曲する背斜に分けられる（図2.7）．波長はたいてい数km程度で各地域に点在して生じるが，四つのプレート衝突に起因した応力場を反映し，しばしば数十km以上の波長によるしゅう曲が発生する．この広域かつ長期にわたって継続的に生じる曲降運動により，隆起部が山脈，沈降部が平野・盆地となる．こうした地殻変動が，特に第四紀に入って活発に進行し，関東平野では約200万年間で最大2000m（平均1mm/年）で沈降し，中部山地では1700m隆起したとされる[5]．わが国では多くの山地において，その高度の半分以上は第四紀の構造運動でもたらされたとされる．

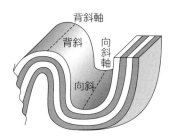

図2.7　しゅう曲の概念図

　しゅう曲が地層の連なりを追跡できるのに対し，大地震などで発生する突発的な変位が大きくなると，ある面を境に地層がずれ動き，不連続的な地質構造となる．これが断層と呼ばれ，その境界面が断層面である．断層は，その応力のかかり方によって，正断層（引張力によって傾斜した断層面に沿って上盤がずり下がる），逆断層（圧縮力によって傾斜した断層面に沿って上盤がずり上がる），横ずれ断層（斜め方向からの圧縮力で，断層面に向かって横方向にずれる），衝上断層（低角度でずれる）に分類される（図2.8）．特に，応力が集中し多くの断層が発生する帯状のゾーンを断層破砕帯と呼ぶ．プレートの衝突を反映した応力の集中するゾーンは，特に断層が発生しやすく地質構造線と呼び，代表的なものには中部日本を横断する糸魚川-静岡構造線がある．

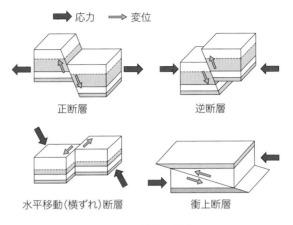

図 2.8　断層の形態

6. 地形と地質の関係

　地形は，降雨や風，地表水や地下水，潮汐などの外的あるいは，断層やしゅう曲などの内的な地形営力による浸食，運搬，堆積作用の結果であり，こうした営力に対する抵抗に地質が関連する．例えば，地表付近の岩体が浅く，かつ堅硬で風雨に対する浸食に強い場合には急峻な山地となり，逆に軟質な場合はなだらかな丘陵地となる．また大雨時に発生する土砂が河川によって運ばれる場合も，勾配の大きな上流の扇状地から小さい下流の三角州までの間に，堆積する土砂は，粗粒な礫から細かいシルトや粘土主体となる．このように地形判別から表層の地質をおおよそ推定できる．

　地形は，成因や形状によってさまざまな名称がつけられ（**図 2.9**），山から海に向かって山地，丘陵地，盆地，扇状地，台地・段丘，氾濫平野，海岸平野，三角州をあげる．各地形の特徴を述べる．

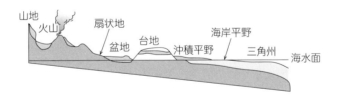

図 2.9　山から海へ至るまでのさまざまな地形

（a）山　地

　継続的な隆起によって風雨による浸食以上に継続的に隆起する場合や火山活動で形成される．一般には固結度が高く硬質な岩で構成され，深度数 m 以内の浅部に現れる．風化に強いため，急峻な地形となる．またしゅう曲や断層など地殻変動の影響を受けることが多く，地質構造は他の地形に比べ複雑である．沢の露頭や崩壊面で地質を観察できるが，地質の連続性が限られるため，検討地点の地質を推定する場合には，その変化に留意が必要である．

（b）火　山

　わが国には各地に火山があり，今でも活動を続ける活火山も多い．地質は，噴出物と噴

出パターン，噴出後の履歴，環境の影響を反映し，同一火山地域でも地質の変化は多様である．厚い溶岩が時間をかけて固結することで非常にち密になる場合から，溶結度，き裂の発達の違い，火砕流のような混濁流，さらに噴出時の高温や化学作用で変質（粘土化）する場合などで岩相が変化する．火山周辺には，噴煙から風（しばしば偏西風）に乗って降下した火山灰が降下もしくは二次堆積した堆積土が分布する．火山灰や軽石は砂に比べて多孔質で有効熱伝導率が低くなるが，均質な粒径分布により透水性が非常に高い層がある場合，有効熱伝導率が地下水流れの影響で高くなる（見掛け熱伝導率となる）場合もある．

（c）丘陵地

丘陵地は山地と低地の中間にあり，山地に比べて傾斜が緩やかとなる．地質の構成は，固結度が低く軟質な第三系や更新統が多くなる．山地に比べて地殻変動の影響が相対的に低く，緩傾斜もしくは水平の単純な地質構造を認めやすい．山地に比べて，基盤の固結度が低いため，地下水を胚胎しやすく，谷部の湧水箇所から低地の河川とつながる沢を形成する．

（d）盆　地

プレートの応力分布を反映した構造線に沿って，地形の隆起と沈降が帯状に繰り返されており，山地・丘陵地間の沈降帯に周辺からの水系が合流し，浸食，堆積を繰り返すことで，平坦だが，非常に厚い堆積物を有する盆地が各地域に形成されている．こうした山間の限られた平坦地である盆地に都市が発達していることが多く，盆地の中心付近では堆積層が厚く，周縁に向かって基盤が急激に浅くなる傾向がある．また周辺を山地に囲まれるため，地下水が豊富に集まり，また動水勾配も大きいため流速が速い地域も多い．

（e）扇状地

扇状地は，山地で降った降水が集水され河川となって流下し，山地の際で土砂の搬送力が急激に低下するため，土砂が河川の山地出口から扇状に堆積した地形である．わが国には多くの扇状地が見られ，その数は490にも上る[6]．地形的には上流から扇頂，扇央，扇端に分類され，扇頂は巨礫混じりの淘汰の悪い土石流堆積物，扇央は淘汰されて上流から下流へ向かって粗粒から細粒へ漸移する氾濫堆積物，扇端は勾配が緩くなり細粒な堆積物でそれぞれ構成される．地盤の透水性は概して高く，特に扇頂から扇央で低く，天井川となる河川から地下水へ涵養する地域も多い．扇央部は礫層が厚く良好な帯水層となるが，砂・粘土層の連続性に乏しく，明瞭に層区分できない場合も多い．扇端は上流で浸透した地下水が礫層から透水性の低い細粒層に移行するため，上向きの浸透流になって流出する湧水群が形成され，周辺が湿地化するが，近年は灌漑整備，井戸揚水などの都市化で，あまり見られなくなる．

（f）沖積平野

沖積平野は，地形勾配が数％〜数‰以下で，平時には河川は蛇行して緩やかに流れるが，大雨時に川からあふれた水が氾濫し，周辺への土砂の堆積を繰り返し，平野を形成する．堆積物は，河道に近いほど粗粒である．通常，河川と並行に自然堤防が形成され，それを越流した土砂は細粒分が主体で，排水もされにくく後背湿地となり，軟弱な地盤となる．河道周辺の堆積が進むと，次の氾濫時には，より低みへと河道が変遷し，その繰返しによって，平野には礫，砂，泥が互層となって堆積する．その結果，堆積当時の河道周辺堆積物（砂や礫）がパッチ上に分布する地層構成となる．わが国の沖積平野は沈降帯に形成され

る場合が多く，この場合には未固結な地層の厚さは 100 m 以上から数千 m 以上に達する．この堆積の過程で第四紀の氷期・間氷期の海水準変動に伴って，扇状地，氾濫平野，三角州といった地形が変化することを反映し，深度によって地層が異なるほか，同一層でも深度方向に粒子が粗くなる，細かくなる級化構造がしばしば見られる．

（g）段　丘

段丘は，いったん堆積してできた平坦面が，海水準変動に伴う浸食基準面の低下によって浸食される，あるいは隆起することで，周辺に対し台地上に残る地形である．他の低地と崖によって縁切られるのが特徴であり，異なる時代に形成された数段にわたって連なる．

例えば，多摩川に沿った，新宿付近の下末吉面（12 万年前の最後の間氷期），中野～国分寺付近の武蔵野面（8～6 万年前の多摩川の扇状地あるいは三角州），国分寺～立川間の立川面（2 万年前の最終氷期の河岸段丘）があげられる．異なる段丘面で，基盤地質はつながっても，表層付近の地質は異なるのが通常である．

（h）海岸平野・三角州

わが国では平野の大半が臨海部に位置する海岸平野であり，海抜高度は通常 100 m 以下で，ゼロメートル以下の地域もある．河川の勾配は非常に緩く，土質は細粒分が主体となる．また河川の海への合流口では，運搬した土砂が海岸に突き出すように堆積して湾を埋め，三角州を形成する．沿岸流が砂や礫を堆積する場合もあるが，多くの海岸平野は河川が海岸へ流出する際に生じる．特に海進時に水面下に没していた範囲では細粒な粘土層が厚く堆積し，軟弱地盤となる．砂層も緩く堆積し，水位も高いため，液状化の対象層となる．また勾配が緩いため，氾濫した後も排水されず，湿地化しやすく，有機質土が形成されやすい．沿岸に沿って，風成による砂丘がしばしば形成される．東北の太平洋岸のように陸側の隆起が大きい，あるいは海側の沈降が大きい場合，リアス式海岸のような急激に水深の深い地形となり，平野は形成されない．

2|03　地　下　水

周囲を海に囲まれる中緯度・温帯モンスーン気候であるわが国では，降水が年間を通じて恵まれ，年降水量は平均 1 700 mm と世界の平均約 880 mm の 2 倍に相当する．地表に降った水は，一部が蒸発散により大気へ戻り，一部は地表付近を短期間で斜面に沿って直接流出し，残りが地下へ浸透して，地層中の間隙に蓄えられ，地下水となる．

図 2.10 に，地下水を理解するための帯水層と地下水位の模式図を示す．地表付近では，土壌の間隙は完全に水で満たされない不飽和帯（土壌水帯）であり，間隙が完全に水で満たされた（飽

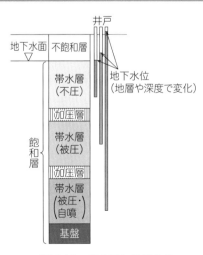

図 2.10　帯水層と地下水位

和した）深度より下が飽和帯である．飽和帯と不飽和帯の境には，地下水面が形成される．地下水面より下の最も浅い難透水層（加圧層）までの層が不圧帯水層である．また不圧帯水層の下位には，しばしば上下に難透水な加圧層で挟まれる被圧帯水層が分布し，堆積平野・盆地では複数の被圧帯水層で構成されることがしばしばある．帯水層の下底は難透水な基盤となるが，完全に不透水とはならず，わずかながらも地下水は浸透し，流動する．

　浸透水の駆動力は重力（位置ポテンシャル）であり，下向きに涵養されるが，地下水となると広域的に異なる標高で浸透する過程の結果，深度方向だけでなく水平方向にも流れるようになる．この地下水流れの駆動力の物理量が水理水頭（hydraulic head の和訳）であり，簡単に地下水位ともいう．水理水頭は，位置水頭と圧力水頭の和として表されるため，全水頭ともいう．

$$h = z + \frac{P}{\rho g}$$

ここで，h は水理水頭，z は基準面からの評価点の高さ（例えば海抜標高など），P は評価点における圧力，ρ は地下水の密度，g は重力加速度である．

　水理水頭は，帯水層中に，地下水が浸入する穴（スクリーン区間）が十分小さく，測定深度が特定できる観測井戸（ピエゾメータ）を設置すれば，井戸内の水面の高さとして観察できる．通常の井戸は，効率的に地下水を採るため，採水区間（スクリーン）をいくつかの深度に分けて配置することが多く，井戸内の水位は各スクリーンの水理水頭の合成となる．なお不飽和帯は圧力水頭が負のゾーンであり，上方向（乾燥側）に向かって，その絶対値が大きくなる．不飽和帯での圧力水頭はサクションとも呼ばれ，cm 単位での常用対数である pF 値は圃場での水分管理の重要な指標となる．

　圧力水頭は地下水面の位置でゼロとなり，水理水頭は位置水頭と一致する．飽和帯では，圧力水頭は正となり，地下水流れの状態によって，水理水頭の分布が空間的に変化し，特に加圧層の上下では不連続的に変化する．被圧帯水層とは，水理水頭が帯水層の上面（加圧層との境界）よりも高い帯水層である．被圧帯水層の地下水位が地表面より高い場合，その帯水層に井戸を掘ると自噴する．

　不圧と被圧の水理的な違いは，不圧帯水層では地下水が間隙内に単にたまった状態（貯水槽のイメージ）であるのに対し，被圧帯水層では，上を覆う加圧層より高い水理水頭によって間隙水圧が高い状態（膨らんだ風船のイメージ）にある．井戸から地下水を汲み上げると，不圧帯水層では地下水面が低下し土中の有効間隙率（自由に地下水が動く間隙の体積割合）からの地下水が重力移動してから井戸へ向かうのに対し，被圧帯水層では帯水層全体の圧力低下がもたらす土粒子の膨張が間隙率の減少となって絞り出された水が井戸へ向かう．このため，被圧帯水層の水位低下は広範囲に及び，過剰に揚水を行うと，上下の難透水層から水の絞り出しが行われる．上下の難透水層は間隙比が大きく，水の絞り出しが継続することで，体積の収縮が大きく，その結果，いわゆる地盤沈下問題が発生する．

　被圧帯水層の形成は，流域全体での地質構造と上流から下流へ向かう地下水流動系の中で理解する必要がある．図 2.11 の例では，涵養された地下水は，上位の不圧帯水層と下位の被圧帯水層に分かれ，不圧帯水層中の地下水位は途中，河川などへ流出しつつ，地下水面は地形と調和し，海へと流出する．一方，地下水の一部は，より深部の被圧帯水層を

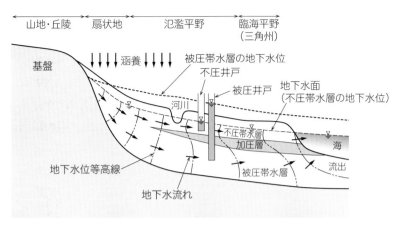

図2.11 地下水流動系の模式断面図

流動し，上流で涵養された際の高い地下水位を保つことで，下流で掘る井戸は被圧井戸となる．被圧帯水層中の地下水も最終的には，下流の海へと流出する．上流からの涵養量と下流への流出量とその間の透水性によって，被圧帯水層の地下水位分布が形成される．上流で涵養された際の地下水位が保たれる場合，下流で掘る井戸の水理水頭は地表面より高く被圧井戸となる．

²⁻04　地盤中の熱移動

　地盤中の熱移動は，伝導と移流によって生じる．また移流は，間隙中を地下水が流れる場合に熱移動が生じる強制対流と，帯水層中の温度差によって生じる自然対流に分けられる．

1. 伝　導

　地盤中の熱伝導は，フーリエの法則に従う．一次元方向（x方向）の熱伝導に起因する熱フラックス（熱流束）は

$$q_c = -\lambda \frac{\partial T}{\partial x}$$

ここで，q_cは伝導に伴う熱フラックス〔W/m²〕，λは対象領域の有効熱伝導率〔W/(m·K)〕，Tは温度〔℃〕である．**図2.12**のような通過断面積A，距離$x \sim x+\Delta x$の微小領域において，微小時間Δtで熱流がある場合の領域内の熱収支を考える．

　領域内で水平方向（x方向）の熱移動により温度がΔT〔K〕変化した場合の熱量変化ΔQ_s〔J〕は，熱容量ρC_p〔J/(K·m³)〕，領域体積が$A\Delta x$〔m³〕から

$$\Delta Q_s = \rho C_p A\Delta x\Delta T$$

　熱伝導に伴う収支ΔQ_cは，対象領域両端（位置x，$x+\Delta x$）の熱フラックスに断面積Aと経過時間Δtを乗じた差として，

$$\Delta Q_s = q_c(x+\Delta x)A\Delta t - q_c(x)A\Delta t = -\frac{1}{\Delta x}\left(\lambda\frac{\partial T}{\partial x}\bigg|_{x+\Delta x} - \lambda\frac{\partial T}{\partial x}\bigg|_x\right)\Delta x A\Delta t$$

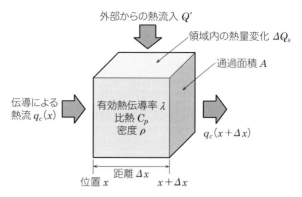

外部からの熱流入 Q'

領域内の熱量変化 ΔQ_s

通過面積 A

伝導による
熱流 $q_c(x)$

有効熱伝導率 λ
比熱 C_p
密度 ρ

$q_c(x+\Delta x)$

距離 Δx

位置 x　　　$x+\Delta x$

図 2.12　微小領域における一次元熱伝導

　外部からの熱流の流出入を Q' とすると，収支式 $\Delta Q_s + \Delta Q_c = Q'$ が成立する．これを両辺 $A\Delta x \Delta t$ で割り，$\Delta x \to 0$，$\Delta t \to 0$，$Q'/(A\Delta x \Delta t) \to q'$ として

$$\frac{\partial(\rho C_p T)}{\partial t} = \frac{\partial}{\partial x}\left(\lambda\frac{\partial T}{\partial x}\right) + q'$$

となる．物性値（λ，ρ，C_p）の空間的・時間的変化を無視する（均質・一定）と

$$\rho C_p \frac{\partial T}{\partial t} = \lambda \frac{\partial^2 T}{\partial x^2} + q'$$

となり，さらに両辺を ρC_p で割ると

$$\frac{\partial T}{\partial t} = a\frac{\partial^2 T}{\partial x^2} + q''$$

となる．ここで，a（$= \lambda/(\rho C_p)$）は温度拡散率〔$\mathrm{m^2/s}$〕，q'' は q' を ρC_p で除した値である．すなわち，領域内の伝導による温度変化は，温度の距離による二階微分（もしくは温度勾配の微分）に比例し，比例係数は温度拡散率となる．この解析解の例として，熱移動を深度方向とした地表から深部への熱伝導を紹介する．

　地表面（$x=0$）の温度 T が振幅 A，一定周期（$2\pi/\omega$）で変動するとし，

$$T = T_0 + A\cos(\omega t)$$

ここで，T_0 は平均温度である．外部からの熱フラックスを無視する（$q''=0$）とした場合の一般解は，

$$T = T_0 + A\exp\left(-x\sqrt{\frac{\omega}{2a}}\right)\cos\left(\omega t - \sqrt{\frac{\omega}{2a}}\,x\right)$$

となる．同式から，地表面での温度が一定周期・振幅にて変動する場合，ある深度の地中温度は，振幅が深度方向に指数減衰で減少しながら位相遅れをし，境界と同一周期で変動する．また振幅の減衰や位相の遅れは，周期と温度拡散率の比の平方根（$\sqrt{\omega/2a}$）に依存する．地表からの熱伝導が無視でき，温度が安定する深度を不易層深度という．

　上式により，例えば振幅が 1% として実質無視し得る深度を不易層深度とし，地盤の取り得る温度拡散率を $a = 1\times10^{-7} \sim 1\times10^{-6}\mathrm{m/s}$ と想定すると，日周期に対する不易層深度は $0.2 \sim 0.8\,\mathrm{m}$，年周期（季節変動）の場合は $5 \sim 16\,\mathrm{m}$ と計算できる[7]．

　図 2.13 の計算例では，地表面で平均温度 $T_0 = 10℃$ を中心に振幅 $A = 20℃$ で年周期するのが，深くなるにつれ，振幅が減じるとともにピーク時期にずれ（位相差）が生じる．

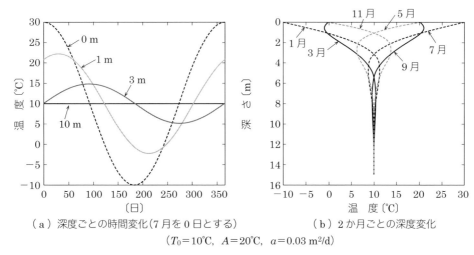

（a）深度ごとの時間変化（7月を0日とする）　　　　　（b）2か月ごとの深度変化

$$(T_0 = 10℃, \quad A = 20℃, \quad a = 0.03 \ \text{m}^2/\text{d})$$

図 2.13　年周期（$\omega = 2\pi/365$）による温度境界の一次元理論解の計算例

深度 10 m 付近でおおむね平均温度に収束する．一般に，不易層温度は，平均気温とほぼ同じか，日射など熱収支がプラスになる場合には 1 ～ 2℃ 高い値となるが，土壌や地下水面の深さにも影響を受ける．日本の不易層の深度分布（**図 2.14**）では 8 ～ 22 m の範囲で全般に北，南に向かって浅く，本州中央で深くなる傾向が見て取れる．

　一次元方向の熱の移動を三次元方向に拡張（一般化）すると，熱伝導方程式は以下となる．

$$\frac{\partial(\rho C_p T)}{\partial t} = \nabla \boldsymbol{\lambda}(\nabla T) + q'$$

となる．ここで，$\nabla (= \partial/\partial x + \partial/\partial y + \partial/\partial z)$ は微分演算子，$\boldsymbol{\lambda}$ は有効熱伝導率テンソルで

$$\boldsymbol{\lambda} = \begin{pmatrix} \lambda_{xx} & \lambda_{yx} & \lambda_{zx} \\ \lambda_{xy} & \lambda_{yy} & \lambda_{zy} \\ \lambda_{xz} & \lambda_{yz} & \lambda_{zz} \end{pmatrix}$$

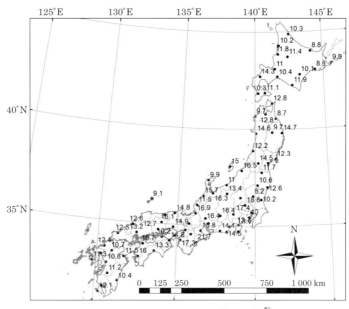

図 2.14　わが国の不易層深度の分布[8]

例えば，λ_{xy} は，x 方向の温度勾配が y 方向の熱移動をもたらす場合の有効熱伝導率である．有効熱伝導率の異方性は，しゅう曲した地層あるいは斜方構造を有する岩石などの熱移動を考える場合，その可能性を検討する必要がある（**図 2.15**）.

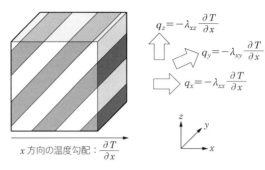

図 2.15　異方性のある地質における熱伝導
（x 方向の温度勾配がある場合）

実際には，熱伝導の直交性を仮定し，対角成分のみを考えることが多い．この場合

$$\frac{\partial(\rho C_p T)}{\partial t}=\frac{\partial T}{\partial x}\left(\lambda_{xx}\frac{\partial T}{\partial x}\right)+\frac{\partial T}{\partial y}\left(\lambda_{yy}\frac{\partial T}{\partial y}\right)+\frac{\partial T}{\partial z}\left(\lambda_{zz}\frac{\partial T}{\partial z}\right)+q'$$

また地盤が均質一様・一定と仮定すれば，

$$\rho C_p \frac{\partial T}{\partial t}=\lambda_{xx}\frac{\partial}{\partial x}\left(\frac{\partial T}{\partial x}\right)+\lambda_{yy}\frac{\partial}{\partial y}\left(\frac{\partial T}{\partial y}\right)+\lambda_{zz}\frac{\partial}{\partial z}\left(\frac{\partial T}{\partial z}\right)+q'$$

となる．さらに有効熱伝導率の等方性（$\lambda_{xx}=\lambda_{yy}=\lambda_{zz}$）を仮定することで下式となる．特に定常状態（$T$ が一定）の場合が拡散方程式と呼ばれる．

$$\frac{\partial T}{\partial t}=a\nabla^2 T+q''$$

となる．

2. 移流（強制対流）

地盤中を地下水が流れる場合，熱は伝導とともに間隙中を地下水が流れることによる移流でも移動する．微小領域による伝導に移流を加えた，**図 2.16** を考える．

移流による熱フラックス q_a〔$\mathrm{W/m^2}$〕は，水の熱容量 $\rho_w C_w$，地下水流速 v，温度 T の積であり，

$$q_a=\rho_w C_w v T$$

移流の対象領域両端（位置 x, $x+\Delta x$）での熱移動に伴う収支 ΔQ_a は，

$$\Delta Q_a=\rho_w C_w v T|_{x+\Delta x}nA-\rho_w C_w v T|_x nA\approx\frac{1}{\Delta x}\rho_w C_w v(T|_{x+\Delta x}-T|_x)\Delta x nA\Delta t$$

となる．領域内の熱収支式 $\Delta Q_s+\Delta Q_c+\Delta Q_a=Q'$ が成立するとし，両辺を $A\Delta x\Delta t$ で割り，$\Delta x\to 0$, $\Delta t\to 0$ とすると，$Q'/A\Delta x\Delta t\to q'$ として

$$\frac{\partial(\rho C T)}{\partial t}=\frac{\partial}{\partial x}\left(\lambda\frac{\partial T}{\partial x}\right)-\frac{\partial(\rho_w C_w nvT)}{\partial x}+q'$$

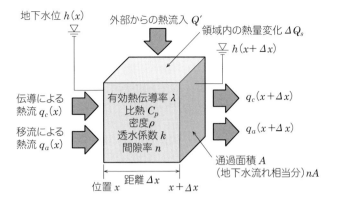

図 2.16　微小領域における一次元熱伝導・移流

となる．物性値の空間的・時間的変化を無視し，かつ地下水流速も一定とすると，地下水流速とダルシー流速の関係（$v = u/n$）より

$$\rho C_p \frac{\partial T}{\partial t} = \lambda \frac{\partial^2 T}{\partial x^2} - \rho_w C_w u \frac{\partial T}{\partial x} + q'$$

両辺をρC_pで割ると，

$$\frac{\partial T}{\partial t} = a \frac{\partial^2 T}{\partial x^2} - \frac{\rho_w C_w}{\rho C_p} u \frac{\partial T}{\partial x} + q''$$

右辺第 1 項が伝熱項，第 2 項が移流項，第 3 項が外部から（へ）の熱量の出入りに相当する．$x = 0$で温度が一定 T_0で，外部から熱量 q''を無視できる場合の近似解は，

$$\Delta T = \frac{T_0}{2}\left[\mathrm{erfc}\left(\frac{x - Ut}{2\sqrt{at}} \right) + \exp\left(\frac{Ux}{a} \right) \mathrm{erfc}\left(\frac{x + Ut}{2\sqrt{at}} \right) \right]$$

となる[9]．ここで，ΔTは温度変化，T_0は地中温度，erfc は余誤差関数，$U = (\rho_w C_w)/(\rho C_p)u$は補正流速である．また支配方程式について無次元化した場合の伝導項に対する移流項の比をペクレ数 Peとすると

$$Pe = \frac{\rho_w C_w u x_0}{\lambda}$$

伝導項に対する移流項の比から移流効果が無視されるのは，$Pe < 0.1$であり，ダルシー流速に換算して $u = 10^{-8}\,\mathrm{m/s}$（$\fallingdotseq 0.001\,\mathrm{m/y} \fallingdotseq 0.3\,\mathrm{m/y}$）以上に相当する[10]．

ここで帯水層（深度 $z = 0 \sim L$〔m〕）の定常状態における鉛直方向（z方向）の地中温度分布を考える．下向きの地下水流れを正，上向きの流れを負とし，$z = 0$での温度を T_0，$z = L$での温度を T_L，ペクレ数を $Pe = (\rho_w C_w u L)/\lambda$とした場合の解（無次元温度応答）は

$$\frac{T - T_0}{T_L - T_0} = f\left(Pe, \frac{z}{L} \right) = \frac{\exp\left(\dfrac{z}{L} Pe \right) - 1}{\exp(Pe) - 1}$$

となる[11]．

　図 **2.17** に，横軸に無次元温度応答，縦軸に無次元深度を示す．地下水流れが 0（伝導のみ）の場合，地中温度は直線分布であるが，下向きの地下水流れがあると下に凸の温度分布となり，地下水流速が大きくなれば深度勾配（地中増温率）はゼロに近づく．上向き

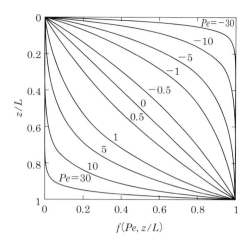

図 2.17　一次元深度方向の熱伝導・移流方程式の理論解
（タイプカーブ）

の地下水流れでは上に凸の分布となり，流速が大きくなると，浅い深度で深部温度に達する．このように地中温度の深度分布は鉛直方向の地下水流れを反映する．

　地下水流れがある場合には，地中熱交換器周辺では伝導のみでなく，移流も生じるため，有効熱伝導率が見掛け上大きくなる．これを見掛け熱伝導率という．**図 2.18** は，北海道大学構内にて，2 m 離れた位置に設置した井戸から揚水（320 l/min）を行い人工的な地下水流れを発生させた場合の熱応答試験結果である．試験中の熱媒体温度は，揚水なしの条件では時間の片対数に対し線形的に増加し，有効熱伝導率は 2.0 W/(m·K) と算出される．一方，揚水ありの条件では，加熱後 10 時間当りから勾配が緩くなり，加熱 60 時間の見掛け熱伝導率は 3.19 W/(m·K) と，揚水なしの条件に比べ，1.6 倍見掛け上，増加している（R_b は地中熱交換器の熱抵抗）．

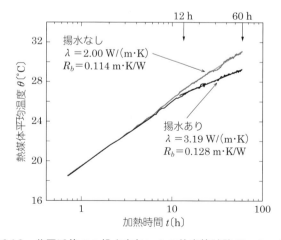

図 2.18　井戸近傍での揚水有無による熱応答試験データの比較

3. 自然対流

地中熱交換器周辺と帯水層との温度差が大きくなる場合には，間隙水の物性（密度 ρ や動粘性係数 μ）の変化となって自然対流が生じる．地中熱交換器周辺の温度 T_0，周辺帯水層の温度 T_∞ とした場合の熱交換量の理論値は，

$$Q = (T_\infty - T_0)\overline{Nu}\lambda L$$

となる[12]．ここで，Nu はヌッセルト数である．自然対流を考慮した場合，熱伝導のみの場に比べ温度差が $5 \sim 10℃$ の範囲で最大約 $3 \sim 4$ 倍の採熱量の増大効果が見込めることになる．自然対流効果は数値解析でも確認されている[13]．放熱条件では，加熱された地下水が帯水層上部に溜まるため，自然対流の発生は限定されるが，採熱条件では，冷却された地下水が帯水層下部に向かうことで地中熱交換器周辺に自然対流が積極的に発生しやすく，上式による熱交換量の増大が見込める[14]．

2|05 地盤の物性

地盤中の熱移動に係る物性値は，有効熱伝導率，熱容量，透水係数があげられる．なお，温度拡散率 a は，有効熱伝導率と熱容量の比として，双方がわかれば計算できる．地下水流れがある場合，その影響を考慮した物性である分散長も考える必要がある．

1. 有効熱伝導率

熱伝導率はフーリエ則における温度勾配に対する比例係数で物体固有の物性値である．一方，自然の土や岩は，固相や液相，気相（不飽和帯）で構成され，固相も異なる熱伝導率のさまざまな鉱物の集合であるため，その熱伝導率は，それら異なる熱伝導率が合成した有効熱伝導率となる．水，空気，主な鉱物の熱伝導率は明らかであり，完全等方・均質な混合体であれば，体積率を重みとした幾何平均と一致する．実際には，地盤中の熱伝導は，ミクロ的には鉱物の構成や構造，マクロ的には土粒子の形状，充填具合に依存する．したがって，有効熱伝導率は，地質の種類だけでなく，同一の地質でも箇所や深度によって値が変化する．砂質材料を用いた室内実験結果の例を**図 2.19** に示す．異なる乾燥密度と含水率によって値が異なり，その関係は非線形的である．

地質の有効熱伝導率の一覧を**表 2.3** に示す．土の場合，間隙が多い細粒な粘土，シルトが小さく，間隙が少ない砂，砂礫で高くなる．有機質土は，無機質な土粒子の代わりに，空隙がより大きい有機分となるため，特に値が小さい．火山灰も噴出時に粒子内に間隙ができるため，やはり値が小さくなる．岩は，間隙率や固結度，構成する鉱物によって大きく異なる．岩（軽量）は，風化が進行した岩もしくは，新第三系の堆積岩など新しい時代の岩に相当し値が低く，堅硬な岩であれば，$3\,W/(m \cdot K)$ を超える高い値となる．また米国 ASHRAE では，含水率に違いによる土やさまざまな岩に対する有効熱伝導率を**表 2.4** のようにまとめている．近年，ヨーロッパでは，合理的な地中熱システム設計の指標（**表 2.5**）も提唱されている．併せて，地中熱システム設計に係る物質の熱物性を**表 2.6** にまとめる．

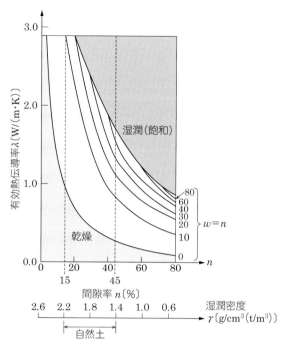

図 2.19　砂の有効熱伝導率の湿潤密度や間隙率に対する変化 [15]

表 2.3　土壌・岩盤の有効熱伝導率と熱容量

	熱伝導率〔W/(m·K)〕		熱容量〔MJ/(m³·K)〕	
	飽　和	不飽和	飽　和	不飽和
砂	1.53	1.19	3.03	2.15
砂　礫	2.0			
シルト	1.44			
粘　土	1.27	0.92	3.13	2.14
火山灰	1.18	0.90	3.05	2.01
泥　炭	1.22	0.88	3.20	2.07
ローム層	1.0	0.72		
岩（重量）	3.1			
岩（軽量）	1.4			
花崗岩	3.5			

表 2.4　土壌・岩盤などの物性値 [16]

		含水率〔%〕	乾燥密度〔kg/m³〕	有効熱伝導率〔W/(m·K)〕	温度拡散率〔m²/d〕
土	粘性土（重量）	15	1 920	1.4 〜 1.9	0.042 〜 0.060
		5	1 920	1.0 〜 1.4	0.047 〜 0.060
	（軽量）	15	1 280	0.7 〜 1.4	0.033 〜 0.047
		5	1 280	0.5 〜 0.9	0.033 〜 0.056
	砂質土（重量）	15	1 920	2.8 〜 3.8	0.084 〜 0.112
		5	1 920	2.1 〜 3.3	0.093 〜 1.200
	（軽量）	15	1 280	1.4 〜 2.1	0.047 〜 0.093
		5	1 280	0.9 〜 1.9	0.056 〜 0.121
岩	花崗岩		2 640	2.2 〜 3.6	0.084 〜 0.130
	石灰岩		2 400 〜 2 800	2.4 〜 3.8	0.084 〜 0.130
	砂　岩			2.1 〜 3.5	0.065 〜 0.112
	泥　岩	湿潤	2 560 〜 2 720	1.4 〜 2.4	0.065 〜 0.084
		乾燥		1.4 〜 2.1	0.056 〜 0.074

表 2.5　各地質の有効熱伝導率・熱容量の集計値 [17]

| | 文献値の集計 | | | 実測値の集計 | | | | | 提案値 | | |
| | λ (W/(m·K)) | | ρC_p (MJ/(m³·K)) | ρ (×10³kg/m³) | λ (W/(m·K)) | | | ρC_p (MJ/(m³·K)) | ρ (×10³kg/m³) | λ (W/(m·K)) | | |
	min	max			min	max	rec			min	max	rec
堆積岩	0.59	7.7			1.03	5.62				0.59	7.70	
礫岩	1.5	5.1	1.8〜2.6	2.2〜2.7						1.50	5.10	1.94
砂岩	0.72	6.5	1.8〜2.6	2.2〜2.7	1.03	4.56	2.00	2.06〜2.28	2.43〜2.66	0.72	6.50	2.60
粘土泥岩	0.59	3.48	2.1〜2.4	2.4〜2.6	1.47	3.21	2.54	1.80〜2.23	2.70	0.59	3.48	2.13
石炭岩	0.6	5.01	2.1〜2.4	2.4〜2.7	2.46	4.41	2.88	1.81〜2.22	2.35〜2.8	0.60	5.01	2.50
ドロマイト	0.61	5.73	2.1〜2.4	2.4〜2.7	1.96	5.22	3.65	2.03〜2.34	2.47〜2.78	0.61	5.73	3.58
泥灰岩	1.78	2.9	2.2〜2.3	2.3〜2.6						1.78	2.9	2.04
石膏	1.15	2.8	2.0	2.2〜2.4						1.15	2.8	1.60
無水石膏	1.50	7.7	2.0	2.8〜3						1.50	7.7	4.77
火成岩	0.44	5.86	2.1〜3.0		0.86	3.29				0.44	5.86	
花崗岩	1.49	4.45	2.9	2.4〜3.0	2.02	3.68	3.13	1.8〜2.12	2.66〜2.73	1.49	4.45	2.74
閃緑岩	1.38	4.14	2.4	2.9〜3.0	1.99	3.04	2.50	1.75〜2.10	2.6〜2.71	1.38	4.14	2.4
閃長岩	1.35	5.2	2.6	2.5〜3.0	2.2	2.66	2.41	2.02〜2.06	2.69	1.35	5.2	2.51
斑れい岩	1.52	5.86	2.1	2.8〜3.1	2.41	2.79	2.60	2.08〜2.04	2.84	1.52	5.86	2.41
流紋岩	1.77	3.98	2.9	2.6	1.89	3.29	2.61	1.95〜2.09	2.11〜2.5	1.77	3.98	2.96
デイサイト	2.0	3.91	2.3〜2.6	2.9〜3.0						2.00	3.91	2.60
安山岩	0.64	4.86	2.1	2.6〜3.2	0.96	1.39	1.16	1.38〜1.57		0.64	4.86	1.43
粗面岩	2.2	3.4	2.3〜2.6	2.6	1.86	1.95	1.91	1.87〜2.00	2.33〜2.63	1.86	3.4	2.48
玄武岩	0.44	5.33	2.3〜2.6	2.6〜3.2	0.86	2.69	1.78	1.89〜2.07	2.13〜3.02	0.44	4.33	1.82
凝灰岩	1.1	2.59								1.10	2.59	1.10
変成岩	0.65	8.15			1.98	4.43				0.65	8.15	
珪岩 片岩	1.89	8.15	2.1	2.5〜2.7						1.89	8.15	5.18
雲母 片岩	0.65	5.43	2.2〜2.4	2.4〜2.7	1.98	4.43	2.83	2.09〜2.26	2.72〜2.76	0.65	5.43	2.53
片麻岩	0.84	4.86	1.8〜2.4	2.4〜2.7	3.04	3.89	3.70	2.19〜2.2	3.03	0.84	4.86	2.95
千枚岩	1.5	3.33			1.45	2.94	2.59	1.41〜1.95	2.76〜2.82	1.45	3.33	2.45
角閃岩	1.35	3.9	2.0〜2.3	2.6〜2.9						1.35	3.90	2.90
蛇紋岩	2.41	4.76			2.01	3.72	2.62	2.1〜2.2	2.63〜2.82	2.01	4.76	2.52
大理石	0.98	5.98	2.0	2.5〜2.8						0.98	5.98	2.50

表 2.6　地中熱に関連する材料の熱伝導率と熱容量

材　料	熱伝導率 (W/(m·K))	熱容量 (MJ/(m³·K))
水（20℃）	0.61	4.2
氷	2.2	1.9
乾燥空気（20℃, 1atm）	0.026	1.2×10^{-3}
エチレングリコール（40%, 20℃）	0.46	3.7
プロピレングリコール（40%, 20℃）	0.45	3.8
高密度ポリエチレン（U チューブ）	0.48	2.0
鉄	48	3.4
ステンレス鋼	25	3.2
普通コンクリート（20℃）	1.6	2.0
軽量コンクリート	0.52	1.9
アスファルト	0.73	2.1

2. 熱容量

　熱容量は，対象物の密度 ρ と定圧比熱 C_p の積であり，単位体積当り 1°C 温度を上げるのに必要な熱量である．土の熱容量は有効熱伝導率と同様，固相と液相，気相の合成であるが，有効熱伝導率と異なり指向性はないため，各固有値に対する体積比の重み付け平均となる．気相の熱容量は実質的に無視できるため，土の熱容量 ρC_p は，間隙率を n，飽和度を w とすると，土粒子の熱容量 $\rho_s C_s$ と水の熱容量 $\rho_w C_w$ から，

$$\rho C_p = (1-n)\rho_s C_s + w n \rho_w C_w$$

となる．$\rho_s C_s$ は鉱物の種類と割合で多少異なるが，$2\,\mathrm{MJ/(K{\cdot}m^3)}$ 前後であり，間隙水は水の物性とすると $\rho_w C_w = 4.2\,\mathrm{MJ/(K{\cdot}m^3)}$ である．間隙率を岩が $n = 0.05 \sim 0.2$，土が $0.2 \sim 0.60$ と想定すると，岩の場合で $\rho C_p = 2\,\mathrm{MJ/(K{\cdot}m^3)}$ 程度，土の場合で $\rho C_p = 3\,\mathrm{MJ/(K{\cdot}m^3)}$ 程度となり，一定値と仮定することも多い．地中熱交換器に適用される線熱源理論解でも，温度応答は有効熱伝導率には直接比例するのに対し，熱容量にはその対数に比例することから，熱容量を一定と仮定しても，温度応答の計算結果への影響は少ないことがわかる．

3. 透水係数

　地下水の流動量は，水理水頭の勾配と断面積，透水係数に比例する．これをダルシーの法則と呼ぶ．

$$Q = KAi = KA\frac{\partial h}{\partial x} = uA$$

　ここで，Q は断面積 A を通過する地下水流動量，i は動水勾配，K は透水係数である．u は流量 Q を透過面積 A で割った値で比流量もしくは，流量が流速と透過面積の積であることから，ダルシー流速とも呼ばれる（図 2.20）．ただし，透過面積 A は，本来地下水が流れる間隙部分だけでなく固体部分（土粒子）も含むため，ダルシー流速は地下水流速ではなく，固相も間隙とみなした場合の仮想の平均流速である．このため，本来の地下水流速 v は，ダルシー流速を有効間隙率 n で除した $v = u/n$ である．

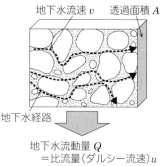

図 2.20　地下水流速・ダルシー流速の違い

　透水係数は，間隙水の粘性や慣性（密度）に加え，間隙の大きさや連続性に依存し間隙水の物性と間隙構造を示す固有透水度の積で表される．

$$K = \frac{\rho_w g}{\mu_w} k$$

　ここで，ρ_w，μ_w は間隙水の密度，動粘性係数，g は重力加速度，k は固有透過度である．地中熱利用の範囲では間隙水の物性はほぼ一定なため，透水係数は固有透過度に依存する．固有透過度は，多孔質媒体で構成粒子が均質な球形で完全充填される場合，代表粒径 d と間隙率 n から計算できる[18]．

$$k=\frac{n^3}{180(1-n)^2}d^2$$

　同式は，透水係数が構成粒子の粒径の2乗に比例し，間隙率が小さい場合（$n<0.4$）は間隙率にほぼ比例することを示す．実際の構成粒子は球形でも均質でもなく，間隙が多くなると間隙水の土粒子への吸着や粘性抵抗も発生する．このため，粘度の透水係数は極端に低くなる．さまざまな粒径が混合する地質材料の透水係数は，その細粒分の含有量に依存するため，実務ではしばしば，粒度試験で得られる重量10%通過粒径d_{10}〔cm〕を用いて推定するヘーゼン式が用いられる．

$$K=100\,d_{10}^2$$

　岩の場合，土よりも固結度が高まるため，同一の構成粒子（例えば，砂と砂岩との比較）では通常，透水係数は低下する．一方，岩は内部に含むき裂が他の間隙に比べて卓越して透水性の高い経路（水みち）となる．き裂面が平滑で層流な地下水流れの場合の固有透過度は，き裂の開口幅eの2乗に比例する．さらに乱流になると，き裂面の粗度の影響を受けて変化する．透過面積に対するき裂面積の比率を勘案した固有透水度は，

$$k=e^3\frac{F}{12bC}$$

となる．ここで，Fは全面積に対するき裂の面積の割合，bはき裂間隔，Cは層流の場合は1，乱流の場合は$C=1+8.8\,R_r^{1.5}$，R_rはき裂面粗度である．上式は，き裂の透水係数の三乗則とも呼ばれる．実際のき裂の分布は，断層から細かいクラックまで大小，方向もさまざまで，異方性やスケール依存性につながる．

　地質による透水係数の例を，**図 2.21** に示す．透水係数は13オーダの幅があり，同一地質でも数オーダの違いがある．いわゆる高い透水性とは10^{-4} m/s 以上，低透水性は10^{-8} m/s 以下の場合となる．

K〔m/s〕	10^0	10^{-1}	10^{-2}	10^{-3}	10^{-4}	10^{-5}	10^{-6}	10^{-7}	10^{-8}	10^{-9}	10^{-10}	10^{-11}	10^{-12}	10^{-13}
透水性	高				中				低					
帯水層	適				やや不適			不適						
土　壌	きれいな礫		きれいな砂もしくは砂礫		細砂, シルト, ローム, アルカリ土			粘土(層状)		粘土(均質)				
						泥　炭								
岩　石				貯留岩				砂　岩		石灰岩・苦灰岩		角礫岩・花崗岩		

図 2.21　透水係数の範囲[18]

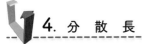

4. 分　散　長

　地下水流れを含む熱移動を考える場合，温度拡散率aは，間隙中を流れる地下水流れによって見掛け上，変化する．これまでのさまざまな実験結果から，地下水流れを含む温度拡散率aの推定には，地下水流れを含まない温度拡散率a_0に対しダルシー流速uに比例すると仮定する下式が通常，用いられる．

$$a=\alpha u+a_0$$

比例係数αは長さの次元をもち，地下水の流向方向や間隙構造の連続性を反映し対象と

するスケールによっても異なり，さまざまなサイトでの実験結果が報告されている．例えば，地下水流向方向で 100 m，直交方向では 10 m が示されている [19]．地下水流れのない場合の温度拡散率 a_0 は $10^{-6} \sim 10^{-7}$ m²/s オーダであることを勘案すると，地下水流速が 10^{-8} m/s（数 m/y）以上になれば，温度拡散率にも地下水流れによる影響を無視できなくなる．ただし，地下水流れが速く，移流項が伝導項より卓越する場合には，α をゼロとし計算しても大きく結果は変わらず，実質その変化は無視できる．

参 考 文 献

1) 地盤工学会：地盤材料の工学的分類方法（JGS 0051），地盤材料試験の方法と解説（2009）

2) 八木久義：熱帯の土壌（II-17），熱帯林業，Vol.36, pp.70-73（1996）

3) 日本地質学会：地質系統・年代の日本語記述ガイドライン 2020 年 1 月改訂版，http://www.geosociety.jp/uploads/fckeditor//name/ChronostratChart_jp.pdf（2020）

4) 遠藤 毅，中村正明：東京都区の深部地盤構造とシルト層の土質特性，土木学会論文集，Vol. 652, No. III-51, pp.185-194（2000）

5) 成瀬 洋：第四紀，269 pp.，岩波書店（1982）

6) 斉藤享治：日本の扇状地，280 pp.，古今書院（1988）

7) W.D. Sellers: Physical Climatology, pp. 272, University Chicago Press（1965）

8) 谷口真人，三条和博，楮根 勇：地下水調査における地下水温の重要性，ハイドロジー，No.14, pp.50-60（1984）

9) P.A. Domenico and F.W. Schwartz: Physical Hydrogeology, 2nd edition, pp. 372-375, John Wiley and Sons（1998）

10) G. Ferguson: Screening for heat transport by groundwater in closed geothermal systems, Groundwater, Vol. 53, No.3, pp.503-506（2015）

11) J.D. Bredehoeft and J.S. Papaopulos: Rates of vertical groundwater movement estimated from the Earth's thermal profile, Water Resources Research, Vol. 1 No.2, pp.325-328（1965）

12) 木村繁男：地下水流れが採熱量に及ぼす影響，日本地熱学会誌，Vol. 28, No. 3, pp.315-332（2006）

13) A.-M. Gustafsson, et al. : CFD-modelling of natural convection in a groundwater-filled borehole heat exchanger, Applied Thermal Engineering, Vol.30, pp.683-691（2010）

14) C. Bringedal, et al.: Influence of natural convection in a porous medium when producing from borehole heat exchangers, Water Resources Research, Vol. 49, pp. 4927-4938（2013）

15) A.R. Jumikis: Thermal Geotechnics, p.74, Figure 6-7, Rutgers University Press（1977）

16) ASHRAE: Chapter 34, Geothermal energy, ASHRAE HVAC Applications（2019）

17) G.D. Santa, et al.: An updated ground thermal properties database for GSHP applications, Geothermics, Vol.85, No.101758, pp.1-13（2020）

18) J. Bear : Dynamics of Fluids in Porous Media, pp.165-167, Table 5.5, Elsevier（1972）

19) M.P. Anderson : Heat as a groundwater tracer, Groundwater, Vol.43, No. 6, pp.951-968（2005）

3章

地中熱交換器

3|01　地中熱交換器の分類

　図 3.1 に地中熱交換器の分類を示す．まず，使用するヒートポンプの種類により間接方式と直膨方式の 2 種類に大きく分けられる．**図 3.2** に表すように，間接方式とはヒートポンプと地中熱交換器の間に樹脂または金属製の熱交換器を設置し，その中を循環する水またはブラインを介して間接的に地中から採熱する方法である．一方，直膨方式はヒートポンプの冷媒管を地中に埋設し，直接土壌と熱交換する方式である（暖房回路の場合，蒸発器に相当する）．間接方式に比べ，ヒートポンプの運転効率は高くなり，ブラインの循環ポンプ動力も不要なため，省エネルギー性は高くなる傾向にある．しかし，対応するヒートポンプが少ないことから，日本では一部の住宅建物での採用に限られている．

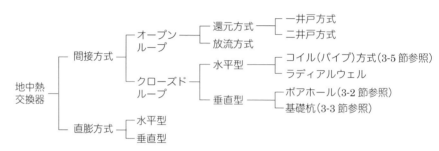

図 3.1　地中熱交換器の分類

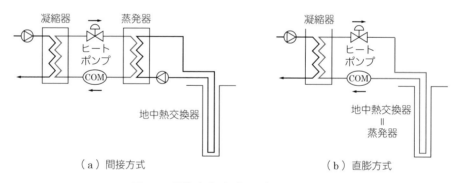

図 3.2　間接方式（左）と直膨方式（右）

　ここではより一般的な間接方式について述べる．まず，配管系統がオープンかクローズドかにより分けられる．オープンループのシステム例を**図 3.3** に，クローズドループの例を**図 3.4** に示す．オープンループでよく知られているものに，井水を熱源としたヒートポンプシステムがある．そのほか，地下水や湖水を直接利用する方法があげられるが，この場合には汲上げ規制[*1] などの法律に準拠することが前提となる．オープンループの詳細は 3-7 節を参照されたい．

＊ 1　地下水の汲上げ規制：各自治体により条例などで定められている．例えば，札幌市では，揚水機の吐出し口の断面積（吐出し口が二つ以上あるときには，それらの断面積の合計）が 6 cm² 以下，すなわち口径が約 27 mm φ 以下の場合については，規制から除外される．なお，現在のところわが国では，地下水の汲上げのないクローズドループシステムの設置に関する規制はほとんどない．

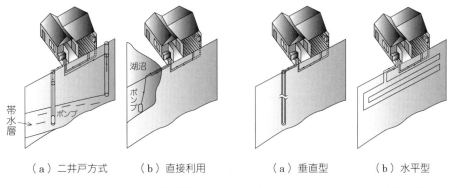

（a）二井戸方式	（b）直接利用	（a）垂直型	（b）水平型

図 3.3　オープンループ地中熱交換器の例　　**図 3.4　クローズドループ地中熱交換器の例**

　一方，クローズドループは地中に熱交換器を設置して間接的に熱利用するものであり，適用範囲はオープンループに比べ広いといえる．クローズドループの中では，埋設方法の違いにより水平型と垂直型に分けられ，現在日本では垂直型の採用が多い．**表 3.1** に主な垂直型地中熱交換器を示す．特に，地下数十〜百数十 m をボーリングするボアホール方式が代表的であるが，近年は地下十 m 以下の浅層を利用するボアホール方式や，基礎杭を利用した方法も採用事例がある．ボアホール方式，基礎杭方式について詳しくは 3-2 節，3-3 節を参照されたい．

表 3.1　主な垂直型地中熱交換器

方　式	ボアホール				基礎杭等構造物利用			
名　称	シングル U チューブ	ダブル U チューブ	二重管	スパイラルチューブ	PHC 杭利用	場所打ち杭利用	鋼管杭利用	連壁利用
垂直断面形状								
水平断面形状								H 形鋼
口径〔mm〕	100〜200	110〜200	〜200	300〜	300〜	500〜	200〜	―
配　管	高密度ポリエチレン U チューブ	高密度ポリエチレン U チューブ	外管：鉄管内管：ポリエチレン管など	高密度ポリエチレン管など	U チューブ，スパイラルチューブなど	U チューブ	U チューブ，スパイラルチューブなど	U チューブ
充填剤	珪砂，豆砂利など	珪砂，豆砂利など	水	珪砂，豆砂利など	水，セメントなど（セメントが一般的）	コンクリート	水，セメントなど（水が一般的）	セメント
備　考		内管に断熱を行う場合もある	行き管もスパイラル形状の場合もある		杭の外側に U 字管を設置する場合もある	住宅用は 200 mm 以下もある		
シングル U チューブを基準とした採熱量	1.0（ボアホール口径 120 mm φ を想定）	1.2 程度（ボアホール口径 170 mm φ を想定）	1.3〜1.6 程度（ボアホール口径 200 mm φ，内部流れ乱流を想定）	1.5〜2.5 程度（ボアホール口径 500 mm φ，スパイラル間隔 100 mm を想定）	1.4〜1.9 程度（杭口径 500 mm φ，U チューブ 2 本使用を想定）	3.0〜6.0 程度（杭口径 1 600 mm φ，U チューブ 8 本使用を想定）	1.4〜2.3 程度（杭口径 400 mm φ，U チューブ 2 本使用を想定）	未解明

（出典：地中熱利用促進協会編：地中熱ヒートポンプシステム施工管理マニュアル，オーム社（2014）に加筆）

水平方式では，一般に地面から 1〜2 m 程度の深さにトレンチ（溝）を掘り，熱交換用のコイルを埋設する．施工費は比較的安価と考えられるが，1 m 当りの採熱能力は数 W 程度と低い．垂直埋設の場合と同等の採熱量を得るためには数倍の延長が必要になるため，広い敷地面積が必要となる[*2]．欧米では一般的な方法であるが，わが国での採用事例は少ない．また，中〜大規模建物では，帯水層深さに直径 3〜6 m の浅井戸を埋設し，その周囲壁面から放射状に地中熱交換器を張り巡らせて採熱する方法も見られる．水平方式の分類などの詳細は 3-5 節を参照されたい．

3|02　ボアホール方式

1.　ボアホール方式の分類

ボアホール（Bore-hole）方式とは，垂直孔の中に何らかの熱交換機構を持たせ地中から採熱する方法である．ボアホール方式は 1 本当りの深さは数十〜百数十 m で，直径は 100〜180 mm 程度であることが多いが，最近では，地下 10 m 以下の浅い層に直径数百 mm のボアホールを掘削する方式も見られる．

複数のボアホールを設置する場合は，互いの熱干渉を避けるため約 5 m 以上距離をおくことが必要であるが，水平方式と比べて設置面積の制約は少ない．後述するように，寒冷地の 130 m² 程度の住宅用暖冷房に用いる場合に必要なボアホールの総延長は，地盤や建物仕様にもよるが，おおむね 100〜150 m 前後となる．従来は，できるだけ深いボアホールを 1 本掘削するほうが工費はもちろん熱交換効率にも有利と考えられていた．しかし，地盤条件によってはコストや時間を要することから，最近は長さ 50〜75 m のボアホールを 2 本などのように複数本を掘削することも多い．

また，地下水流れの存在が確実であれば，採熱または放熱の影響を速やかに下流側へ移動させてくれるので，敷地面積の許す範囲で短いボアホールに分散したほうが合理的とも考えられる．数十〜百数十 m を掘削するボアホール型地中熱交換器は主に，**図 3.5** のように 2 種類に分類される．

（a）U チューブ型

ボアホール中に U チューブと呼ばれる先端を U 字状に接続した 2 本の管（主に樹脂製）を挿入する方法である．1 組の U チューブを用いるシングル U チューブ型か，2 組を用いるダブル U チューブ型が一般的である．

後者の場合，前者に比べ熱交換率は約 10〜20%増加するとされているが[2]，他方で必要なボアホール径が大きくなるため掘削速度が低下し，結果的に掘削コストの上昇につながる場合が多い．U チューブ挿入後，ボアホール内の隙間はグラウト材により埋められる．わが国でも国産の U チューブが販売されており，近年は国産の U チューブが採用されて

[*2]　長野らによる札幌における戸建て住宅のシミュレーションでは，埋設間隔約 0.4 m，埋設深さ 1.2〜2.0 m（1 段のみ）のとき，延べ床面積の 1.4 倍の敷設面積が必要としている[1]．

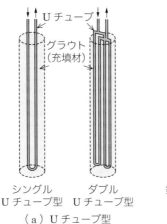
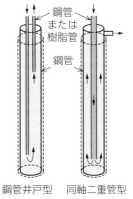

（a）Uチューブ型　　　　（b）二重管型

図 3.5　ボアホール型地中熱交換器

いる.

　また，近年では細径のUチューブを多数本用いることもある.

（b）二重管型

　二重管型とは，ボアホール中に鋼製の外管とヒートポンプに接続される内管を挿入し，外管に封入された水またはブラインを介して地中から採熱する方法である. ボアホールの口径が同じ場合，Uチューブ型と比較して土壌–熱媒間の熱交換面積が大きくできることや，外管には熱抵抗の小さい鋼管が使用されることなどから，単位深さ当りの採熱量は大きくなり，おおよそダブルUチューブ型に相当するとされている[2]. ただし，外側鋼管の挿入が必要になるため，一般にはボアホール型に比べ施工性は劣るといえる.

　海外では近年，外管が樹脂製の二重管を採用することもある.

 2. 掘削（ボーリング）工法

　ボアホール用に地中に孔を掘削するのは，削井，温泉探索，土質・地質調査などで一般的に行われる「ボーリング」である. ロッドと呼ばれる鋼鉄製の棒に回転と振動あるいは打撃を与えて掘り進むものである. ボーリング工法は**表 3.2** に示すとおり，ロータリー式，ロータリーパーカッション式（油圧ドリフタ），回転振動式，ダウンザホールハンマ式（エアハンマ）の4方式に分類される. ボアホール型地中熱交換器の施工に活用されている掘削機は多くの種類があり，施工条件や地質状況に応じて工法や機種が使い分けられている. また同表を踏まえた掘削工法選定の参考例を**図 3.6** に示す. ただし実際は，施工業者によって得意とする工法は異なり，また，いずれの工法も任意の地質や環境対策に対応することも可能であり，必ずしも図 3.6 で選定することが良いわけではない. **図 3.7** にボアホール型地中熱交換器の施工に活用されている掘削機の一例を示す.

表 3.2　ボーリング工法の分類と特徴

工 法	ロータリー式	ロータリーパーカッション式（油圧ドリフタ）	回転振動式	ダウンザホール式（エアハンマ）
工法の概要	やぐら(高さ 5 m 程度)を組み立てて鉛直性を確保．ビット（刃）を取り付けたボーリングロッドの回転により削孔する．先端から掘削流体が噴出，スライムを搬出．	ロッドの回転と打撃によって掘り進む．ロータリー式より掘削速度が大きい．自走式のマシンが普及し，複数の削孔が容易．	ロッドの回転と振動により掘り進む．金属打撃音がないので，パーカッション式より低騒音で，高速．自走式で，複数の削孔が容易．	ロッドの先端に取り付けたエアハンマによりビットに打撃を与え，掘り進む．
搬入・仮設	△（周辺機材多い）	○	○	○
複数孔の施工	△	◎	◎	◎
掘削流体材料	泥水	清水・泥水	清水・泥水	空気・潤滑油
掘削流体送入	ボーリングポンプ圧送	ボーリングポンプ圧送	ボーリングポンプ圧送	コンプレッサ圧送
掘削径*	$80 \phi \sim 300 \phi$	$100 \phi \sim 180 \phi$	$100 \phi \sim 180 \phi$	$60 \phi \sim 610 \phi$
最大掘削深度*	200 m 程度	150 m 程度	150 m 程度	150 m 程度
排泥処理	要	泥水掘削の場合，要	泥水掘削の場合，要	出水の場合，要
作業人員	3 名	3 名	3 名	3 名
振動・騒音	80 dB 程度	95 dB 程度	80 dB 程度	80 dB 程度
100 m 当り施工日数	5 ～ 7 日程度	2 ～ 3 日程度	2 ～ 3 日程度	1 ～ 2 日程度
地質　粘性土	◎	◎	◎	△
地質　砂・礫	○	◎	◎	△
地質　玉石	△	△	△	△
地質　軟岩	◎	◎	◎	◎
地質　硬岩	△	△	○	◎

*　機械能力（馬力）により異なる．
〔注〕　◎優れる，○標準，△劣る

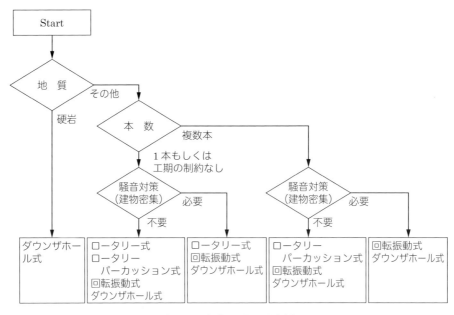

図 3.6　掘削工法の選定例

TT 社
ソニックドリル SD-175

Y 社
バイブロドリル ECO-13GT

D 社
DIC-CRS-V

TC 社
GT-15

K 社
ロータリーパーカッション
ドリル RPD-160C

S 社
地中熱掘削機
SM-10GT

図 3.7　ボアホール型地中熱交換器の施工に活用されている掘削機の一例

以下にボーリングの 4 工法について概説する.

（a）ロータリー式

　やぐらを組む一般になじみの深い工法である．先端に「ビット」と呼ばれる刃先を付けたロッドが圧入回転して地中を掘削していく．ロッドは掘削が進むに応じて継ぎ足される．ロッドは中空でこれを通して掘削流体（泥水）を地上から送り，ビットから噴出させる．泥水は掘りくず（スライム）の地上への排出，孔壁保護，掘削熱の冷却および潤滑作用の機能を持つ．スライムは沈殿槽によって掘削流体と分離され，必要であれば搬出・産業廃棄物処理される．工事騒音は小さいが，掘削速度は遅い．また，複数のボーリングを行う場合，やぐらを組み直さなければならないため，他の工法に比べ機動性に劣る．

　一方，次の（b）～（d）に述べるロータリー式以外の工法では，先述の図 3.7 に示すようなクローラ（無限軌道）を持つ機械が一般的に用いられるため，機器の移動，搬入搬出が容易となりトータル的な施工日数の短縮が可能である．

（b）ロータリーパーカッション式（油圧ドリフタ）

　掘削機で発生させた回転と打撃を二重管ロッドで先端ビットに伝えて，掘進する工法である．回転と打撃の組合せにより，ロータリー式に比べ掘削速度は，飛躍的に改善されて

いる．金属打撃音がやや大きいため，場所によっては防音対策が必要となる．

（c）回転振動式

　掘削機で発生させた回転と振動を専用ロッドまたはケーシングロッドで先端ビットに伝えて，掘進する工法である．回転と振動の組合せにより，ロータリー式に比べ掘削速度は，飛躍的に改善されている．金属打撃音がなく，比較的低騒音である．

（d）ダウンザホールハンマ式（エアハンマ）

　ロッドを介しての回転とコンプレッサから送られる圧縮空気で上下に動作するハンマ内蔵のピストンの重量で連続的に打撃をビットに与え，地層を破砕しながら掘進する工法である．安定した硬岩の掘削に最適であり，岩質が硬くなるほど他の工法に比べ掘削速度が速い．

3. 各国のボアホール掘削状況

　表 **3.3** は各国の地盤状況と掘削方法についてまとめたものである．海外ではダウンザホール式が多く用いられていることがわかる．一方，わが国では他国と比べ，いくつもの地層が複雑に積み重なり，また地下水が豊富なところが多い．このとき，掘削後に孔壁が自立しにくいため，二重管で保護しながら掘削する必要がある．現在日本では二重管に対応可能なダウンザホール式掘削機がないことから，それ以外で多種多様な土質に対応できるロータリーパーカッション式や回転振動式が多く採用されてきた．日本では他国に比べて工期が長くなる傾向にあるが，近年は掘削機の性能や掘削技術が向上しており，短縮が図られている．

表 3.3　各国の地盤状況と掘削方法

国　名	地盤状態	孔壁の状況	掘削方式	機械設備	工　期（日／100 m）
北　欧	大陸性地盤で変化が少ない．花崗岩が主体	自立	・ダウンザホールハンマによる単管掘削．コンプレッサの空気圧力調整により硬い岩石でも高速削孔が可能	小	1
（北欧を除く）ヨーロッパ	大陸性地盤で変化が少ない．堆積岩が主体	自立	・ダウンザホールハンマによる単管掘削．コンプレッサの空気圧力調整により硬い岩石でも高速削孔が可能・ロータリーパーカッションによる単管・二重管掘削	小	1
米　国	大陸性地盤で変化が少ない．石灰岩が主体	自立（岩盤内にき裂がある）	・ダウンザホールハンマによる単管掘削．大型の削孔機の使用により削孔速度を速めている（敷地面積大）	大	0.5
韓　国	大陸性地盤で変化が少ない．堆積岩・花崗岩が主体	自立	・ダウンザホールハンマによる単管掘削．コンプレッサの空気圧力調整により硬い岩石でも高速削孔が可能	小	1
日　本	多種多様な土質・岩盤（堆積岩・安山岩など）の互層	崩壊性（地下水あり）	・二重管により孔壁を保護し，多種多様な土質・岩盤・強度に対応できる削孔方法（ロータリーパーカッション式．回転振動式掘削機によっては単管掘削にも対応）	中	2～3

　図 3.8 にボアホール型地中熱交換器の施工手順の一例を示す．なお，図中の (a)〜(f) は，図 3.9 に対応する．

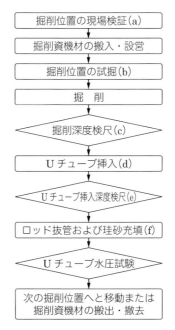

**図 3.8　ボアホール型地中熱交換器の
施工手順の一例**

　ボアホール型地中熱交換器の施工は，掘削位置の現場検証（**図 3.9**(a) 参照）から始まる．掘削困難な位置にボアホールが配置されている場合は，掘削位置の見直しが必要となる．その後，掘削資機材が搬入・設営され，掘削位置の試掘を通じた地下埋設物の確認が行われる（図 3.9(b) 参照）．地下埋設物が発覚した場合も掘削位置の見直しが必要となる．

　これらの過程を経て掘削となり，所定深度まで到達すると掘削深度の検尺が行われる．掘削深度の検尺は，図 3.9(c) に示すとおり，検尺ロープの目盛と残尺から行われ，目標値に到達していない場合は，再度掘削となる．目標深度を満たした孔井に対し，U チューブの挿入（図 3.9(d) 参照）が行われ，挿入完了後には U チューブ挿入深度の検尺が行われる．U チューブ挿入深度の検尺は，図 3.9(e) に示すとおり，U チューブに印字されている目盛と残尺から実施される．

　なお，U チューブの挿入は，浮力が働かないようにあらかじめ U チューブ内を水（またはブライン）で満たし，先端に錘を取り付けてから専用の治具で降下，設置されるのが一般的である．U チューブ挿入深度は，錘長さやその後の横引配管埋設深度（例えば寒冷地における凍結深度以深）を考慮した挿入深度とする必要がある．

　U チューブ挿入完了後は，ロッド抜管と珪砂充填が行われる．数本のロッド抜管後に珪砂充填を繰り返し，深部から浅部まで確実に充填が行われるように慎重に作業を行う必要がある（図 3.9(f) 参照）．

珪砂充填完了後に，挿入したUチューブの水圧試験よりUチューブの健全性について確認を実施し，次の掘削位置へと移動または掘削資機材の搬出・撤去へと移行する．参考までに，図3.9の下にボアホール型地中熱交換器設置完了後の，横引き配管状況や地中熱ヘッダ設置状況の写真を示す．

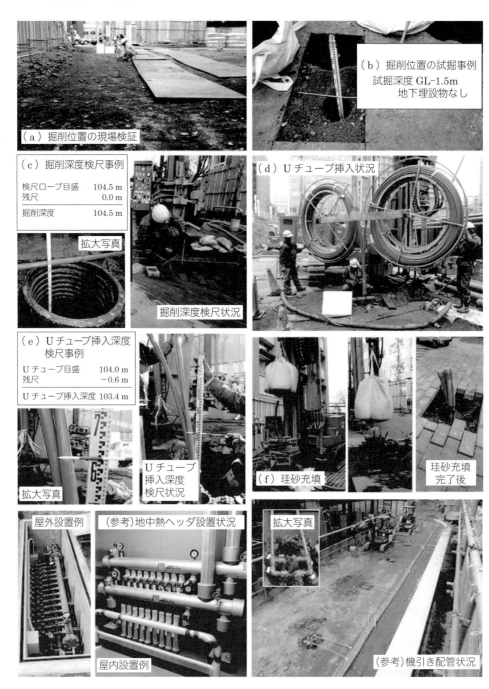

図 3.9　ボアホール型地中熱交換器の施工状況の一例

5. グラウト材

　ボアホールの孔壁とUチューブの間の空隙が多く存在すると，熱抵抗が増し伝熱が阻害される恐れがある．このため，ボアホールの内部にはグラウト材を注入する．ボアホールが深い場合はポンプと配管を使用する．孔壁がすぐに崩れる恐れのない地盤の場合にはケーシングをすべて引き抜いた後にグラウト注入を行うが，崩れやすい場合はケーシングを引き抜きながら注入する．

　グラウトには**表3.4**に示す材料が考えられる．地下水の有無，地質，コストなどを総合的に検討して選定する．**表3.5**にグラウト材の物性値の例を示す．また欧米では，グラファイト（黒鉛）系材料などを用いた高有効熱伝導率の地中熱交換器用のグラウト材も販売されている．

表3.4　グラウト材の特徴

グラウト材	特　徴
水	常に地下水位が高いことが保証されている場合は理想的と考えられる．
ベントナイト[*3]	ボーリング泥水としても使用されるが，熱伝導率は低く，地下水流れのUチューブとの接触も妨げるので，好ましくない．
珪　砂[*4]	最も一般的．熱伝導率は高いが高価
モルタル	熱伝導率は土壌と同等であるが，地下水流れがある場合熱交換器としては抵抗となる．
川砂，山砂	安価であるが，熱伝導率は相対的に低い．ただし，地下水流れがある場合は珪砂に劣らない性能になると考えられる．地下水流れの存在の可能性が高いわが国の宅地場合，川砂は有力と思われる．

表3.5　グラウト材の物性値[3)]

グラウト・充填剤	乾燥密度 （kg/m³）	有効熱伝導率 （W/(m·K)）
ベントナイト（20〜30%固体）	1 106.1〜1 175.4	0.73〜0.74
10〜25%ベントナイト，20〜50%珪砂，35〜55%混合水	1 350.4〜1 618.8	0.99〜1.64
8〜12%ベントナイト，55〜65%珪砂，28〜34%混合水	1 724.2〜1 788.9	1.73〜2.06
低密度ベントナイト／グラファイト（添加物）	1 198.3〜1 438.0	1.37〜2.77
ニートセメント	1 246.2〜1 773.4	1.52〜2.77
30%コンクリート，70%珪砂（可塑剤添加）	1 653.6〜1 917.2	1.69〜2.78[*]

　*　原文（0.69〜0.78）を訂正

6. 大口径ボアホール浅層利用方式

　図3.10のような配電用建柱車を用いて地下10 m以下の浅い層に直径数百mmのボアホールを掘削し，熱交換用のコイルを設置する方式である．数十〜百数十mを掘削する

＊3　ベントナイト：モンモリロナイトという鉱物を主成分とする粘土の名称で，その一種であるアルカリベントナイトは水を吸収すると著しく膨張してゼリー状になる．わが国の主な産地は東北地方，北陸地方などである．清水とベントナイトを混合し，分散剤を添加したものをベントナイト安定液といい，さく泉やボーリング，基礎杭工事の孔壁保護に一般的に用いられている．
＊4　珪砂（ケイ酸）：SiO_2（ケイ酸）の含有量がほとんど100％に近い砂に対する工業原料としての呼称．ケイ酸の含有量と粒度分布によりいくつかの等級に分類される．一般的にはガラスの原材料や，鋳物の型に使用される．

一般的なボアホール方式と比較すると，自走式の配電用建柱車を掘削に用いることが可能であるという特長を有している．そのため，大型の削孔機の導入が困難である建物が密集する地域での地中熱利用の導入や，削孔機の移動に要するコストの削減が可能となり，特に小規模建物の地中熱利用の導入拡大への寄与が期待される方式である．

熱交換用コイルは大口径のボアホールを最大限に活用するため，**図3.11**のようなスパイラルチューブを採用することが多く，高密度ポリエチレン管のスパイラルチューブは市販されているものもある．スパイラルの口径が $400 \sim 600\,\mathrm{mm}$ 程度，スパイラルのピッチが $100\,\mathrm{mm}$ のスパイラルチューブを用いた大口径ボアホール方式の採熱量は地盤の有効熱伝導率が同程度であれば，一般的なボアホール方式と比較すると深さ当りで約2倍となる．

図 3.10　配電用建柱車による掘削　　　図 3.11　スパイラル型地中熱交換器

^{3|}03　基礎杭等構造物利用方式

わが国ではボアホール方式の施工費が欧米に比べ高価であるため，建築物や土木構造物用の基礎杭を利用した地中採放熱の研究開発が進んでいる．阪神淡路大地震後の建築基準法改正によって，普通の住宅でも基礎杭を打設することが多くなってきたことも背景にある．

住宅用として用いられる小口径の基礎杭は，口径はボアホールと同程度であるが，深さは浅くしばしば不易層にも達しないことがある．しかし，これまでの実績によると，単位深さ当りの採放熱量はボアホールに比べて著しい低下はなさそうである[4]．

日本の宅地ではほとんどの場合浅い層に地下水の流れがあることがその理由の一つと考えられている．また，住宅の場合，杭同士の離隔があまり大きくとれず $1.3\,\mathrm{m}$ 程度となることもある．このような場合，杭同士の干渉が大きいのではないかと考えられるが，杭が密になると側面からではなく，底面からのゆう熱を採放熱しているという指摘もある．

一方，非住宅建築に用いられる基礎杭は $300\,\mathrm{mm}\phi$ 程度から大きなものでは $2\,000\,\mathrm{mm}\phi$ 余りのものまである．深さは地盤状況によりさまざまではあるが，$70\,\mathrm{m}$ を超えるボアホールと遜色のない長さのものもある．大口径場所打ち杭の外表面に多数の U チューブを設置する方式[5]や，付録の実施例に示す寮施設の例で採用されたような，水を充填した鋼管杭内部に U チューブを挿入することにより水を媒体として間接的に地盤と熱交換する方式などさまざまな方式が実用化されており，単位深さ当りの採放熱量が $100\,\mathrm{W/m}$ を大

きく超えるような，ボアホールを上回る方式も実用化されている．また，杭同士の離隔も
こうした大規模な建物では一般的に5〜6m以上となり，地中熱交換器としての離隔距
離も十分に確保できる．

杭方式に関しては未だ課題も残されているが，地中熱交換器設置のための新たな掘削コ
ストが不要なこと，採放熱能力の増加が見込め得ることなどにより，さらなる普及が期待
されている．

（a）基礎杭の種類

日本の平野部は軟弱な沖積層に覆われていることが多く，建築物の基礎として杭基礎を
使用することが多い．杭基礎は施工方法および杭材の種類によって**表3.6**のように大別す
ることができる．

表3.6　基礎杭の分類

杭の種類	工　法	杭材料
既製杭	打撃工法	PHC杭，鋼杭
	埋込み工法	PHC杭，鋼杭
	回転貫入工法	鋼管杭
場所打ち杭	アースドリル工法など	現場打ちRC杭

打撃杭は杭頭をハンマなどで打撃して貫入させる工法である．先端支持力の信頼性は高
いが，騒音，振動などの環境問題が発生するために都市部やその近郊において採用するこ
とが不可能になり，したがって現在ほとんど使用されていない．

埋込み杭は泥水などで孔壁を保護しながら地盤に穴を掘り，PHC（Pre-stressed High-
strength Concrete）杭や鋼管杭を挿入する工法である．杭先端を拡大して穴を掘りソイ
ルセメントを作る拡大根固め工法などがある．場所打ち杭も孔壁を保持しながら地盤に穴
を掘り，鉄筋かごを挿入し，現場でコンクリートを打設するRC（鉄筋コンクリート）杭
である．埋込み杭や場所打ち杭は建築では最も普及している工法で，騒音，振動問題は発
生しない反面，環境重視の観点より泥水や残土の処理が厳しくなり，産業廃棄物問題とし
て社会問題になりつつある．

環境に配慮した工法としては，杭の先端にスパイラルの羽根を付け，回転して地盤にね
じ込む**回転貫入鋼管杭**がある．騒音，振動がなくかつ残土や泥水が発生せず，環境にやさ
しい杭といえる．戸建て住宅の基礎としても環境にやさしいことと施工機械がコンパクト
なことにより，敷地の狭い都市部において使用されている．

地中熱利用を行う熱交換器としての観点から，杭の構造的特徴を述べると以下のように
なる．

埋込み杭はPHC杭，鋼管杭ともに中央が中空である．施工時に土やセメントミルクが
進入するので何らかの処置をするか，施工後に土などを除去することにより空間を作るこ
とが可能である．鋼管はコンクリートに比べて伝熱性能が良く，比較的貯水性にも優れて
いるが漏水を考慮する必要はある．

回転貫入杭は先端が閉塞しているものと開端であるものがある．地盤状況によるが
600mm程度までの口径であれば先端閉塞で貫入することが可能であり，そのまま中空部
をほとんど無処理で熱交換容器として使用することができる．また，先端が開端である回

転貫入杭も管内における土の閉塞効果により，管内の進入土をある程度抑制することが可能であり，700 mm 程度以上の口径であれば，侵入した土をバケットで除去し中空部分を確保することが可能である．

場所打ち杭はかご状に組んだ鉄筋を孔内に挿入する前あるいは挿入施工時に，U チューブを鉄筋に固定し構内に挿入することにより地中熱交換器を構築できる．

（b）基礎杭方式の種類

地中熱交換器としてよく利用されているのは，PHC 杭や鋼管杭などの中空杭である．連続地中壁の杭を利用した事例[6]もある．口径は住宅用基礎の十数 cm から建築物用では 2 m 以上に及ぶものまである．

中空杭の内部構造は**図 3.12** に示すようにグラウトを充填した鋼管杭内部に U チューブ（杭の口径が大きい場合には数組）を挿入することによりグラウトを媒体として間接的に地盤と熱交換する間接熱交換方式(a)と，図(b)のように内部にためた水そのものを熱源水として循環利用する直接熱交換方式がある．直接方式の場合，より高い熱交換効率や蓄熱効果を期待できるが，一次側配管全体が開放式となる場合，循環ポンプ動力は増加する．さらに，オープンループのため熱交換器や配管のスケールや腐食対策を含め，水質管理が必要となる．

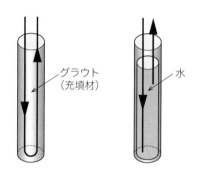

（a）間接熱交換方式　　（b）直接熱交換方式

図 3.12　中空杭型熱交換器

間接方式において，中空内部に水を充填する場合には，杭内保有水の自然対流効果により杭壁〜水〜U チューブ壁の熱抵抗が著しく低下するため，直接方式の場合に近い採放熱量を確保することが可能である．さらに大口径の場合には，その保有水がバッファとして機能し急激な負荷変動や極大負荷に対して追従可能となるため，負荷性状にもよるが，100 W/m を大きく超えるような単位深さ当りの採放熱量を得ることも可能となる．

杭内に水を充填する場合，杭内水の膨張収縮や凍結・蒸発について考慮する必要がある．さらに，漏水の可能性を考慮する必要があり，鋼管杭においては杭材に電縫鋼管を使用している場合にはこの材料特有の溝状腐食を起こす可能性が高く，これを考慮する必要がある．**図 3.13** に鋼管製中空杭の例，**図 3.14** に鋼管杭打設機の例（どちらも回転貫入杭）を示す．**図 3.15** はコンクリート製中空杭に U チューブ挿入後のコンクリート製中空杭の例である．

場所打ちコンクリート杭の場合は，**図 3.16**(a) のように杭内部に数組の採放熱管を埋

め込む方法があり，欧州で多数の実績がある．わが国では（b）のように外周に多数のU
チューブを沿わせて埋め込む方法が考案されている[5]．

　表3.7は実用化されている基礎杭型熱交換器の特徴をまとめたものである．

図 3.13　鋼管杭の例（N社）

図 3.14　鋼管杭打設機の例

図 3.15　F市立病院におけるコンクリート中空杭の例
（出典：(株)日本設計：設計：(株)日本設計，施工：ダイダン JV により 2007 年竣工）

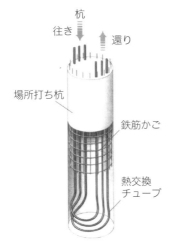

（a）杭内部に採放熱管を設置する例
（スイス N 社）

（b）杭の表面に U チューブを設置する例
（出典：東京大学大岡研究室）

図 3.16　現場打ち杭の利用

表 3.7　基礎杭型熱交換器の特徴

杭の種類	PHC 杭	鋼管杭	場所打ち杭
地中熱交換器の方式	熱媒を直接循環させる直接熱交換方式と，U チューブなどを使う間接熱交換方式がある．		鉄筋かごの外側または内部に U チューブを設置
採熱性能（総合評価）	△	◎	○
深さ 1 m 当り採熱量の目安〔W/m〕	40 〜 70（U チューブ 2 本）	100 以上（U チューブ 2 〜 3 本）	100 〜 200（U チューブ 8 本）
特　徴	杭壁が厚く，熱抵抗が大きくなるため他の杭よりもやや劣る．漏水の恐れがあるため水の充填は困難．	大口径の場合，内部に水を充填すれば自然対流効果により採熱性が向上する．	外側に U チューブを設置すると，コンクリート杭よりも採熱性能は向上する．
地中熱利用のための施工性・設置コスト	○	◎	△
杭自体の建築コスト（施工費含む）	◎	△	○
その他	比較的安価．小規模建物に有効．	PHC 杭に比べ割高．耐震性能に優れる．	大規模建物に有効．施工はやや困難，熟練を要する．

　その他には杭製造時にあらかじめ U チューブをコンクリート内に埋め込んだ PHC 杭や，近年は，**図 3.17** のように PHC 杭の施工前にあらかじめスパイラルチューブを杭中空部に設置しておき，PHC 杭の埋設と同時にチューブを伸長し，杭全長にわたって地中に設置する方法や，**図 3.18** のように PHC 杭を施工しながら外周部に U チューブを取り付けていく方法も実用化されている．

（a）PHC 杭の施工状況

（b）スパイラルチューブ（伸長後）

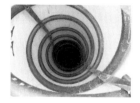

（c）杭内部に設置された　　　スパイラルチューブ（伸長後）

図 3.17　U チューブ内蔵 PHC 杭（S 社）

図 3.18　U チューブ外周取付け PHC 杭
（ヒートパイル工法研究会）

（c）基礎杭兼用方式と採放熱専用杭方式

　基礎杭方式には，構造物の基礎杭を採放熱用としても兼用する方式と，採放熱専用の杭を構造物とは無関係に打設する方式がある．

　建築物において導入する場合には，通常は前者の方式がとられ，地中熱交換器設置のための新たな掘削コストが不要なため，施工費の大幅な削減が期待できる．しかしながら，次項で述べるように施工管理上，杭頭部の基礎工事との取合いが複雑であり，これらの改善が課題となっている．一方，住宅においてはピッチの密な多数の杭で支える場合が多く，**図 3.19** のような面で支えるいわゆる "べた基礎" の場合，工夫次第で杭の位置は基礎ばりの下ではないところへ配置することもでき，理想的な取合いも可能である．

図 3.19　ベタ基礎利用の例（住宅）

　後者は，例えば庭，空地，駐車場，あるいは建屋内でもフーチングや基礎ばり以外の場所に打設しようというものである．この場合は地中熱交換器設置のための新たな杭設置コストが必要となり，前述のように口径の大きな杭は採放熱能力の増加が見込めるとはいえ，新たな杭設置コストの口径アップによる増加と見合う採放熱能力増加までは見込めないため，ボアホール径と同等の十数 cm の小口径杭にて行われる．この方式は杭工事コストのかなりの部分を建設重機の運送費，組立・解体費が占めるため，いったんこれらを現場に搬入すれば専用杭を設置するための費用は抑えられるという考え方で行われている．しかしながら，建設重機は杭口径がある程度異なると共用はできないため，おのずとこの方式

が用いられるのは基礎杭が必要で，かつ小口径杭を使用可能な住宅か，小規模な建物に限られてくる．この方式では工事取合いの複雑さは回避できるが，前者に比べるとやはりコスト高になると予想され，敷地にも余裕が必要である．

（d）基礎杭方式の施工法

元々，建築基礎杭工事は一般的に行われているので，施工時に近隣の理解を得られやすいという長所がある．また，基礎杭は通常軟弱地盤に貫入するものなので，施工に要する時間は比較的短く，口径や先端形状にもよるが回転圧入鋼管杭の場合には1日当り50～100 m程度貫入できる．

基礎杭と採放熱杭を兼用する場合，杭はフーチングや地中梁および柱の下部に配置されるので，杭頭部において，杭，基礎躯体，Uチューブ取出しが物理的に取り合うため，現状では杭頭部の処理について物件ごとに構造技術者との協議が必要となっている（図3.20参照）．また，Uチューブが杭や基礎躯体の内部に埋殺しとなってしまうので，配管が破

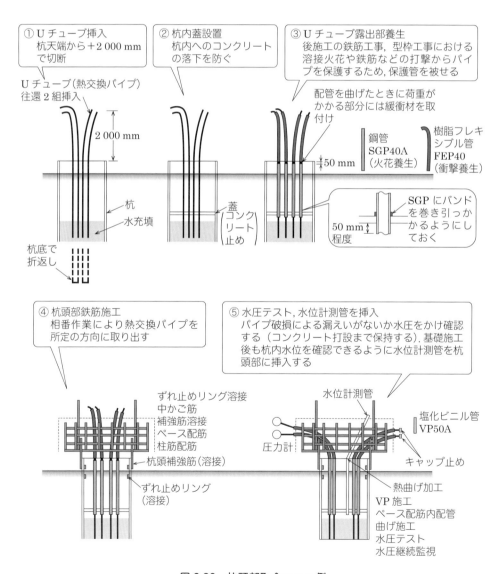

図3.20　杭頭部取合いの一例

損・閉塞しても修復はほとんど不可能に近いため，この点を考慮した施工が必要である．さらに施工管理においても，基礎工事工程のなかに，配管工事のような異質な工種が組み込まれなければならず，基礎躯体工事期間中，配管の養生や検査が必要である．このように基礎杭専用の場合に比べ，設計および施工管理が複雑になっており，簡易化・標準化など，その改善が課題となっている．

（e）基礎杭方式の工程

実際の施工手順の一例を以下に示す．

図 3.13 は地中熱交換器として使用した鋼管杭である．この鋼管杭を図 3.14 に示したように全旋回ケーシングジャッキによって回転させながら地中に貫入する．

図 3.21 は鋼管杭貫入後の杭頭部の状況である．

図 3.22 は杭頭部に挿入する U チューブの先端部分であり錘を兼ねた鋼板製の養生カバーを取り付けている．

図 3.21　鋼管杭貫入後の杭頭部
（養生蓋装着後）

図 3.22　U チューブ杭内挿入開始
（先端に養生カバー兼錘付き）

杭頭部には基礎コンクリートが杭内に落下しないようにするため，U チューブ通し孔の付いた鋼製の杭頭部落とし蓋を設けるが，図 3.23 に示すようにまずは蓋を外した状態で U チューブを杭内に挿入する．

図 3.23　U チューブ杭内挿入

U チューブ挿入完了後，図 3.24 に示すように鋼製落とし蓋の孔に U チューブを通し，さらに図 3.25 に示すように U チューブに火花養生のための保護管を挿入したうえで，落とし蓋を図 3.26 に示すように杭内に落とし込み，図 3.27 に示すように鋼製落とし蓋を杭内に設置する．この後杭頭部の配筋工事の邪魔にならないように U チューブを杭頭部で束ねる等した状態で，杭頭部の配筋工事を進める．

図 3.24　杭頭部落とし蓋孔に
　　　　 U チューブ挿入

図 3.25　杭頭部落とし蓋上部の U チューブ
　　　　 に保護管挿入

図 3.26　杭頭部落とし蓋の杭内落とし込み

図 3.27　杭頭部落とし蓋の杭内設置

　図 3.28 のように杭頭部の配筋がある程度進んだ後，U チューブは鉄筋の隙間を所定の方向に取り出す．配管取出し方向は事前に熱源水循環配管を敷設する地下ピット内施工図において，採用された配管方式・ルートに合わせて，杭 1 本 1 本について最適な取出し方向を検討したうえで，この段階で所定の方向に間違いなく取り出さなければならない．さらにこのとき，塩化ビニル管の水位計側管を設置しておけば，熱交換有効長さを確保するうえで重要な杭内水位を基礎施工後も確認することが可能となる．

　図 3.29 はフーチング配筋後の杭頭部を示している．この後，型枠が取り付けられた後，コンクリートが打設され U チューブは埋め込まれてしまうため，その前にフーチング上部に U チューブ端部を取り出しておくことが不可欠である．型枠が取り付けられた後コンクリート打設前にすべての杭において挿入した U チューブの圧力試験を行い，欠損が生じていないことを確認する．

図 3.28　杭頭部 U チューブを所定の方向
　　　　 に取出し

図 3.29　U チューブをフーチングから所定
　　　　 の方向に取出し

杭頭部は以上のような納まりとなるため，完成後には鋼管杭の杭頭部およびUチューブを見ることはできない．

3| 04 Uチューブ（地中熱採熱管）

（a）Uチューブに求められる性質と材質

Uチューブは，ボアホールや基礎杭といった地中熱交換器の中に挿入して用いられ，地中熱を熱媒に伝える役割を持つ．**図 3.30** のように先端をU字状に接続した2本の管で，ボアホールの場合は1組または2組，基礎杭の場合は口径に応じて複数組用いられる．また，近年ではチューブの形状が扁平になっている扁平シングルUチューブ・扁平ダブルUチューブも採用できるようになっている．

図 3.30　Uチューブの先端

一般に，Uチューブには**表 3.8** のような性質が求められる．

以上より，現在は樹脂製のUチューブが最も一般的であり，他にはステンレスが用いられる例もある．欧米では主に，管径 13 〜 50 A の高密度ポリエチレン[*5]管（PE100）が用いられている．

高密度ポリエチレン[*5]とは，密度 0.941 g/cm³ 以上，20℃ において 50 年間周応力値が 10.0 MPa 以上と，より耐久性が高いポリエチレンである．ぜい化温度は −100℃ なので低温に対する問題はない．高温になるにつれ強度は低下するが，冷房使用時の 40℃ 程度では実用上問題ないとされている．わが国でも近年，上水道の配水管や都市ガス配管網で使用されており，安全性・耐久性はきわめて

表 3.8　Uチューブに求められる性質

性　質	内　容
耐性・防食性	メンテナンスは実際上不可能なことが多く，内外面ともに数十年以上の連続使用に耐えられなくてはならない．
継手がないこと	継手は最も漏水の可能性が高い箇所なので，できるだけ1本の管で構成するのが望ましい．
高い熱伝導性	管材はできるだけ熱伝導率が高く，肉厚は薄いほうが良い．
使用温度範囲が広いこと	ヒートポンプから地中に送られる水またはブラインの温度から，少なくとも −10 〜 +40℃ に耐えられなくてはならない．
可とう性	運搬時または施工時に支障のないよう，しなやかであること．また，地震時にも多少のずれを吸収できなければならない．
外径が細いこと	一般に地中熱交換器は口径が小さいほど施工費が安くなるので，できるだけコンパクトであることが望ましい．
凹凸がないこと	挿入時に引っかからないよう，外表面には凹凸がないことが望ましい．
管内面が滑らかであること	摩擦損失を小さくするため，内表面も滑らかであることが望ましい．
低価格であること	

---

*5　ポリエチレン：多数のエチレン基（CH₂）が結合してできる樹脂の一つ．重合法の違いにより，密度の低いものから高いものまで数種類に分類される．Uチューブに用いられるのは PE100 と呼ばれる密度 0.94 以上の高密度ポリエチレンで，耐久性が高い．
架橋ポリエチレンとは，鎖状構造のポリエチレン分子のところどころを結合させて立体の網目構造とした超高分子量のポリエチレンで，PE100 と比較すると耐熱性は優れているが強度は若干劣る．

高いと考えられる．ただし，樹脂管に共通のことであるが，長期間紫外線にさらされないよう養生に留意する．従来，PE100 の U チューブを使用するには輸入品に頼らざるを得なかったが，近年では国産の U チューブも購入できるようになった．**表 3.9** にわが国で販売されている主な U チューブの仕様を示す．

表 3.9　国産の市販 U チューブ

	I 社	S 社	KP 社	KM 社
材　質	高密度ポリエチレン（PE100）			
種　類 （呼び径 / 外径 / 肉厚 / 内径 mm）	20A/27.0/3.0/21.0 25A/34.0/3.5/27.0 30A/42.0/4.0/34.0 （上記は JIS 規格. ISO 規格もある）	25A/34.0/3.4/ 記載なし 30A/42.0/3.9/ 記載なし	32/32.0/3.0/26.0 40/40.0/3.7/32.6	25A/32.0/3.0/ 記載なし 30A/40.0/3.7/ 記載なし
先端形状				

U チューブの規格（サイズ）には ISO[6]準拠品と JIS 準拠品がある．前者を使用する場合，ISO 規格の材料や ISO-JIS 変換継手が必要な点に注意する．後者は水道用ポリエチレン管 2 種に準拠しており，異種材料との接合は特に問題ない．

図 3.31 のように，U チューブは直径 1.5 〜 1.8 m に巻かれて出荷される．既製品の U チューブの場合，先端の U 字状の継手は工場で融着され出荷されるので現場での接合作業は生じない．1 本当りの出荷時長さにはメーカーの基準があるが，数 m 〜 100 m 以上まで長さを指定することも可能である．

架橋ポリエチレン管は高密度ポリエチレン管と比べ

図 3.31　U チューブ梱包姿

て若干高価であるが，強度が高く肉厚が薄く，したがって熱通過率が高い．さらに，40℃ 以上の高温流体の使用も可能である．熱的には PE100 より優れているので U チューブの材料として好ましいが，U 字部分に不可欠な融着接合ができないという欠点がある．現在，融着接合[7]が可能なように技術開発中である．

＊6　ISO：正式名称は International Organization for Standardization（国際標準化機構）．1947 年に設立された非政府間の国際機関．電気・電子以外のすべての工業分野における国際的な標準規格を策定している．ISO には，各国から一つずつ代表的な標準機関が参加し，日本からは日本工業標準調査会（JISC）が参加している．ISO 規格のように異国間で共通的に使用される規格は「国際規格」と呼ばれ，他方，JIS 規格や JAS 規格のように国家が法律により定めているものを「国家規格」という．JIS 規格は基本的には日本国内のみで通用する規格であるが，近年 ISO 規格との整合が図られつつあり，ISO 規格の様式などを変更することなく作成された翻訳規格が適用できる場合もある．

＊7　融着接合とメカニカル接合：樹脂管の継手には主に接着剤継手，メカニカル継手（砲金性でねじまたはソケットで接合），融着継手（継手に電熱線を埋め込み，材料どうしを溶かして接合）の 3 種類がある．信頼性は融着接合が最も優れているので，地中交換器内部はもちろん埋設部についても融着接合とすべきである．これまで（U チューブ先端以外の）現場におけるポリエチレン管の継手はメカニカルしかなかったが，最近ポリエチレン管の融着継手が開発されているので，できるだけこちらを採用したい．

ポリブデン管は融着接合可能であるが，（融着・金属継手共に）接合部分の低温使用に対する特性が明らかでないこと，材料の熱伝導率が低いこと，高価であることなどから検討されなかったと思われる．PC杭に使用されている例があるが，先端部分は通常の融着継手が使われている．

（b）Uチューブ内の適正流量

Uチューブ内を流れる熱媒は，Uチューブを通して地中から採熱し，その熱をヒートポンプへ運ぶ役割をしている．このとき地中から得る熱量の大小は，地盤やUチューブの熱特性はもちろんのこと，熱媒の流れの状態にも依存する．流れの状態は乱れの具合により乱流と層流に大別され，熱伝達の観点からは乱流に保つことが望ましい．乱流は熱媒の流速が大きい場合や，粘性が低いときに現れ，層流はその反対である．例えば，Uチューブを完全な円管と仮定し，25AのUチューブ内にエチレングリコール30%の熱媒を流すとするとき，流量が約10 l/min，流速にして0.3 m/sより小さくなると層流になると予想され，少なくともこれ以上に保つことが必要といえる．また，配管内のエア排出のためにも，最低でも0.3 m/s以上の流速が必要であるとされている．

反対に，流量が多い，すなわち流速が大きい場合にはポンプ動力が増すことに加え，金属管に対しては孔食の原因，さらに過剰になるとウォータハンマを起こす恐れがある．一般的な室内配管においては，管内流速は2.0 m/s以下とすることが推奨されている[7]．以上を考慮し，例えば熱媒にエチレングリコール30%を使用する場合には，Uチューブ1組当りの適正流量（流速）は**表3.10**のように計算される[*8]．

表3.10　Uチューブ1組当りの適正流量範囲

管　径	流量範囲			
	下　限		上　限	
	流量〔l/min〕	流速〔m/s〕	流量〔l/min〕	流速〔m/s〕
40A	14	0.3	151	2.0
25A	10	0.3	59	2.0
20A	7	0.4	38	2.0
13A	5	0.6	16	2.0

〔注〕　① 各下限値は，Uチューブを直管とした場合のレイノルズ数[*9]から算定した．
　　　　② 熱媒としてエチレングリコール30%を使用するとした[9]．

＊8　藤井は搬送動力やヒートポンプのCOPなどを考慮したライフサイクルコスト（LCC）分析により，0.6 m/s（20 l/min）が最も経済的であるとしている[8]．

＊9　レイノルズ数，層流，乱流：一般に，流体の流れの状態を表す指標としてレイノルズ数と呼ばれる無次元数が用いられる．レイノルズ数 Re は，代表長さ L と代表速度 V，動粘性係数 ν を用いて，$Re = VL/\nu$で表される．流速が小さい，または粘性が高いときに Re は小さく，この状態は層流と呼ばれる．一方，Re が増大するにつれ，空間的・時間的に不規則な流れとなり，これを乱流と呼ぶ．レイノルズの管内流れの実験により，Re がある値（約2 000）を超えると層流から乱流への遷移が始まることがわかっている．乱流状態が進むほど，流体と管壁などとの間の熱伝達率は大きくなり，地中熱ヒートポンプシステムにおいても配管内は乱流を保つように流量を設定することが望ましい．

水平方式とは，油圧ショベルなどにより掘削した深さ 1 ～ 2 m 程度のトレンチに熱交換用のコイルを設置し地中から採熱する方式である．水平方式（熱交換コイル）の種類は**図 3.32**に示すとおりであり，水平配管(蛇行)型，スパイラル型，くし型(シート型)に分類され，スパイラル型はさらに横スパイラル型，縦スパイラル型，水平スパイラル型に分類される．

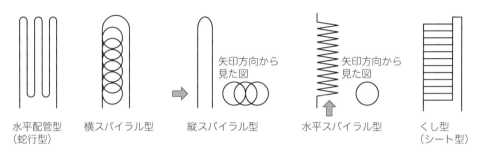

水平配管型　　横スパイラル型　　縦スパイラル型　　水平スパイラル型　　くし型
（蛇行型）　　　　　　　　　　　　　　　　　　　　　　　　　　　　　（シート型）

矢印方向から見た図　　矢印方向から見た図

図 3.32　水平方式の分類

　水平方式は先述のとおり広い敷地面積が必要になるため，垂直方式と比較してわが国における採用は少ないが，広い敷地面積の確保が可能な寒冷地の戸建て住宅の採用事例（**図 3.33**），農業用ハウスの暖房・冷房用への採用事例（**図 3.34**），さらには地下鉄のトンネルの下に熱交換器を設置した採用事例（**図 3.35**）などがある．水平方式の採熱量はトレンチ 1 m 当りに総長 6 m のパイプを設置した場合（6 本の水平配管型，もしくはスパイラルの口径約 1 m のスパイラル型のコイルを設置した場合）において，地盤の有効熱伝導率が同程度であれば，内径 25 mm のシングル U チューブを用いた垂直方式と比較して30 ～ 40%程度増大する[10]．

図 3.33　水平配管型の採用例(戸建て住宅)
（写真提供：S 社）

図 3.34　スパイラル型の採用例（農業用ハウス，左：横スパイラル型，右：縦スパイラル型）
（写真提供：北海道大学）

図 3.35　スパイラル型の採用例（鉄道のトンネル下）
（出典：https://www.mmtec.co.jp/assets/img/consulting/system/014/pdf-03.pdf）

図 3.36　くし型地中熱交換器
（出典：KP 社ホームページより）

図 3.37　ラディアルウェル方式
（出典：SS 社ホームページより）

3|06　一次側配管

　一次側，すなわち地中側配管で考慮しなければならないのは，材質，（地中熱交換器が複数ある場合の）接続方法，エア抜きである．また，ヒートポンプに対しては定格の循環流量が確保されるようにしなければならない．

1.　一次側配管の接続方法

　一次側配管には U チューブと同じ材質，規格が使用されることが多く，銅管またはポリエチレン管が一般的である．接続方法には以下に述べるヘッダ，直列，並列の 3 方式とそれらの組合せが考えられる．地中熱交換器とヒートポンプが 1 対 1 の場合は単純で

あるが，基礎杭方式のように多数の地中熱交換器を用いる場合には，どのように接続するかにより U チューブ内の流速が変わるため，熱伝達性能やエア除去の観点から留意する必要がある．特に，配管内のエアはシステムの性能低下を引き起こす大きな要因となるため，エア抜きは確実に行うことが必要である．

また，屋外に露出した配管は保温のため断熱材で覆う．このとき，用いる熱媒の凍結温度により断熱レベルを決定する．さらに，冷房を行う場合には，屋内の防露にも留意する必要がある．

（a）ヘッダ方式

図 3.38 のように，地中熱交換器からヘッダまで 1 組ずつ単独に導く方式で，最も単純である．エア抜きについても 1 系統ずつ確実に行える．各系統の配管長さがほぼ等しくなるように計画する必要がある．管内流速が確保されるならば基本的には最も好ましい方式である．

海外では 800 本の地中熱交換器をヘッダに接続する例も見られるが [11]，一般には回路数が多くなるにつれ配管は複雑になる．

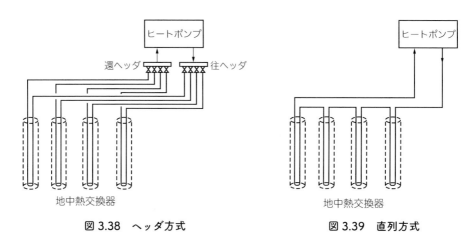

図 3.38　ヘッダ方式　　　　　　　　　　図 3.39　直列方式

（b）直列方式（シリーズ）

図 3.39 のように，複数の熱交換器を連続して接続する方法である．並列方式と比べて，各地中熱交換器の流量すなわち必要な管内流速を確保しやすい，配管が単純，したがって工事費が安い，という長所がある．また，エア抜きに関しては，水張り時に高揚程のポンプが必要となる場合もあるが，一度通水するとその後は大きなトラブルは起こらない．

一方，摩擦損失水頭が大きくなる点が欠点といえる．接続できる熱交換器の数は循環ポンプのサイズや経済性，システム COP などを考慮して決定する．また，単位長さ（深さ）当りで比較すると，上流の熱交換器の採熱量が大きく，下流ほど減少していくと考えられる．

（c）直列・ヘッダ併用方式

多数の地中熱交換器を用いる場合には，図 3.40 のように，まず等しい数のグループに分け，グループ内では直列接続することとし，グループごとにヘッダに導く直列・ヘッダ併用方式が有用と考えられる．

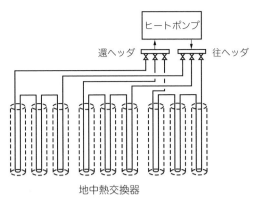

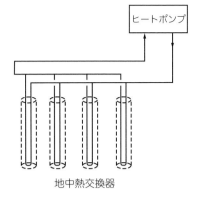

図 3.40　直列・ヘッダ併用方式 　　　図 3.41　並列方式（リバースリターン）

（d）並列方式（パラレル）

図 **3.41** のように複数の地中熱交換器をリバースリターンで接続する方法である．なお，ダイレクトリターン方式は流量バランスをとるのが非常に難しいので採用しない．直列方式と比較して摩擦損失水頭は小さくなる．

Uチューブを用いた地中熱交換器の場合，並列方式ではエア抜きが難しい点が欠点といえる．元々並列方式では地中熱交換器 1 本当りの循環流量は小さくなる傾向にある．試運転で完全にエア抜きを行ったとしても，運転中のエア析出あるいは流入などがあると，排出能力不足のためエアロックを起こす可能性がある．さらに，実物件では個々の熱交換器の流量配分がどのようなバランスになっているか確認する手段がない．極端な例では熱交換器 1 個だけが通水していて他はすべて閉塞されていたとしても，一次側配管としては支障なく運転されるので発見できない．

並列方式ではこうしたリスクをあらかじめ考慮した設計を行い，Uチューブ 1 本ごとにアクセスできるような工夫をする必要がある．

2.　一次側配管に用いる熱媒

地中熱ヒートポンプシステムでは，一次側の熱媒は 0℃ 以下になる場合があるので，不凍液[*10]（ブライン）が用いられることが多い．気温が 0℃ 以下となる恐れのある地域では二次側においてもブラインが使用される．凍結の恐れのない地域でも防食防せいのために不凍液溶液を用いる場合がある．ブラインには以下の諸条件が要求される．

① 腐食性が低い　――　熱交換器配管などシステム構成部品，特に金属を腐食させない
② 比熱が大きい　――　単位流量当りの熱容量が大きいほど熱搬送能力が高い
③ 熱伝導率が高い――　熱交換器の効率が高くなる
④ 粘性係数が低い――　搬送動力を低減し対流熱伝達率を上昇させる

[*10]　不凍液：間接式冷却システムにおいて，二次冷媒として使用される液体のこと．水溶液の濃度により凍結温度を調整する．本書で触れるのは，寒冷地における一次側または二次側配管の凍結防止のために使用される場合であるが，一般には自動車のラジエータや太陽集熱器の配管などに多く用いられている．メーカーにより違いはあるものの，通常，塩類系やグリコール系などの主成分に防せい剤などが添加されて販売されている．

⑤　凍結温度が低い

⑥　不燃性

⑦　熱安定性が高い

⑧　毒性が低い

⑨　環境負荷が低い —— 漏えいした場合の生分解性が高い

⑩　入手しやすい

⑪　価格が低い

　表 3.11 に示すようにブラインには大きく分けて塩類系，アルコール系，グリコール系（これもアルコールの一種），有機酸系がある．ブラインはこれらの物質の水溶液で，防食剤などの添加物が加えられており，メーカーによって成分，濃度，物性が異なる．わが国の冷暖房分野では，腐食性および引火性が低いことからグリコール系ブライン，すなわちエチレングリコール溶液とプロピレングリコール溶液が広く使用されている．

表 3.11　不凍液の主な特性（地中熱ヒートポンプシステムに適用した場合）

種　類		腐食性 （金属）	粘性	引火性	毒性 （対人）	環境 （分解性）
塩　類	塩化カルシウムなど	×	○	○	○	○
アルコール類	エタノールなど	○	○	×	○	○
グリコール類	エチレングリコール	○	○	△	×	×
	プロピレングリコール	○	×	△	○	○
有機酸塩類	酢酸など	△	○	○	○	○

　有機酸系ブラインは低温における粘性係数が低いのが最大の長所で，毒性がなく生分解性も高く，グリコール系と比較して極めて優れた熱的特性を有している．腐食についても，機器・配管中に亜鉛と鉛（およびそれらを含んだ合金）を使用しないようにすれば問題はないとされている[*11]．

　なお，ブラインの寿命は空気と触れているか否かで大きく異なる．開放配管では 1 ～ 2 年であるが，半密閉配管では適正なメンテナンスを行えば交換ピッチは数年以上，密閉配管では十数年であるされている．

（ a ）エチレングリコールとプロピレングリコール

　表 3.12 に，エチレングリコール溶液およびプロピレングリコール溶液の濃度と凍結温度の関係を示す．高濃度であるほど凍結温度が低くなり，使用可能な温度帯が広がるが，粘性係数は上昇する．粘性係数が高いと搬送動力が増加することに加え，熱交換器内が層流域に近づくので熱交換量も減少する．

表 3.12　不凍液の濃度と凍結温度〔℃〕との関係[9]

重量〔%〕	0	10	20	30	40	50	60
エチレングリコール〔℃〕	0	−3.2	−7.8	−14.1	−22.3	−33.8	−48.3
プロピレングリコール〔℃〕	0	−3.3	−7.1	−12.7	−21.1	−33.5	−51.1

＊11　漏水した場合，グリコール系は空気に触れるとその主成分が直ちに蒸発するため腐食の発生は緩慢であるのに対し，有機酸系の場合は蒸発せずにとどまり，水分の蒸発によって濃縮されるため，漏水箇所に腐食対象部分があると激しい腐食を起こす．有機酸ブラインは取扱いが難しく，現在のところ一般の冷暖房配管業者は取扱いに慣れていないので，使用に際しては十分な注意が必要である．

　濃度は，一次側については凍結温度がヒートポンプの蒸発器内温度を下回らないようにすることはもちろん，暖房運転停止中の放熱による凍結リスクを回避するため年最低気温を下回らないように決定する．したがって，実際には後者で決定されることが多い．二次側についても同様に年最低気温で決定される．その他，不凍液には防せい剤など種々の添加物が含まれており，メーカーによって物性が異なるので，使用に際してはメーカーに確認すること．また，加水して不凍液濃度を調整する場合はタンクを準備し完全に混合されるようにする．配管内では容易に混合しないため，一部でも薄い箇所があるとその部分だけが凍結して全体が損なわれる．

　エチレングリコールは低価格であることと，暖冷房で使用する温度範囲（$-30 \sim +80℃$）では粘度が比較的低いため，広く使用されている．しかしながら，経口摂取した場合人に対する毒性を有しているため，欧米各国では近年法的規制を受けたり，あるいは使用が制限されている．一方，プロピレングリコールの最大の欠点は粘性係数が高いことである．

　わが国ではエチレングリコールに対する規制はまだないが，屋内配管には毒性のないプロピレングリコール溶液の使用が推奨されている．地中採熱用についてもプロピレングリコールが使用できるように，すなわちブライン温度が $0℃$ 以上となるように地中熱交換器のサイズを計画することが望ましい．しかしながら，経済的な理由から，特に寒冷地においてはエチレングリコールが使用されているのが実情である．地中熱システムの場合，漏えいの可能性はより小さく，漏れたとしても人に直接影響を与えることはないが，土壌汚染のリスクは否めない．新たなブラインの開発が課題といえる．

（ｂ）ブライン濃度と熱交換性能

　図3.42 は最近のヒートポンプに用いられることが多くなったプレート型熱交換器における，エチレングリコール溶液濃度と熱交換量の関係の一例である．例えば，熱源温度が $0℃$ の場合，20％溶液に対して40％溶液では1割ほど熱交換量が低下している．

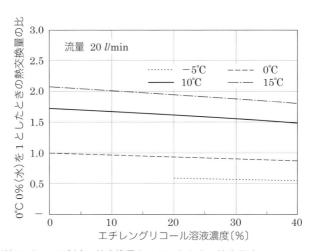

縦軸は $0℃, 0％$（水）の熱交換量を1としたときの比を示す．
伝熱面積：$1.4 \, \mathrm{m^2}$，冷媒：R410A，蒸発温度：$-15℃$，冷媒出口温度：$5℃$
凡例の温度は不凍液（エチレングリコール溶液）入口温度を示す．
流量は $20 \, l/\mathrm{min}$ とした．

図 3.42　蒸発器のブライン濃度と熱交換量の関係
（出典：アルファラバル資料）

このように，ブライン濃度がシステム全体の熱交換性能に与える影響は非常に大きい．前述のように，ブライン濃度は運転停止中の凍結リスクによって決定されている．したがって，一次側配管に保温など凍結防止措置を施し，できるだけ低濃度ブラインを使用したほうが経済的に有利な場合が多いと思われるので，検討する価値がある．

3|07　オープンループシステム

オープンループシステムでは，クローズドループシステムの地中熱交換器に代わり，地下水を汲み上げる揚水井戸および，地下に水を戻すための還元井戸を設置する．井戸の形式は大きく，深井戸（ケーシング式井戸），浅井戸（大口径井戸，井筒井戸），集水埋渠（まいきょ）に分類される（**表 3.13**）．

表 3.13　井戸の種別

井戸種別	解　説	対象深度
深井戸 （ケーシング式井戸）	ボアホール（口径数十 cm）に，揚水深度をスクリーンとしたケーシングを挿入，ポンプで揚水する．地下水はスクリーンへ放射状に流入する．	数十〜 100m 以上 （不圧もしくは被圧帯水層）
浅井戸 （大口径井戸，井筒井戸）	重機で開削し，コンクリート管やコルゲート管（口径数 m 以上）を設置する．地下水は，底面から湧き出し，貯水して使用する．多孔質材料により側面から流入させる場合や，放射状に横引き管を設置する満州井戸なども含む．	10 m 以下 （不圧帯水層）
集水埋渠	河川周辺の氾濫源にて，高透水層が浅層部にある場合，横方向に開削してスクリーン管を配置し集水する．	数 m 以下 （不圧帯水層もしくは伏流水）

深井戸は，限られた用地にて施工できること，複数ある帯水層から必要な水量・水質が得られる取水層を選択して設置できること，安定して取水できることなどの利点から，最も一般的に採用される．ただし浅層部に高透水層がある，開削用地が確保できるなどの場合には，浅井戸や集水埋渠も経済的に有利となる可能性があり，検討の余地はある．

図 3.43 は，深井戸の模式図である．取水対象層にスクリーン，その他は無孔管としたケーシングを埋設し，孔壁と井戸間はスクリーン部がフィルタとなる砂利で充填，スクリーン上部は表面水の流入を防ぐよう遮水する．ポンプは揚程が浅く水量が少ない家庭用井戸ではサクションポンプも選択肢になるが，水中ポンプが一般的である．還元井も，水中ポンプを設置しない以外は同様な構造となる．

深井戸の掘削径は，砂利充填を実施する場合はケーシング径＋約 150 mm が目安で，充填しない場合はケーシング挿入に支障のない孔径となる．ケーシングの管材は JIS G 3452（配管用炭素鋼鋼管）の黒管または JIS G 3459（配管用ステンレス鋼鋼管）が一般的だが，腐食や電食の影響を避ける場合，肉厚な圧力配管用炭素鋼鋼管（JIS G 3454）や配管用ステンレス鋼鋼管（JIS G 3459）や配管用溶接大径ステンレス鋼鋼管（JIS G 3468）なども用いられる．

非金属系では，硬質ポリ塩化ビニル管（JIS K 6741）が安価で，耐食性も優れるため，使用される場合もある．なおケーシング径は，井戸内での摩擦抵抗を抑えるため，井戸内

でポンプに向かう孔内流速が 1.5 m/s を超えないよう，**表 3.14** が目安となる.

　スクリーンは，スリット型，丸穴型か巻線型が使用される（**図 3.44**）. 集水面積比は呼び径 150 以上にあっては，巻線部表面積に対し 11% 以上が目標となる. スリット型スクリーンは安価だが，開口率が数 % に留まり，目詰まりの影響を受けやすい.

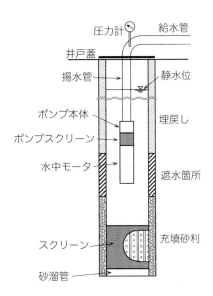

図 3.43　深井戸の構造

表 3.14　ケーシングサイズの目安 [12]

計画揚水量〔l/min〕	仕上げ口径（A）
100 〜 700	150
500 〜 1 500	200
1 500 〜 2 000	250
2 000 〜 3 500	300

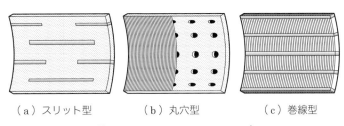

（a）スリット型　　　（b）丸穴型　　　（c）巻線型

図 3.44　スクリーンのイメージ

参 考 文 献

1) 長野克則ほか：土壌熱源ヒートポンプシステムに関する研究（第4報）数値解析による水平埋設管の設計条件，および熱源としての長期的利用の可能性の検討，空気調和・衛生工学会論文集，No.60, pp.39-49（1996）

2) 濱田靖弘ほか：垂直埋設U字管を用いた地中蓄熱型冷暖房システムの実験と解析，空気調和・衛生工学会論文集，No.61, pp.45-55（1996）

3) 2019 ASHRAE Handbook HVAC Applications, p.35.7

4) 濱田靖弘ほか：空調用エネルギーパイルシステムに関する研究―実規模建築物への適用と暖房運転実績の評価―，日本建築学会計画系論文集，No.562, pp.39-44（2002）

5) 大岡龍三ほか：大都市における基礎杭を利用した地中熱空調システムの普及・実用化に関する研究（その4）―地中採放熱量と熱源成績係数―，空気調和・衛生工学会大会（名古屋）学術講演論文集，pp.1655-1658（2004）

6) 深山 剛ほか：地中連続壁利用地中熱交換システムについて ―地中熱源ヒートポンプを用いた現地融雪試験結果―，空気調和・衛生工学会大会（札幌）学術講演論文集，pp.605-608（2005）

7) 空気調和・衛生工学会編：空気調和・衛生工学便覧，第13版，第3編，p.362（2002）

8) 藤井 光：大地結合ヒートポンプシステムにおける熱交換井設計についての最適化手法の検討，日本地熱学会誌，Vol.24, No.1, pp.29-46（2002）

9) 2009 ASHRAE Handbook Fundamentals（SI），pp.31.6-31.7

10) 2011 ASHRAE Handbook HVAC Applications（SI），p.34.24

11) A. Presetschnik, et al.: Analysis of a Ground Coupled Heat Pump Heating and Cooling System for a Multi-story Office Building, 8th IEA Heat Pump Conference（2005）

12) 全国簡易水道協議会（簡易水道井戸ハンドブック編集委員会編）：わかりやすい簡易水道井戸ハンドブック，pp.64, 創己堂（2018）

熱源機（ヒートポンプ）と補機

⁴01　ヒートポンプの基礎知識

1.　冷凍サイクルと成績係数

　ヒートポンプとは，環境温度より低い温度の物体（実際には空気や水などの流体）から熱を奪って（冷却），高い温度の物体に熱を伝える（加熱）装置である．結果として低い温度の物体は温度がより低くなり（あるいは低温が維持され），高い温度の物体はより高くなる（あるいは高温が維持される）．したがって，冷凍機と全く同じ原理であり，冷却が目的ならば冷凍機，加熱が目的ならばヒートポンプと呼ばれる．最も身近なものでは冷蔵庫も見方を逆転すれば冷凍サイクルを利用していることになる．

　ヒートポンプ（以降，冷凍機も同様である）は物質の化学変化を利用したものや，エンジンなど内燃機関と組み合わせたものもあるが，多くは電動の圧縮機（コンプレッサ）を使用したものである．図 4.1 に電動式ヒートポンプの基本的な構成を示す．

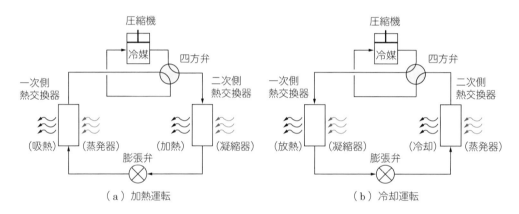

図 4.1　ヒートポンプの構成とサイクル

　ヒートポンプは圧縮機，凝縮器，膨張弁，蒸発器の四つの要素から構成される．凝縮器，蒸発器は冷媒–水または冷媒–空気の熱交換器である．圧縮機→凝縮器→膨張弁→蒸発器→圧縮機の順に流体（冷媒）が循環し，冷凍サイクルを形成する．ヒートポンプ本来の目的である加熱サイクルでは，一次側（熱源側）の熱交換器が蒸発器，二次側が凝縮器となる．加熱（暖房）と冷却（冷房）を兼用する場合には「四方弁」が使われる．四方弁は，図 4.1 の（a）と（b）からわかるように，冷媒の流れ方向を変えて熱交換器の役割を逆転させ，一次側を凝縮器，二次側を蒸発器とする装置である．すなわち，1 台のヒートポンプで，加熱と冷却の切替え運転が可能となる．

　ヒートポンプが重要視されているのは，見掛け上投入エネルギーの数倍の熱エネルギーが得られるためである．ヒートポンプは以下の「成績係数（COP：Coefficient Of Performance）」という指標で性能が評価され，COP が大きければ大きいほど優れているとされる．

$$\text{COP} = \frac{\text{暖房（冷房）に利用する熱（出力）〔W〕}^{*1}}{\text{圧縮機で使用するエネルギー（入力）〔W〕}}$$

　最先端の機器では 6 以上に達するものもあるが，一般的には 3 〜 6 程度と考えてよい．すなわち，ヒートポンプでは投入エネルギーの 3 〜 6 倍の熱エネルギーが得られるということである．ただし，電動のヒートポンプをボイラーと比較するには，発電所まで遡ったエネルギー（一次エネルギー^{*2}）収支で評価する必要がある．現行の省エネ法（エネルギーの使用の合理化等に関する法律）による燃料から電気へのエネルギー変換効率（熱効率）は 37％程度となっているため，先の COP3 〜 6 に 0.37 を掛けると 1.1 〜 2.2 程度になり，この数字が先のボイラーの効率と比較対照されるものとなる．この場合，省エネルギーとなっているか否かの分岐点は，ボイラーなどの運転効率の実態をどう評価するかによって異なるが，COP＝2 が最低値と見られる．

（a）冷凍サイクルの詳細

　図 4.2 はある住宅用小型ヒートポンプの冷凍サイクルの具体例である．**図 4.3** はこのサイクル①②③④を $p–h$（圧力-エンタルピー^{*3}）線図上にプロットしたものである．$p–h$ 線図は，各冷媒によって異なり，サイクルで授受されるエネルギー（冷媒のエンタルピー＝内部エネルギー）が横軸の長さで直接示されるので，吸熱量，放熱量，圧縮動力から動作条件を確認したり，COP を求めるときに非常に便利で，冷凍サイクルの設計や評価に用いられている．

　ヒートポンプ（＝冷凍機）では相変化する冷媒の潜熱を利用して熱授受が行われる．①の低温低圧のガス状冷媒が圧縮機のシリンダに吸い込まれて圧縮（理想的には断熱圧縮）され，②の高温高圧のガスになる．これが凝縮器に導かれ冷媒より低い温度の流体（水や空気，暖房の場合は温水や温風）と触れて顕熱と凝縮潜熱を放出し，③の液状となる．一方，流体側は加熱されて温度が上昇する．液体となった高圧の冷媒は膨張弁によって減圧（理想的には断熱膨張）され，④の低温低圧となる．さらに蒸発器で冷媒より高い温

＊1　単位は熱量〔J〕でもよい．分母と分子の単位をそろえること．ヒートポンプは使用温度条件により性能が変化するので，同じ装置でも 1 以下から 5 以上に達することもある．現在のところ，地中熱ヒートポンプに関する試験基準は整備されていないので「定格」仕様だけでなく，メーカーから性能表を取り寄せて全体のシステムに当てはめ，年間を通した期間効率についても検討すべきである．

＊2　一次エネルギー，一次エネルギー換算係数：一次エネルギーとは，自然界に存在し人間が変換または加工して利用するエネルギー源を指す．原油や天然ガス，石炭などの化石燃料，原子力の燃料であるウランのほか，水力や太陽などの自然エネルギーなども含まれる．これに対し，建物などで使用する電力，ガス，石油などを二次エネルギーという．異種の二次エネルギー量を相対比較するには，原油などの一次化石燃料レベルでのエネルギーに換算するのが有効であり，このとき用いる係数を一次エネルギー換算係数という．エネルギーの使用の合理化に関する法律（省エネ法）では，以下のようにしている．
　　重油：41 000 kJ/l
　　灯油：37 000 kJ/l
　　液化石油ガス：50 000 kJ/kg
　　電気：9 760 kJ/kWh（夜間電気の供給を受ける場合は，昼 9 970 kJ/kWh，夜 9 280 kJ/kWh）
　　理論上，1 kWh は 3 600 kJ となるはずであるが，現状では電気への変換効率は平均 37％程度であり，単位発電量当り約 2.7 倍の一次エネルギーが必要となっている．

＊3　エンタルピー：ガスや蒸気などが保有する全熱エネルギー（内部エネルギー，圧力，仕事の和）を表す状態量．単位質量当りのエンタルピーを比エンタルピーという．$p–h$ 線図では，冷媒の種類にかかわらず 0℃の飽和液の比エンタルピーを 200 kJ/kg として表される．

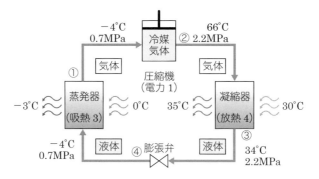

図 4.2　ヒートポンプサイクルの例

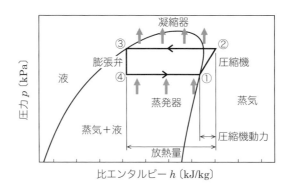

図 4.3　p–h 線図上のサイクル

度の流体（暖房の場合は熱源にあたる）に触れると，今度は蒸発潜熱を得て気化し ① の低温低圧ガスとなり，熱源となった流体は冷却されて温度が低下する．

p–h 線図上では ① → ② 間の長さ（エンタルピー差）が圧縮仕事，すなわち電動ヒートポンプでは消費電力，② → ③ 間の長さが放熱量，すなわち暖房の場合では得られる暖房出力，④ → ① 間の長さが吸熱量，すなわち熱源から汲み上げたエネルギーに当たる．冷房の場合は熱源側が凝縮器となるだけでサイクルは上と全く同じである．

今，消費電力を 1，吸熱量を 3 として，熱損失やモータ損失を無視するとエネルギー保存則から次の関係が成り立つ．

　　　　電力 1 ＋吸熱量 3 ＝放熱量 4

上式からわかるように，ヒートポンプはけっしてマジックではなく，エネルギーを移動させているだけであることがわかる．

ここで，暖房が目的ならば，

　　　　暖房 COP ＝暖房出力 / 入力＝放熱量 / 電力

　　　　　　　　＝（② － ③のエンタルピー差）/（① － ②のエンタルピー差）＝ 4/1

　　　　　　　　＝ 4

冷房が目的ならば，

　　　　冷房 COP ＝冷房出力 / 入力＝吸熱量 / 電力

　　　　　　　　＝（④ － ①のエンタルピー差）/（① － ②のエンタルピー差）＝ 3/1

　　　　　　　　＝ 3

である[*4]．暖房の場合は圧縮機の仕事量が暖房エネルギーに変換されるので，同一サイクルのもとでは暖房 COP は冷房よりも常に 1 だけ高い．

（b）温度レベルと COP の関係

　冷媒の凝縮圧力がより低い場合，すなわち暖房に使用する温度がより低い場合，あるいは蒸発圧力がより高い場合，すなわち熱源温度がより高い場合，**図 4.4** に示すように①②③④のサイクルは①′②′③′④′となる．このとき，線分②③と②′③′，④①と④′①′はあまり変わらない（むしろ若干伸びる）のに対し，線分①′②′は①②に比べ短くなる．すなわち，圧縮機の仕事量＝電力は少なくてすみ，したがって，COP も上昇することがわかる．

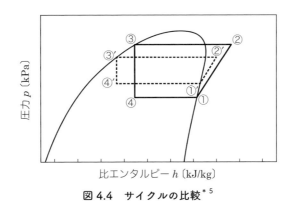

図 4.4　サイクルの比較[*5]

　実際の機械では，熱源温度と送水温度，インバータ周波数（圧縮機回転数）が出力と COP に与える影響は極めて大きい．**図 4.5** は住宅用小型ヒートポンプの例である．暖房出力，COP 双方とも熱源水温度の上昇，温水温度の低下に伴い，上昇することがわかる[*5]．これらの図より地中熱ヒートポンプシステムの設計において注意すべき点は 3 点あり，まず，熱源水温度，温水温度の条件によっては定格の暖房出力が得られないことがある点である．この機器の定格出力は 10 kW であるが，熱源水温度が 0℃ 以下になると暖房出力が 10 kW 以下となる．ゆえに熱源水温度が 0℃ 以下でこの機器を使用する場合には，使用する熱源水の温度条件に合わせた暖房出力を設定した設計を行う必要がある．

　次に，温水温度が COP に与える影響が特に大きいことである．温水温度 40℃ と比較すると，温水温度 45℃ は約 10 ～ 20%，温水温度 50℃ は約 20 ～ 30% の COP 低下となり，COP の低下に応じてエネルギー消費量が増大することとなる．したがって，低温水（少なくとも温水温度 40℃ 以下）の条件で十分な放熱量が得られる放熱器の選定を行うとともに，温水温度の設定を下げてヒートポンプを運転することが，省エネルギー効果を得るための重要なポイントとなる．また，図 4.5 のようなインバータ圧縮機を有するヒートポンプでは，熱源温度や温水温度が同じであってもインバータ周波数によって COP が変化

[*4]　p–h 線図の横軸表示は実際には比エンタルピー〔J/kg〕なので，厳密には冷媒の循環量を乗じなければならないが，COP は比であるため循環量は相殺される．

[*5]　熱源温度低下に伴う性能低下の原因は冷凍サイクルばかりでなく，ブラインの温度低下により粘性係数が上昇し，蒸発器の熱交換量が減少する影響も含まれていると考えられる．

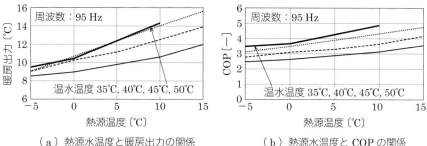

（a）熱源水温度と暖房出力の関係 （b）熱源水温度と COP の関係

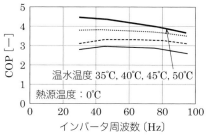

（c）圧縮機インバータ周波数と COP の関係

**図 4.5　住宅用小型ヒートポンプの熱源水温度と暖房出力・COP の関係
および圧縮機インバータ周波数と COP の関係**
（S 社製 GSHP1001 の場合）

するため，効率の高いインバータ周波数でヒートポンプを長時間運転することが省エネルギー効果を得ることにつながる．なお，熱源温度が低い領域でヒートポンプを使う場合は，二段圧縮やインジェクションサイクル[*6] など，冷凍サイクルの側で工夫を行い，吸熱量の増大や冷媒循環量を確保するなどして COP や加熱能力を確保することもできる．冷房の場合は，冷水温度が高く熱源温度が低いほど好ましいが，暖房と異なり 5℃ 以下の温度帯で作動することがないので，あまり大きな影響はないと思われる．

（c）システム成績係数（SCOP）と期間成績係数（SPF），年間成績係数（APF）

　ヒートポンプシステムには圧縮機以外に，循環ポンプ（一次側，二次側，ブースタなど），空気熱源ならば屋外機のファンなどの熱源補機に加え二次側の放熱器ファンや制御装置でも電力を使用する．次式のように，これらの使用電力を COP 算出式の分母に加えたのがシステム成績係数 SCOP（System COP）と呼ばれている．どこまでを含むかの定義はないが，制御用電力は無視する場合が多い．一般的に補機類にはあまり注意が払われないが，循環ポンプの電力使用量は大きな割合を占めるので，ヒートポンプの出入口温度差を確保し，過大流量とならないよう設計には注意する．なお，SCOP との区別を明確にするため，COP を「圧縮機 COP」と呼ぶ場合がある．

$$
\text{SCOP} = \frac{暖房（冷房）出力〔\text{W}〕}{圧縮機, ポンプ類, ファン類の電力合計〔\text{W}〕}
$$

[*6]　二段圧縮, インジェクションサイクル：冷凍サイクルが圧縮機一段で構成されるものを単段サイクルと呼ぶのに対し，ヒートポンプの入出口の温度差を大きくとる場合など，低圧段，高圧段の二段で冷凍サイクルを構成することで，効率を高めたり，圧縮出口の温度条件を緩和したりできる．また，圧縮機は 1 台で，圧縮機の中間室などに注入（インジェクション）することで，熱量を得るに必要な冷媒量を確保するといったことも行われる．

ただし，実際に知ることができる COP や SCOP は定常状態における試験結果であり，フィールド測定においても多くの場合（測定間隔にもよるが）瞬時値に過ぎない．実際に運転されているヒートポンプは使用温度と熱源温度により COP が変動する．使用温度は制御によって一定に保たれるとしても，ヒートポンプの熱源は通常自然エネルギーであるため温度変動を生じる場合が多い．空気熱源の場合，外気温は季節や気象条件により変動するし，地中熱源の場合も負荷の状況，履歴により変化する．そこで，SCOP を時間軸について積分した期間成績係数 SPF（Seasonal Performance Factor）もしくは APF（Annual Performance Factor）が用いられることが多い．対象期間は決まったものはないが，時間単位から日，月，季節，年が考えられる．したがって，SPF を得るには，実測または時刻別のシミュレーションを行わなければならない．システム間の評価は SPF によって行うのが望ましい．

$$\text{SPF} = \frac{\text{対象期間の暖房（冷房）出力の合計〔Wh〕}}{\text{対象期間の圧縮機，ポンプ類，ファン類の使用電力合計〔W〕}}$$

2. 圧縮機と冷媒

（a）ヒートポンプ用圧縮機の種類

表4.1 はヒートポンプ（すなわち冷凍機でも同様）に使用される圧縮機（コンプレッサ）を分類したものである．さまざまな規模・用途に合わせ，コスト低減，省スペース，効率向上，低騒音化の要求に合致するよう，急速な技術開発が行われている．それぞれの構造，作動原理の詳細は専門書を参照されたい．

表4.1 圧縮機の種類と容量・用途 [1)]

型　式		名　称	動力〔kW〕	主な用途
容積 圧縮型	往復動式	レシプロ	0.1 〜 120	冷蔵，冷凍，パッケージカーエアコン
	回転式	スクリュー	0.75 〜 1 100	冷凍，空調，カーエアコン
		ロータリー	0.1 〜 5.5	冷凍，冷蔵，空調，カーエアコン
		スクロール	0.75 〜 7.5	空調，冷凍
遠心型		ターボ	90 〜 7 500	中大規模施設の空調，冷凍

圧縮機は，レシプロエンジンのようにピストンとシリンダなどによる容積変化で冷媒を圧縮する容積圧縮型と，遠心力を利用して圧縮する遠心型に大別される．後者は大容量化が可能なので大規模施設で使用され，ヒートポンプとして加熱能力や熱回収機能を備えたものも利用されている．前者のうち，レシプロ式は最も古くから使用されている代表的な冷凍機で，シリンダとピストンによって冷媒を圧縮するものであり，家庭用冷蔵庫から産業用冷凍機まで広い用途で使用されている．スクリュー型は繭型のケーシングに収めたオスメス2本のねじ型の歯車を用いたもの，ロータリー型は円筒型ケーシング内に偏心して取り付けられた回転ピストン（ロータ）を用いたもの，スクロール型は固定された渦巻状のスクロールと旋回するスクロールを組み合わせたものである．スクリュー型は駆動動力数十 kW 以上，ロータリー型は 1 kW レベル，スクロール型は数 kW のレベルが最も効率が良いとされている．

（b）ヒートポンプ用の冷媒

ヒートポンプ（＝冷凍機）の冷媒は，液–ガス（蒸気）の相変化を起こす流体で安定性があれば，原理的には空気や水を含めどのようなものでも使用可能であるが，実際には**表4.2**に示した物質が使用されている．使用温度や熱源温度レベルに合わせて冷媒を選択し，サイクルを設計する．

表 4.2　ヒートポンプ用の主な冷媒

呼　称	化学物質	冷媒番号（ISO 817）	オゾン破壊係数 ODP	地球温暖化係数 GWP	備　考
フロン	CFC	R11，R12 など	0.6 〜 1.0	8 500 以上	1996 年全廃
代替フロン	HCFC	R22，R123 など	0.02 〜 0.11	93 〜 1 700	2020 年全廃
	HFC	R134a，R143a など	0	1 100 〜 7 100	
混合冷媒	HFC	R404A，R407C，R410A	0	1 700 〜 3 900	
新冷媒	HFC	R32	0	675	微燃性
	HFO	R1234yf	0	4	微燃性
自然冷媒		CO_2，アンモニア，プロパン，イソブタン	0	3 以下	CO_2 は高圧での使用となる．またアンモニアは毒性，プロパン，イソブタンは可燃性を有する

初期の冷凍機ではアンモニアが使用されていたが，毒性があることや爆発の危険があるので，1930 年代にいわゆるフロン（CFC；クロロフルオロカーボン）が開発された．フロンは無毒不燃で安定しており熱的にも非常に優れた冷媒であったが，1980 年代になってオゾン層を破壊することが確認され，1996 年までに全廃されている．そのため，いわゆる代替フロン（HCFC；ハイドロクロロフルオロカーボン，HFC；ハイドロフルオロカーボン）が開発されたが，HCFC は 2020 年までに全廃されることになっている．HFC はオゾン破壊の原因である塩素を含まずオゾン破壊係数（ODP）が 0 である．最近までヒートポンプで使用されていた冷媒は，HFC の混合冷媒である R404A，R407C，R410A が中心であった．

しかしながら，HFC の地球温暖化係数（GWP）は CO_2 の数千倍であり，温暖化問題が深刻化してきたことから，モントリオール議定書の中で HFC 冷媒の使用を将来的に制限することとなった．これによりヒートポンプの冷媒は小型のエアコンなどの機器から R32 に移行され始めるようになった．また，HFC などの F ガス（HFC，PFC，SF_6）の規制が厳しい欧州では，2017 年に高 GWP の F ガスを使用している冷凍機器，空調機器，ヒートポンプの製造・販売が禁止となっており，2020 年には既存冷却装置のサービス・メンテナンスにおける高 GWP ガスの使用が禁止となっている．さらに，段階的に追加の規制が行われる可能性もある．その一方，ヒートポンプの効率は動作条件や冷媒の性質によっても左右されるため，GWP と共に機器の動作によるエネルギー消費に伴って排出される CO_2 も合わせてトータルで温室効果ガスの削減を図るべきとの議論もあり，総等価温暖化影響係数（TEWI）による評価も行われている．

また，これらの動きと合わせて自然冷媒[*7]（フロン類は化学合成物質なのでそれに対する言葉）としてアンモニアやCO_2が注目されており，アンモニアは除害装置を付して冷凍や空調用に，CO_2は高温化が可能なため家庭用や業務用の給湯機が製品として発売されている．欧米ではプロパンガスを使用したヒートポンプも市販されている．

3. オンオフ制御とインバータ制御

　冷凍機も含めヒートポンプ機器は従来オンオフ制御，すなわち能力100%か停止かという運転が一般であった．しかしながら冷暖房の場合，負荷は時刻によって変動し，しかもほとんどの時間帯は部分負荷である．通常，機器容量の選定にあたっては最大負荷を用いるので，ヒートポンプは大半の時間帯において断続運転を繰り返すことになる．低負荷時あるいはシステムの熱容量が小さい場合（例えば，冷温水配管系の保有水量が少ないなど）機器の発停が激しくなる．機器の始動は余分な電力消費を伴うので省エネルギー的に好ましくなく，頻繁な発停は機器の寿命にも悪い影響を与える．そこで，従来は機器側で再起動までのインタバルをとったり，バッファタンクを設けたりして対応していた．

　インバータとは周波数変換装置で，50 Hz あるいは 60 Hz の交流をいったん直流に変換し，改めて任意の周波数（多くは 30 ～ 100 Hz）の交流を発生させるものである．インバータの使用によりポンプや送風機，圧縮機の回転数を制御することで，絞り損失を伴わずに流量（すなわち出力）を調整することが可能になる．ポンプやファンなどの軸動力は（理論的には）回転数の3乗に比例するので，回転数を下げれば大幅な省エネルギーとなる．また，高負荷時には高回転（例えば 100 Hz），低負荷時には低回転で運転できるようになるので，図 4.6 に示すように発停が少ない滑らかな運転が可能となり，消費電力が削減され，（定速運転機で選択する場合よりも）機器サイズの小型化も図れる．

　このような背景のもと，2000年代に入って売り出されたルームエアコンの大半はインバータタイプになっており，業務用のヒートポンプや冷凍機にも急速に普及しつつある．また，ヒートポンプや冷凍機のインバータ化（可変速化）には，広範囲で微細な流量調整が可能な電子膨張弁の開発も必須であった．これらの装置の制御にはエレクトロニクス技術が必要不可欠である．このように，今日では個々のエレメントのハード面よりも，これらをいかにうまく制御するかというソフト技術の優劣がヒートポンプや冷凍機の性能を決定するといえる．

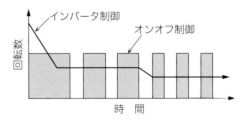

図 4.6　オンオフ制御とインバータ制御

[*7]　自然冷媒：フロン冷媒が化学合成により作られたものであるのに対し，自然冷媒とは，炭化水素やアンモニア，水，空気に酸化炭素など，自然界に存在し，冷媒として使用可能な物質のことを指す．

ヒートポンプ一般と重複する点もあるが，地中熱を熱源とするヒートポンプに求められる特性を以下に列挙する．

❶　**成績係数（COP）**[*8]**が高いこと**：地中熱ヒートポンプは空気熱源機と比較すると，一次側循環ポンプの使用電力分が増加するが，ヒートポンプの一次側の温度差と流量を最適化することにより省エネルギーを図るとともに，ヒートポンプ側の最適設計や高効率化を図る必要がある．

❷　**運転可能な熱源温度レベルが広いこと**：地中熱用の水‐水ヒートポンプの構造は水熱源ヒートポンプチラーと基本的に同じであるが，使用する一次側の温度レベルは異なる．水熱源ヒートポンプチラーは井水熱源を想定しているので熱源温度レベルは15℃程度で常に一定という条件で十分である．しかしながら，地中熱源の場合地域によって異なるが，暖房は $-10 \sim 10℃$ の範囲で稼働し，しかも高い COP を維持しなければならない．冷房の場合も同様で $10 \sim 40℃$ の範囲の運転が可能でなければならない．この点で冷媒の選択や熱交換器（凝縮器，蒸発器）の選定が水熱源ヒートポンプチラーと異なる．

❸　**安全で環境負荷が少ない冷媒を使用していること**：近年では混合冷媒（R404A，R407C，R410A など）が使用されていたが，GWP は高く，R32 のような新冷媒への移行が進んでいる．欧州ではプロパンガスが用いられる例がある．CO_2 など低GWP の冷媒を使用した機種の開発が待たれる．

❹　**小型であること**：わが国ではスペースの制約が厳しいので，特に住宅の場合できるだけ小型であることが望ましい．

❺　**負荷への追従性が高いこと**：冷暖房負荷は変動する．機器のオンオフが激しいと起動電流のために期間 COP は大きく低下する．従来の機種ではバッファタンクや蓄熱槽を設置して緩和していたが，最近ではインバータを搭載した可変容量機が増えている．

❻　**高温水の製造**：ヒートポンプは低温水暖房が基本であるが，わが国の場合高温水への要求が根強い．ヒートポンプの場合，送水温度が高くなると出力と COP はともに低下するが，できるだけ性能を低下させないで高温水が製造できるヒートポンプが望ましい．

❼　**耐久性が高いこと**：一般的に，地中熱源システムのイニシャルコスト増加分をラン

---

*8　地中熱ヒートポンプの試験条件はわが国にはまだない．水熱源ヒートポンプチラーに対しては JIS B 8613（ウォータチリングユニット）で定められているが，熱源側の温度レベルが入口 15℃ / 出口 7℃ と高温なので，これをそのまま地中熱ヒートポンプに適用してもあまり意味がない．

　また，熱源側温度差条件は JIS では 8℃ となっているが，地中熱交換器の場合，管内流速との関係からあまり大きくとれず $2 \sim 3℃$ となるのが実態である．

　一方，ドイツでは地中熱用水（ブライン）‐水ヒートポンプの試験条件がある．熱源側は 0℃ なので実態に即していると考えられるが，二次側暖房温度レベルの 35℃ あるいは 40℃ は，わが国で一般に使用されている温度レベルから見ると低い．

　また，一次側，二次側とも循環水量または温度差の規定があいまいで，わが国でこれを単純に適用すると誤解やトラブルを引き起こす恐れがある．わが国の実情に合致した試験法の策定が望まれる．

ニングコストの差額で回収する，という考え方がとられるので，機器に対してより高い耐久性が求められる．

❽　運転音が小さいこと：特に住宅用ではヒートポンプは屋内に設置されることが多いため，運転音は小さいほうが良い．

❾　低価格であること

❿　操作性が良いこと

（a）地中熱ヒートポンプの分類

　一次側が直膨方式か間接方式か，二次側の媒体が空気（すなわち直膨方式）か水かの組合せで4種類が考えられる．直膨方式は循環ポンプが不要なので，SCOPが高くなる．**表4.3**は全世界で導入されている地中熱ヒートポンプをこれに当てはめたものである．

表4.3　地中熱ヒートポンプの分類

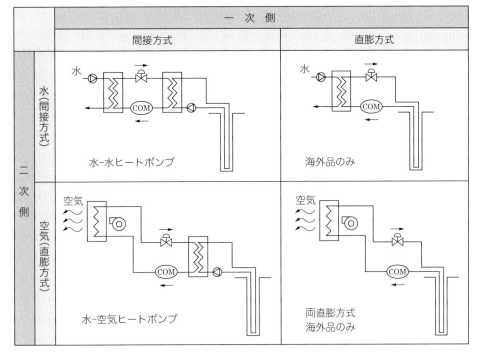

　わが国の事例では水（ブライン）－水ヒートポンプが最も一般的である．二次側循環水は空調機，ファンコイルユニット，パネルヒータ，床暖房に供給される．直膨方式は米国に多く，セントラル式空調機内にヒートポンプの蒸発器（冷房時は凝縮器）を組み込むシステムが一般的である．なお，水－空気方式では，わが国で多用されているルームエアコンやカセット形エアコンの室内機を使用するタイプがあり，地中熱を利用した水－空気方式も7〜8年前から導入が進められるようになっている．

（b）日本で販売されている地中熱ヒートポンプ

　現在，わが国で地中熱ヒートポンプとして使用できるヒートポンプについて，**表4.4**に採用実績の多い機器についてまとめた．近年では特に業務用の機器について，汎用の水冷ビルマルチや水冷ヒートポンプチラーが地中熱ヒートポンプとして採用できるようになってきており，選択の幅が広がってきている．ただし，水冷ビルマルチや水冷ヒートポンプ

表 4.4　日本で市販されている地中熱ヒートポンプとして使用できる主なヒートポンプ

主な用途・ヒートポンプのタイプ	家庭用ヒートポンプチラー	家庭用エアコン	家庭用エアコン	業務用エアコン	業務用エアコン	業務用エアコン（ビルマルチ）	業務用エアコン（ビルマルチ）	業務用ヒートポンプチラー	業務用ヒートポンプチラー	業務用ヒートポンプチラー	業務用ヒートポンプチラー
メーカ名	S社	C社	H社	P社	Z社	D社	M社	S社	Z社	M社	K社
機種型番	GSHP	GTS-C	FMX	WDX	ZP	VRVW	WR2 E eco	GSHP	ZQH	MCRV	KHT
カタログ写真											
温熱・冷熱出力*	5～10 kW程度	4.0 kW程度	5～10 kW程度	1.4～5.0 kW程度	30～50 kW程度	22～85 kW程度	22～85 kW程度	30 kW程度	30～450 kW程度	175～1 050 kW程度	500～2 000 kW程度
その他特徴	・循環ポンプを内蔵 ・薄型	・循環ポンプ内蔵 ・小型 ・ヒートポンプチラーや空気熱源との併用タイプもある	・一次側、二次側双方式の直膨型エアコン ・マルチエアコンや給湯の併給が可能なタイプもある	・小容量タイプがあり、小部屋でも設置可能 ・複数のユニットを同じ熱源水配管に接続できる ・熱源水配管で熱回収運転が可能	・給湯機能を付加できる（オプション） ・床暖房機能を付加できる（オプション） ・空気熱源との併用タイプもある ・冷暖房同時運転タイプもある	・冷暖同時ユニットを用いることで冷暖同時運転も可能 ・循環流量の制御が可能（オプション）	・冷暖同時ユニットを用いることで冷暖同時運転も可能 ・循環流量の制御が可能（オプション）	・連結可能、コンパクトな形状、屋外設置用機器もある	・連結可能、台数制御も可能 ・高温（60℃）以上の温水も取出し可能 ・空気熱源との併用タイプもある	・連結可能、台数制御も可能 ・コンパクトな形状（エレベータで搬入可）	・高出力で大規模システム向き

* カタログ、もしくはホームページに記載されている値

チラーを地中熱ヒートポンプとして採用する場合には，使用できる熱源水の温度の範囲が限られていたり，不凍液の使用に対応していない，もしくは不凍液使用時の性能保証がなされていないこともあるため，メーカーへの確認を行う必要がある．

S社は北海道大学工学部・長野研究室と共同で地中熱ヒートポンプユニットを開発，2003年から製造・販売している．家庭用・ヒートポンプチラーは国産機としては初めての量産機であり，標準的な戸建て住宅を想定した容量の膨張タンクや循環ポンプを内蔵し，インバータ駆動コンプレッサの採用でバッファタンクを不要としたことによりオールインワン化を達成した．すなわち，熱源補機を準備する必要がなく，配管を接続するだけで熱源回り設備が完成できる点が特徴であり，設置スペースが大幅に節約することができる．わが国での地中熱ヒートポンプシステムの導入件数は住宅が最も多いが，これはこの家庭用ヒートポンプチラーの製造・販売が大きな寄与をもたらしているといえる．最近では業務用のヒートポンプチラーの量産機も製造・販売を行っており，不凍液の使用が必要な寒冷地を中心に導入事例が多くなっている．

Z社は2000年から業務用を中心に地中熱源対応水冷式ヒートポンプチラーを開発，製造販売しており，2017年度末までで400件以上の導入事例がある．冷暖房，氷蓄熱，給湯，プール・浴槽加温，融雪など多機能に対応しており，モジュール方式による台数制御によって容量制御，多機能組合せが可能である．また，空気熱源との併用が可能な機種や，冷房時に同時に給湯を取り出す排熱回収機能や床暖房機能を搭載している機種も存在する．

P社の業務用エアコンのヒートポンプは空調機と一体化しており，小容量のユニットを同じ熱源水配管に接続して使用する方式となっている．それぞれのユニットで冷房・暖房同時運転が可能であり，この場合，熱源水配管での熱回収運転による高効率化が期待できる．

D社・M社の業務用エアコン（水冷ビルマルチ）は地中熱ヒートポンプとして用いることが可能であるため，温暖地を中心に導入事例がある．熱源以外は空気熱源のビルマルチと同様であり，オプションの冷暖同時ユニットを用いることで冷暖同時運転も可能となっている．M社は水冷ヒートポンプチラーについても地中熱ヒートポンプとして導入が可能となっている．

K社は水冷のスクリューチラーに冷媒切替回路を導入し，地中熱ヒートポンプとして用いることが可能な機種を有している．温熱・冷熱出力が500～2000 kW程度と大きく，大規模システムでの導入に向いている．

4|03　熱源補機

わが国で一般的な水−水ヒートポンプの場合，熱源補機として一般的に一次側および二次側循環ポンプ，膨張タンク，バッファタンクが必要である．また，できるだけ避けたほうが望ましいが補助ヒータの設置も考えられる．4-2節で述べたように，これらの一部あるいはすべてを内蔵したヒートポンプユニットも商品化されている．なお，ヒートポンプに対しては一次側・二次側ともに機械の定格流量が確保されるよう循環ポンプおよび熱源回りの配管システムを設計する必要がある．特に，住宅設備ではあまり考慮されないので

注意する．その他，安全弁，圧力計，自動エア抜弁，ストレーナ，防振継手，水張り・加圧用タッピングなど，熱源機回りに標準的な器具を必要に応じて取り付ける（**図4.7**参照）．

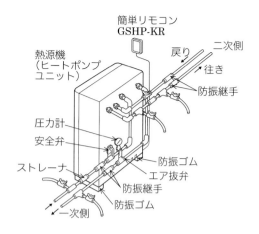

図4.7　ヒートポンプ回りの配管

（a）循環ポンプ

　一次側（地中熱交換器側）と二次側（負荷側）に間接方式を採用した場合，それぞれ循環ポンプが必要である．熱源機に対しては定格の循環水量を確保するのが原則で，不足すると熱源機が機能しなくなる．水量は使用するヒートポンプの仕様に応じ，揚程は一次側，二次側配管の摩擦損失をそれぞれ算出して決定する．一次側が同軸二重管のように開放式となっている場合は実揚程を加算する．

　循環水量が不足した場合，凝縮器や蒸発器内の流速が低下し熱交換量が著しく低下する．**図4.8**はある住宅用小型ヒートポンプの蒸発器（熱源側）に用いているプレート型熱交換器の熱交換量に対する流量の関係を整理したものである．流量の影響が極めて大きいことがわかる．地中熱交換器側の熱伝達率は流量が少ないほど低下するので，最大負荷発生時における循環水量の確保は極めて重要である[*9]．二次側についても同様で，循環水量が少ないほど放熱量は低下する．放熱器の必要水量を合計し，同時使用率を考慮して決定する．なお，最近では循環ポンプの消費電力の削減の観点から，地中熱ヒートポンプシステムにおいても変流量制御を採用する事例が増えてきている．この場合，低負荷時に循環流量を抑制する制御であれば，低負荷時における循環流量抑制によるヒートポンプの性能（出力・COP）の低下は小さいため，差し支えない．

　ポンプ種類の選定は通常の設計法どおりであるが，循環ポンプ内蔵のヒートポンプを使用する場合，循環水量のチェックを怠ることが多い．必要に応じてブースタポンプを追加する．**図4.9**は住宅用で広く使用されているDCブラシレスキャンドポンプである．

（b）膨張タンク

　一次側，二次側配管ともに，①開放方式，②密閉方式，③半密閉方式がある．それぞれの配管システムの特徴については5章で詳しく述べる．タンク容量はそれぞれのシステムの保有水量（バッファタンクがある場合はその保有水量も含める）と膨張率から決定する．一次側は－10～＋50℃（暖房のみの場合－10～＋10℃），二次側は－10～＋60℃の温度範囲を考慮する．

❶　**開放方式膨張タンク**：開放方式膨張タンクは配管系の最頂部に設置するので，屋上など設置場所の配慮が必要になるが，給水やエア抜きが容易である．

❷　**密閉方式膨張タンク**：圧縮空気によって配管システムを加圧し膨張を吸収するダイ

[*9]　100 m ボアホール＋25A シングル U チューブとした場合，理想的な管内流速を 0.6 m/s 前後とすると，一次側ポンプの揚程の目安は 18～20 l/min × 6 mAq であろう．

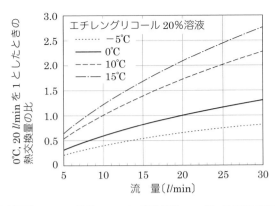

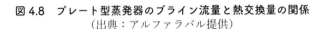

伝熱面積：1.4m², 冷媒：R410A, 蒸発温度：−15℃, 冷媒出口温度：5℃
不凍液はエチレングリコール20%溶液
凡例の温度はブライン（エチレングリコール溶液）入口温度を示す.
0℃, 20 l/min のときの熱交換量を1とした場合の比で整理した.

図4.8　プレート型蒸発器のブライン流量と熱交換量の関係
（出典：アルファラバル提供）

**図4.9　DCブラシレス
キャンドポンプ**

アフラム型が一般的である．循環水と空気はゴム製の隔壁（ダイアフラム）で隔てられ，接触することはない．配管系のどこに接続されてもよいので，設置位置の制約が少ない．多くは機械室内や熱源機の隣接して置かれる．使用圧力は第2種圧力容器規格の 0.2 MPa 以下である．**図4.10** は密閉方式膨張タンクの外観である．タンクのほかに自動エア抜弁[*10] や水張り用の給水口が必要である．近年では大規模なシステムでも密閉方式が用いられる例が増えている．

図4.10　密閉方式膨張タンク
（H社）

❸　**半密閉方式膨張タンク**：半密閉方式膨張タンクは開放方式と密閉方式の長所を備えた器具で，住宅暖房設備や融雪設備に特有の器具である．点検可能であれば配管系のどこにでも設置することができる．樹脂製で不凍液の量が可視できるという特徴がある．

　図4.11 のように，自動車のラジエータキャップと同様の圧力キャップによって配管系を加圧する（0.1 MPa 以下）．給水はキャップを外して行う．循環水と空気は接触しているのでエア抜きの考慮は特に不要である．ただし，容量が最大のものでも 30l 程度なので配管システムの最大保有水量が他の2方式と比べて大幅に少なくなるという欠点がある．

[*10]　住宅で用いられる小型の自動エア抜弁は，負圧はもちろん正圧下においても低い圧力の場合（おおよそ 0.01 MPa 以下）にはエアが吸い込まれるので，常に最高圧が確保される位置に取り付け，使用後はバルブで閉じておくことが望ましい.

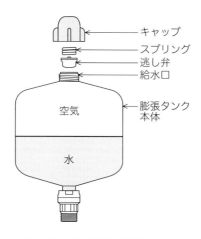

図 4.11　半密閉方式膨張タンク　　　　図 4.12　バッファタンクの例

（c）バッファタンク（蓄熱槽）

　二次側配管システムの保有水量（熱源機＋配管＋放熱器）がヒートポンプメーカーの指定する最小保有水量を下回る場合，ヒートポンプのハンチングを防ぐためにバッファタンク（クッションタンク）が必要である（**図 4.12** 参照）．最小保有水量はメーカーの方針，機種，用途によって異なるが，目安としてはヒートポンプ出力 1 W 当り 15 ～ 30 l であろう．容量を大きくすれば蓄熱槽としても利用できる．

　なお，インバータ駆動タイプのヒートポンプを使用する場合はバッファタンクを省略できる場合もある．

（d）補助ヒータ

　一般的に暖房のピーク負荷の出現頻度は少ないので，これに合わせてヒートポンプの容量や地中熱交換器を設計すると非経済的となる．暖房期間の出現度数が 5% 以下のピーク負荷に対しては補助熱源を設けて対処するのが現実的であろう．

　補助熱源としては石油やガス器具でもよいが，地中熱ヒートポンプシステムに対し最も簡便で受け入れやすいのは電気ヒータである．外部に，すなわち二次側の配管途中に設置することも考えられる．ただし，補助ヒータが優先作動してヒートポンプが作動しなくなることが多いので，制御法を十分検討する必要がある．さらに，電力会社の料金体系によっては，あまり作動しない補助ヒータの基本電力料金を常に支払うことになるので注意を要する．

　ユーザーの理解を得たうえで，ヒートポンプシステムには直接組み込まれない蓄熱電気暖房器や電気オイルヒータ，電気ストーブなどを，必要に応じて使用してもらうのも一つの解決策と思われる．

参 考 文 献

1)　空気調和・衛生工学会編：空気調和・衛生工学便覧，第 13 版，第 4 編，第 1 章（2002）

5章

冷暖房システム

01　建物性能と設備の関わり

　身近な例として住宅を考える．誰もが快適，かつ健康に住めて，長持ちする家を希望している．そして住んでからの経済的な負担が少なく，最近では環境負荷が小さいことに魅力を感じる人々も多い．ここで快適，健康，長寿命，低コスト，低環境負荷はおのおの相反するものではなく，同じ設計思想の中では一点に統合されるものであることを強調したい（図 5.1）．方位，間取り，通風，断熱，換気，暖冷房設備がきちんと総合的に計画された住宅であるなら，自らこれらのニーズを満たすこととなる．特に，寒冷地においては断熱（窓の熱性能も含む），換気，暖房設備は三位一体であり，単に熱源システム側から地中熱ヒートポンプシステムの最適化を考えても不毛である．

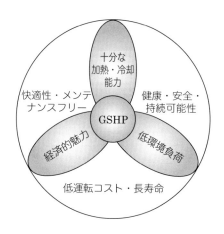

図 5.1　建物と設備，地中熱ヒートポンプシステムとの関わり

　暖房時，居住空間の快適性に最も影響を与える温熱環境要因は放射環境である．放射環境は，壁，床，天井や窓の表面温度に支配されるものであり，おおよそこれらの面積加重の平均値に等しい．人体の温熱感からいえば，温熱快適性は周囲の表面温度の差ができるだけ小さいことが望ましいので，その点からいうと，まずは建物側として熱性能が高い窓を採用し，壁，床，天井を高断熱化することが重要であり，そのうえで初めて低温度差の放射暖房が有効に働く．

　一方で，室温に近い新鮮空気が給気されている必要がある．断熱の良い室内では悪いものに比べて，暖房時にはより低い空気温度でも同等の温感が得られることは人体側の熱収支から説明できるが，これにより貫流や換気による熱負荷が低減されて省エネルギーとなることがわかる．

　ここで，低温度差暖房が許される空間はあくまでも低熱負荷，すなわち高い断熱性能を有する空間でなければ成立しないことを忘れてはいけない．床暖房の場合，温感的に最適な床面温度は 26℃ であり，このときの放熱量は室温が 20℃ の場合おおよそ 50 W/m² 程度と計算されるが，最低気温においても熱負荷がこの値以下となるような熱性能を有していなければいけない．熱源として化石エネルギーによるボイラシステムであれば，低温暖房による省エネルギー性はここまでの内容に限られるが，一方，ヒートポンプを用いる場

合にはそのメリットは倍増する．例えば，インバータ制御のヒートポンプにより出力 4 kW を温度 0℃ の熱源水で得ようとした場合，送水温度が 55℃ の場合には COP は 2.5 であるのに対して，床暖房の一般的な送水温度である 35℃ の場合には COP は 4.2 と非常に高い値となる[1]．このときの必要電力量は 1.6 kW と 0.95 kW となり，床暖房の場合には前者の 40% 以上の省エネルギー効果が得られることがわかる．

　もう一点，高断熱・高気密建物になるほど，自ら室温変動を吸収する建物構造が望ましい．これを調温効果と呼ぶが，断熱層内側の熱容量の増加がこの効果をもたらす．これは特にパッシブソーラー建物では重要な手法であり，省エネルギー的にも温熱環境的にもプラスに働くと同時に，ピーク負荷削減効果がありこれはヒートポンプ設備にとっては設備容量の低減や稼働率の上昇，そして効率の向上につながる非常に望ましいことである．

　このように，ヒートポンプ導入計画時には，蓄熱タンクを設置する方法だけでなく建物側からもできるだけピーク負荷を下げるような工夫を施すことも必要である．

5|02　住宅用システム

1. 放熱器の分類

　住宅のセントラル空調方式は，全水方式すなわち「セントラル温水暖房システム」とエアハンドリングユニットを用いた全空気（ダクト）方式がある．わが国では前者の施工例が大半であるので，本書ではセントラル温水暖房システムについて概説する．なお，設計手法において熱源が地中熱ヒートポンプであることについて特別に考慮する点は，設計温度レベルが低いということ以外原則的にはない．

　住宅のセントラル温水暖房で使用される放熱器は**表 5.1** のように主に 4 種類に分類できる．すなわち，床暖房のように放射を主としたもの，パネルヒータやラジエータなどのように自然対流と放射を組み合わせたもの，ファンコンベクタやファンコイルユニットなどのような強制対流方式である．冷房については，冷水による住宅冷房はあまり普及していないため，放熱器の種類も限定される．現在のところファンコイルユニットが実用上唯一の方式と思われる．天井放射冷房の例もあるが，結露制御の必要，天井材の制約という技術的課題に加え，住宅の設計・施工が複雑になるため，一般的ではない．

　配管方式は，加圧および膨張吸収の方法によって開放式，半密閉式，密閉式（**表 5.2**，**図 5.8** 参照），放熱器の接続の仕方によって単管式，複管式，ヘッダ方式（放射方式）（**表 5.3**，**図 5.9** 参照）の，それぞれ 3 種類に分類される．

　配管材料は保温材付銅管や架橋ポリエチレン管が用いられることが多い．冷房に使用する場合には結露の危険性があるので保温材厚さ・仕様を検討する．なお，架橋ポリエチレン管には酸素透過性のあるものとないものがある．酸素透過性があるものは，密閉配管方式であってもパネルヒータなど鉄製の放熱器を腐食させるので材料の組合せに注意する．

　管内流速は 0.3 〜 1.0 m/s（住宅設備の場合）の範囲内となるようにする．これより遅すぎるとエア排出が困難となり，速すぎると損失水頭が増すばかりでなく，銅管の場合に

は孔食の原因になる．

　なお，非住宅を含めすべての冷暖房配管設備に共通することであるが，一般的に熱原機には最小の循環水量があり，これを下回ると効率低下など思いがけないトラブルを引き起こすことがある．変流量となる配管システムにおいて熱源機用ポンプが循環ポンプを兼用する場合は，ヒートポンプに対しては最小流量（一般的には定格流量）が確保されるような制御（例えば差圧弁制御）を行う．この場合，二次側が部分負荷運転となった場合でも，不必要な搬送動力[*1]が発生するので，制御や配管システムを工夫することが望ましい．

表 5.1　住宅セントラル温水暖房用の放熱器

放熱器	床暖房	パネルヒータ パネルラジエータ	ファンコンベクタ	ファンコイルユニット
略　図				
概　要	床仕上げ材下部に温水を循環させ，床表面を加熱し，熱放射によって暖房する．	熱交換器に温水を循環させ，室温との温度差による自然対流を起こし暖房する．放射暖房効果もある．	熱交換器に温水を循環させ，ファンの送風によって室内空気を循環させ，加熱する．	熱交換器に冷温水を循環させ，ファンの送風によって室内空気を循環させ，加熱・冷却する．
冷暖房の原理	放射	自然対流＋放射	強制対流	強制対流
快適性	高	良	ドラフトあり	ドラフトあり
上下温度分布	小	大	中	中
暖房室温	18 〜 22℃	20 〜 25℃	20 〜 25℃	20 〜 5℃
設計温水温度	30 〜 45℃	50℃ 以上	50℃ 以上	45 〜 50℃
暖房立上り	遅い（24 時間暖房必要）	遅い	速い	速い
冷　房	不可（露点温度制御するなら可）	不可（露点温度制御するなら可）	不可	冷暖兼用
設置スペース	不要（床材の構造に制約あり）	大（壁面をふさぐ）	小	小（隠ぺい型や天井埋込み型もあり）
騒　音	なし	なし	あり（ファン音）	あり（ファン音）
電気工事	不要	不要	要	要

（a）床暖房

　床暖房は室内温度を低く設定できるので，省エネルギーで快適性が最も高い，高級で高価なシステムとされている．天井が高い空間では特に有効である．わが国の場合，比較的温暖な地域を中心に普及してきた．暖房負荷が大きい寒冷地では，敷設面積に制約があるため住宅全体の放熱量を確保できないとしてあまり注目されていなかったが，高断熱高気密住宅の進展とともに近年評価が高まっている．床表面温度は高過ぎると不快となるので29℃度以下とし，このとき室温は 18 〜 22℃ が適当とされている．供給温水温度は，仕上げ材に大きく影響されるが，設計値（最大負荷時）で 35 〜 45℃，低負荷時では 30℃以下で十分である．特にヒートポンプに適した方式であり，地中熱ヒートポンプではまず

---

*1　搬送動力：空調設備において熱源と空調対象空間との間で，ポンプやファンなどにより熱媒体（空気，水，冷媒など）の搬送に要する動力のこと．標準的な事務所建物では，全エネルギー消費の 1/4 強を搬送動力が占めるとされており，搬送動力の低減はシステムの省エネルギー化に重要なポイントである．

第一に検討すべきシステムである.

　工法としては図5.2のように大きく乾式（木質パネル方式）と湿式（コンクリート埋設方式）に分類される．乾式工法は温水配管があらかじめ組み込まれた厚さ12 mmのパネル（マット）を根太上，根太間あるいはコンクリートスラブならば直接敷設し，その上にフローリングなど仕上げ材を張る方法である．配管材質は銅管あるいは架橋ポリエチレン管で，管径は10Aが一般的である．最大6枚までのパネルを接続して1回路とする．パネルは規格化され，さまざまな商品が開発されており，仕上げ材一体型もある．湿式工法はシンダーコンクリートの中に温水配管を埋設する方法で，敷設エリアの形状が自由であることと口径の大きな温水配管を使用できるので放熱量を大きくすることができる.

（a）乾式(木質パネル)工法　　　　　　　　　　（b）湿式工法

図5.2　床暖房の工法

　BL（ベターリビング）の木質パネル標準仕様では，流量は接続パネル数に限らず1回路当り1.5 l/m，損失水頭は1パネル当り0.5 mAqとしている．乾式床暖房の放熱量は，フローリングの床表面温度29℃，室温18℃とすると，対流と放射を合計した120〜130 W/m²が目安であろう．仕上げ材の仕様や温水温度によって異なるので,詳しくはメーカー資料に従って設計する.

　室温制御は住宅設備の場合，返り水温または室温を検出しヘッダなどに取り付けた熱動弁で温水供給量を制御するのが現在最も一般的である.

（b）パネルヒータ・パネルラジエータ

　寒冷地の温水セントラル暖房で最も普及している器具である．両者とも放射と自然対流による暖房である．パネルラジエータは背面にフィンを溶接するなどして対流熱伝達が増加する工夫が施されており，大きな出力が得られる．窓腰壁などコールドドラフトが発生する場所に設置する．図5.3にパネルヒータ，図5.4にパネルラジエータの設置例を示す．アルミプレートに銅管を挿入したものや鋼管と鋼板（一部鋳鉄製）から構成されるもの，図5.5のタオル掛型や格子型のようにデザイン性に富んだものもある．これらは通常壁の低位置に設置されるので，床暖房と異なり家具の設置に制約ができるなど，空間利用上の障害物となる.

　パネルヒータ類の放熱量は，図5.6に示すように室温と温水温度（入口と出口の平均）の差にほぼ比例する．形状やサイズによる特性の違いは少なく，$\Delta t = 30$℃のときの放熱量は$\Delta t = 360$℃の約40%に低下する．したがって，ヒートポンプ暖房の場合，（ボイラの場合よりも）パネルの面積や設置枚数を増加するほか，シングルをダブルにするなどして

図5.3　パネルヒータ

図5.4　パネルラジエータの設置例

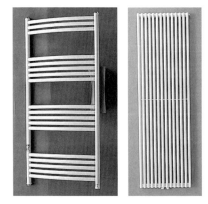

図5.5　タオル掛型と格子型

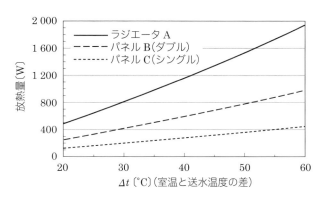

図5.6　パネルヒータ類の放熱特性の例

対処する.

　地中熱ヒートポンプシステムでパネルヒータ方式を採用する場合の設計温水温度（最大負荷時）は，目安として50℃と思われる．最大負荷の発生時間数は全期間から比べればわずかである．厳寒期には温水温度50℃で運転し，それ以外の低負荷時にはより高効率となる40〜45℃で運転すればよい．このように，地中熱ヒートポンプシステムの採用に際しては，運用によってイニシャルコストのアップ抑制を図るようユーザーに理解してもらうことも重要である．

（c）ファンコンベクタ・ファンコイルユニット

　ファンコンベクタは熱交換用コイル・フィンと送風ファンを一つのケーシングに収めたもので，室内空気を吸引・加熱し強制対流によって暖房しようというものである．**図5.7**に一例を示す．コイルは銅やアルミ製なので加圧方式や配管材料による使用の制約は受けない．加熱能力が大きく小型なので，パネルヒータやラジエータと異なって1部屋1台の設置で済ませることも可能である．室温制御は送風量制御によって行う．ファンコンベ

図5.7　ファンコンベクタ

クタには，温水コンセントによって配管システムと接続するタイプもあり，暖房期以外は取外しが可能である．ただし，ゴム管を使用しているので開放式または半密閉式配管に限定される．

ファンコイルユニットの基本的な構造はファンコンベクタと同じであるが、ドレンパンを備えているので冷房にも使用できる。業務用ファンコイルユニットのメーカーは多数あり、床置き型、天吊り型、隠ぺい型、天井埋込み型など多様な機種がある。しかしながら、「住宅用」として商品化されているものは、本書を編集している段階では1社のみである。

2. 配管方式の分類

（a）開放式・半密閉式・密閉式配管

住宅セントラル温水システムの配管方式を**表5.2**、**表5.3**に示す。

図5.8(a) に示す開放式は配管系の最も高い位置に開放式膨張タンクを置き、そこから水張り、水補給、エア抜きを行う。原則として、膨張タンクより高い位置には放熱器や配管を設置することはできないが、最もシンプルでエア抜きも容易な方式である。循環水が大気と接触するので蒸発が多い。不凍液を使用した場合は劣化が早く、1〜2年に1回交換が必要となる。また、酸素補給が行われ腐食が促進されるため、鉄製の放熱器の使用はできない。

表5.2　住宅セントラル温水システムの配管方式（加圧法による分類）

方　式	開放式	密閉式	半密閉式
略　図	図5.8（a）	図5.8（b）	図5.8（c）
鉄製放熱器の使用	不　可	可	不　可
エア抜き	容　易	抜けにくい	密閉式よりは良
水張り	容易（タンクから）	技術を要する	容易（タンクから）
水補充	蒸発多い，年1〜3回	不　要	年1回
システムの価格	低	高	密閉式よりは低
その他	住宅用ではほとんど採用されなくなった	最も安定した方式施工技術が必要	開放式，密閉式の中間

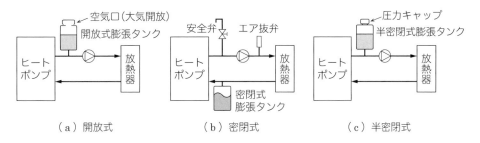

（a）開放式　　　　（b）密閉式　　　　（c）半密閉式

図5.8　住宅セントラル温水システムの加圧方式（加圧法による分類）

密閉式は図5.8(b) に示す密閉式膨張タンクを使用した配管システムである。タンクの設置位置に制限はなく、例えば床下スペースに置くことも可能で、放熱器の設置高さに制限はない。空気との接触がないので循環水（不凍液）の劣化も少なく、水質管理を定期的に行うならば不凍液の全交換は不要と考えてもよい。酸素の供給がないので鉄製放熱器の使用も可能である。最も安定したシステムであるが、最初の水張りの際に本設の循環ポンプの揚程では不足となることがあり、押し込むための専用のポンプ（小規模な場合は手動）を用いる場合がある。そのための水張り用の給水口が必要である。また、開放式と異なり

表 5.3　住宅セントラル温水システムの配管方式（放熱器接続法による分類）

方式	単管式	複管式		ヘッダ方式
		ダイレクトリターン	リバースリターン	
略　図	図 5.9 (a)	図 5.9 (b)	図 5.9 (c)	図 5.9 (d)
流量・温度調整	成り行き	困　難	容　易	最も確実
配管損失	大	小	小	最　小
システム価格	最も低	リバースよりは低	高	最も高
低温水暖房	不　適	流量確保ならば可	適	適
接続可能放熱器	パネルヒータ パネルラジエータ	床暖房以外の すべての放熱器	床暖房以外の すべての放熱器	床暖房ほか, すべての放熱器

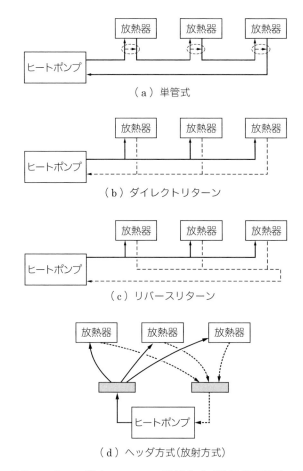

図 5.9　住宅セントラル温水システムの配管方式（放熱器接続法による分類）

配管のエア抜きのためにエア抜弁や空気分離器を適宜設ける必要がある．北海道の住宅では極めて一般的な方式であるが，それ以外の地域では普及していない．

　半密閉式は図 5.8(c) に示す半密閉式膨張タンクを使用した配管システムである．開放式と密閉式の長所を併せ持っている．配管のエア抜きは容易であるが，空気と接触するために循環水（不凍液）の管理が重要である．鉄製放熱器の使用はできない．少量の蒸発があるため 1 シーズンに 1 回程度不凍液の補充が必要である．開放式に比べ不凍液交換までの期間は長くなる．

（b）単管式・複管式・ヘッダ方式

　単管式はパネルヒータに用いられる方式で，1本の配管に直列に放熱器をつなげていく．下流になるほど温水の温度レベルが低下するので，設計上部屋の順番を工夫したり放熱器のサイズを大きくしたりする必要がある．通常は**図 5.10** に示すサーモバルブを取り付け，負荷に応じて温水の一部を下流にバイパスさせるようにするが，バイパスなしで放熱器をすべて直列に接続する場合もある．配管は単純でコストも低いが，低温水暖房のヒートポンプシステムには適していない．

　複管式は単管式と比べると，すべての放熱器に対してほぼ同一の温水温度が確保され，トータルの配管摩擦損失が小さいというメリットがある．**図 5.11** に示すサーモバルブを使用する．図 5.9（b）と図 5.9（c）に示すとおり，ダイレクトリターンとリバースリターンに分けられる．前者の場合，施工費は低いが熱源機から放熱器までの配管ルートに長短が生じるので，流量バランスを取ることは非常に困難である．適用は放熱器の数が 3 台程度の小規模な回路にとどめるべきである．後者の場合，施工費は高いが配管ルートの長さはどの放熱器に対しても等しくなる．圧力バランスが自動的に確保できるので，流量調節が容易である．

　ヘッダ方式（放射方式）は，放熱器は 1 台ずつ個別にサプライヘッダおよびリターンヘッダに配管接続させる方式で，配管が複雑になるので施工費は最も高いが，流量調節は最も確実で配管損失も小さい．最も好ましい方式である．床暖房はこの方式をとる．

　単管式とヘッダ方式は，放熱器の放熱量制御をバルブなどで行うので配管システムが変流量となりヒートポンプに対して必要な循環水量が確保されないことが起こる．ボイラの場合，循環水温が上昇し内蔵サーモによって運転が自動的に停止するのであまり問題はないが，ヒートポンプの場合，COP が低下しながらも運転が継続されるか，エラー停止となることがある．したがって，常に一定台数の放熱器を使用するようユーザーに周知させるか，あるいは差圧弁制御などを設ける必要がある．

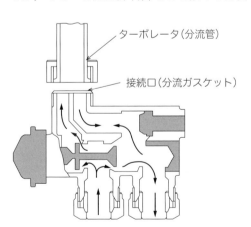

図 5.10　単管用サーモバルブ

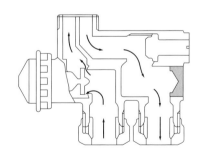

図 5.11　複管用サーモバルブ

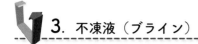

3. 不凍液（ブライン）

二次側配管系の凍結のリスクは小さいが，寒冷地においては長期にわたる使用停止に備えて循環水には不凍液(ブライン)が使用されるのが一般的である．この場合，プロピレングリコール溶液が用いられる．毒性のあるエチレングリコールは使用しない．熱交換能力を損なわないよう，できるだけ低濃度が好ましいが，二次側で使用される温度帯では粘性係数の上昇はあまり問題ではないので,使用する地域の最低気温に応じて濃度を決定する．

一方，凍結のリスクが全くない温暖地においても，循環水の水質保全の容易さからプロピレングリコール溶液が用いられることがある．この場合濃度は 10 ～ 20％で十分である．

5|03　業務用システム

業務施設の熱源および空調方式は実にさまざまであるが，概略は**表 5.4** のように分類できる．まず，大きくは中央熱源方式と個別分散熱源方式に分けられる．前者は機械室に冷凍機とボイラーあるいは冷温水発生機などの熱源機を設置して，各ゾーン・階・部屋に冷温水を供給するという最も基本的な方式で，主に中規模以上，高いグレードの空調を必要とする建物に採用されている.後者はわが国固有のシステムで,空気熱源ヒートポンプパッケージエアコンの開発とともに普及が進み,今日では 1980 年代に大きく進展を遂げた「分散設置型マルチエアコン」の普及により個別分散熱源方式が中小規模の建物においては主流となっている．機械室を必要としないので省スペースであること，個別制御が可能なので中央熱源方式に比べると省エネルギーを図りやすいことが特長である.中小規模の建物,比較的精緻な空調が必要でない（すなわち「冷暖房」程度）建物（あるいは建物の一部分）においては標準的に採用されている．

地中熱ヒートポンプシステムは，現在販売されている機械を前提とすれば中央熱源方式に分類される建物に導入されていることのほうが多い．ただし，敷地からの採熱量が限ら

表 5.4　主な熱源機および空調方式の分類

方　　式	熱源機など（複数の組合せあり）		空調方式（複数の組合せあり）
中央熱源方式	チラー（圧縮式冷凍機）		単一ダクト方式（CAV，VAV）
	ヒートポンプ		二重ダクト方式
	冷温水発生機（吸収式冷凍機）		ファンコイルユニット方式
	ボイラ		ターミナル空調機方式
	蓄熱槽（水，潜熱，躯体）		床吹出し（ダクトレス）方式
	地域熱供給		外調機併用方式
	コージェネレーション		放射冷暖房（床暖房含む）方式
			パネルヒータ・ラジエータ方式
個別分散方式	併用方式	水熱源（水冷）ヒートポンプパッケージ・冷却塔・補助ボイラ方式	
		外調機＋ヒートポンプパッケージ（水冷または空冷）併用方式	
	空気熱源（空冷）ヒートポンプパッケージ方式 （個別設置型パッケージエアコン，分散設置型マルチエアコンなど）		

れているので，わが国では2層（せいぜい3層）までの中規模な建物への導入例が多い．最近では海外と同じように大規模な建物における採用例も多くなってきており，高効率であることの特長を生かしベースロード的な使い方をしている場合もある．そのほかに，外気負荷処理用などのように負荷の一部をまかなう，あるいは（使用時間帯が他と異なるゾーンなど）建物の一部分を負担する，などの使用方法も考えられる．

使用する空調機器に関しては，実質的には空気調和機[*2]（エアハンドリングユニット）とファンコイルユニットおよび床暖房の3種類が主体なので，これらを空間の用途や特性に応じて使い分ける．

一方，個別分散方式は，「分散設置型マルチエアコン」の普及により温暖地，中小規模の建物においては極めて標準的であり，大規模建物を含む全建築物竣工延床面積において7割以上を占める．水熱源マルチエアコン熱源機の使用熱源水温度の低温化や不凍液（ブライン）使用の可能化などにより，これらの建物における地中熱ヒートポンプシステムの導入も7～8年前より進められており，システム選択のフレキシビリティが大きく進展するとともに，さらなる普及促進が期待される．

 1. 熱源機の種類

中央熱源方式で使用する熱源機は，後述する冷熱・温熱とも取出し可能な熱源機と燃焼加熱型のボイラ，真空式温水器などの温熱専用の熱源機がある．ここでは，地中熱適用可能な前者の熱源機について詳述する．

冷温両用熱源機は用いる冷凍サイクルの違いにより，**表5.5**に示すように蒸気圧縮式と吸収式の2種類に大別される．

最も代表的な冷凍サイクルである蒸気圧縮式は冷媒が液体から気体に変わる際の蒸発潜熱による冷却作用を利用するもので，**図5.12**の冷凍サイクルフロー図に示すように，蒸

表5.5 主要熱源方式の分類

冷凍サイクル方式	型 式	種 類	動 力（kW）	主用途
蒸気圧縮機	往復動式	レシプロ冷凍機	0.06～120	冷蔵庫，冷凍庫，パッケージ型空調機
	回転式	ロータリー冷凍機	0.06～30	空調，冷蔵庫，冷凍庫，船舶用冷凍，カーエアコン
		スクロール冷凍機	0.5～30	空調，冷凍庫，マルチ型空調機，カーエアコン
		スクリュー冷凍機	12.5～1 800	空調，冷凍庫，カーエアコン
	遠心式	ターボ冷凍機	80～7 500	空調，冷凍庫（中～大規模）産業用冷却，地域冷房
	エゼクタ式	蒸気噴射冷凍機	―	冷水製造
吸収式		単効用吸収式冷凍機	―	温排熱回収利用
		二重効用吸収式冷凍機	―	空 調
		直だき吸収式温水機	―	空 調

---

*2 空気調和機：室内空気と取入れ外気を混合して除じん・調湿・調温し，室内に再び送り返す機械．取入れ外気のみの処理を行うものは外調機と呼ばれる．ファン，冷温水コイル，エアフィルタ，加湿器で構成される．

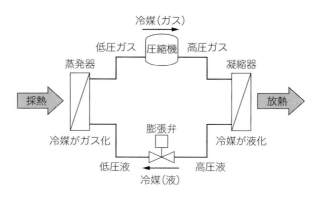

図 5.12　蒸気圧縮式冷凍サイクル

発した冷媒ガスを圧縮し，周囲に放熱することで凝縮液化させ，この冷媒液を再び低圧にして蒸発させることにより，冷媒を繰り返し利用し，連続的に冷却作用を得る方式である．上述の冷凍サイクルの説明どおりに冷媒が蒸発する際の蒸発潜熱による冷却作用のみを利用するのが冷凍機であり，冷媒が凝縮する際の凝縮潜熱による放熱作用も利用すれば冷熱・温熱の両方が利用可能となり，これをヒートポンプと呼ぶ．蒸気圧縮式は主に電動式熱源機で用いられるが，ガスエンジン駆動などの燃焼式熱源機でも用いられる．

　蒸気圧縮式は冷媒ガスを圧縮する方式により，表 5.5 に示すように分類される．地中熱ヒートポンプには，主に往復動式（レシプロ冷凍機），回転式（スクリュー冷凍機）の水熱源ヒートポンプが使用されている．

　もう一つの冷凍サイクルである吸収式は冷媒を蒸発させるために吸収剤を利用する方式であり，冷媒ガスを昇温，昇圧するために蒸気圧縮サイクルにおける圧縮機の代わりに吸収器と再生器を用いる．蒸気圧縮式は駆動源として電動モータ，ガスエンジンなどの機械的な仕事エネルギー（動力）を用いて圧縮するのに対して，吸収式は駆動源としてガスなどの直だきのほか，加熱蒸気，工場などの排熱，太陽熱などの熱エネルギー（温熱）を用いて圧縮しているのが特徴である．

　表 5.5 に吸収式冷凍機の種類を示す．さらに **図 5.13** に，最も一般的に用いられている水冷媒で吸収剤として臭化リチウム溶液を用いる吸収式の冷凍サイクルフロー（単効用型）の例を示す．

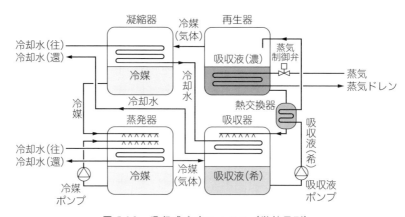

図 5.13　吸収式冷凍サイクル（単効用型）

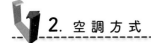

2. 空調方式

　事務所ビルなど業務施設の空調設備は，建物全体あるいは複数回を対象とした中央方式から各階方式へ，そして VAV や分散型空調機の利用により部分的な運転制御ができる方向に変化してきた．さらに IT 化や OA 機器の多様化，さらには働き方の変化などにより内部負荷処理の高度化に対応するため分散型機器の採用など，よりきめ細かな機能分散型の空調システムを構築する傾向が強くなっている．

（a）全空気方式

　基本的な中央方式や各階方式で用いられるのは全空気方式といわれる方式で，空調対象室の熱負荷を処理するための熱媒体として冷風または温風の空気のみを用いる方式である．空調対象が広く給気風量は他方式に比べ大風量となるため，ユニット型空調機（エアハンドリングユニット：AHU）など比較的大きな空調機が用いられる．

❶　**単一ダクト定風量（CAV）方式（図 5.14）**：最も基本的な空調方式であり，空調機から主ダクトと分岐ダクトからなる 1 系統のダクトにより空調した空気を供給するもので，ホールや会議室など比較的大きな空間を対象とした空調方式で，一定の給気風量で給気温湿度を変化させて室内温度を調整する方式である．常に給気風量が一定であるため，新鮮空気（外気）風量など安定した空気質の確保や一定の気流分布の維持が可能な利点があるが，偏在する負荷分布へのきめ細かな対応や搬送動力の低減が行えないなどの欠点もある．

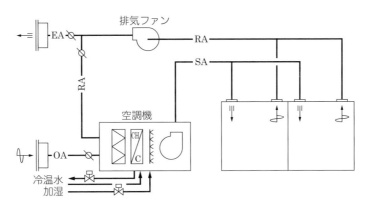

図 5.14　単一ダクト定風量（CAV）方式

❷　**単一ダクト変風量（VAV）方式（図 5.15）**：空調機から 1 系統のダクトで給気することは単一ダクト定風量（CAV）方式と同じであるが，変風量（VAV）方式は基本的には給気温湿度を一定とし，空調ゾーンごとの分岐ダクトに設置した VAV ユニットによる風量調節でゾーンごとに偏在する負荷分布に対応可能とした単一ダクト方式である．空調機の対象範囲に負荷の偏在があり，細分化した制御が必要な場合に採用される．送風機にインバータを設けることで単一ダクト方式でも定風量（CAV）方式とは異なり，低負荷時における搬送動力の低減は図れる利点があるが，低負荷時に風量を減ずるため新鮮空気（外気）量や換気量が不足するという欠点がある．

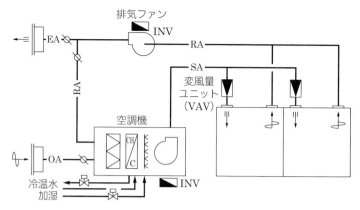

図 5.15　単一ダクト変風量（VAV）方式

❸　**床吹出し（ダクトレス）方式**（図 5.16）：従来，電算室などの空調に用いられていた方式で，自由な配線を行うために設けられた二重床部分を給気チャンバとして利用し，床吹出し，天井吸込みとする空調方式である．床吹出し口の移設・増設は比較的容易であり，局所対応などの個別性に優れている．さらにダクトを用いないため送風機の機外静圧を抑えることができ，搬送動力の低減も期待できる．

❹　**二重ダクト方式**（図 5.17）：冷風と温風を 2 系統のダクトにより常に供給し，これを混合させることにより冷房から暖房まで幅広い給気温度での供給を可能とした個別

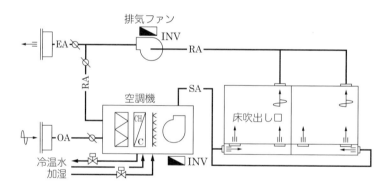

図 5.16　床吹出し空調方式

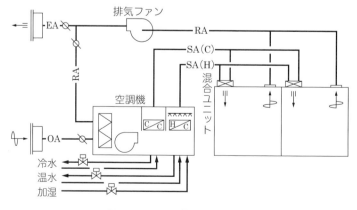

図 5.17　二重ダクト空調方式

制御性の高い空調方式である．冷風と温風を同時に供給するため，混合損失が発生し，さらに送風機の機外静圧の増大により搬送動力も増加し，非省エネとなる可能性が高く，最近はあまり採用されなくなっている．

（b）空気 - 水方式

空気 - 水方式は中央熱源方式に対応する空調方式において，より個別分散性を高めた方式で，全空気方式に冷水，温水を熱媒体とした端末ユニットを付加した方式であり，単一ダクト方式と水利用端末ユニットを併用することから，空気 - 水方式と呼ばれている．

❶ ファンコイルユニット方式：汎用性の高いファンコイルユニット（FCU）を端末ユニットとして単一ダクト方式と併用する方式であり，単一ダクト方式では十分に処理できない部分的な負荷に対する個別制御性を補完した空調方式である．通常，**図 5.18** に示すように，ファンコイルユニットは部分的な負荷が過大となるペリメータ部分に設置することが多く，この場合，空調機はインテリア負荷相当の室内のベース負荷および外気負荷を分担するため，単一ダクト方式に比べ空調機および主ダクトのサイズダウンが可能となる．

一方，ホテルの客室や病院の病室など，さらに個別制御性の要求が高い建築物の場合には，**図 5.19** に示すように，外気負荷処理と室内負荷処理を分けて行う外調機併用ファンコイルユニット方式が多く採用されている．外気負荷処理を専用に行う外調

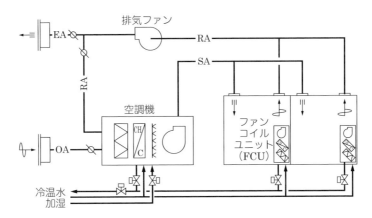

図 5.18　単一ダクト併用ファンコイルユニット（FCU）方式

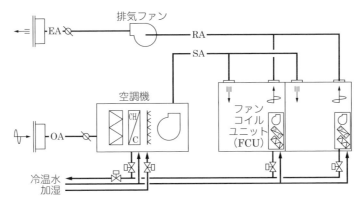

図 5.19　外調機併用ファンコイル（FCU）方式

機で処理した外気を室内に供給し，室内の負荷は個別のファンコイルユニットを用いて処理する．

❷ **ターミナル空調機方式**：外気負荷処理と室内負荷処理を分けて行う方式であり，**図 5.20**に示すように，外気負荷処理を専用で行う外調機で一次処理した外気を供給し，室内負荷はターミナル空調機で二次処理して空調を行う．単一ダクト方式で用いられる通常の空調機が比較的大きな面積を対象とした大風量の空調機であるのに対し，ターミナル空調機は細分化された空調ゾーンを対象とした小風量タイプの空調機である．柱間などの壁面設置型や天井隠ぺい設置型などの機械室を必要としない小型のものが多く，ファンコイルユニットに比べ，空気清浄化・加湿などの機能を付加し，センサや制御盤の内蔵により個別制御性を高めた高機能・高性能化された端末ユニットと考えてよい．

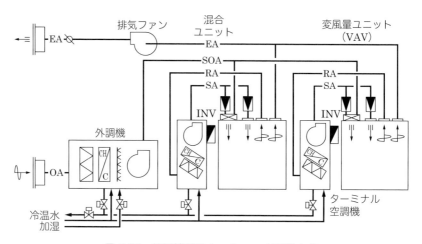

図 5.20　外調機併用ターミナル空調機方式

❸ **放射冷暖房方式**：放射冷暖房とは，室内の床・天井などに冷温水配管を埋め込み，直接冷却または加熱し，もしくは壁際や天井下に冷却または加熱可能な鋼板パネルを取り付けて，人体に放射熱を与え，冷暖房を行うものである．古くから住宅や体育館などにおいて用いられてきた床暖房も代表的なものの一つであるが，近年は対流主体の空調方式のようにドラフトや局所的な温度むらがなく，快適性を重視した方式として採用例も増えている．

　基本的には冷暖房システムであり，空気清浄や湿度調節は行えず，新鮮空気の取入れも必要なことから，**図 5.21**(a) および (b) に示すように，単一ダクトまたは外調機方式との併用となる．

（c）個別方式および併用方式

　個別方式における代表的な空調機はパッケージ型空調機であり，業務用システムにおいて現在採用されているものは，そのほとんどがヒートポンプ式の冷暖房兼用機である．パッケージ型空調機は図 5.12 に示すような冷媒による蒸気圧縮式の冷凍サイクルを個別に持ち直接利用している熱源機でもあるため，冷水や温水などの二次的な熱媒体を必要としないため，中央方式のように中央の熱源設備を必要としない．このため，非常に個別制御性

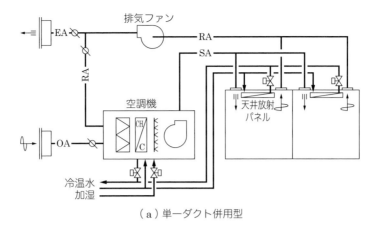

（a）単一ダクト併用型

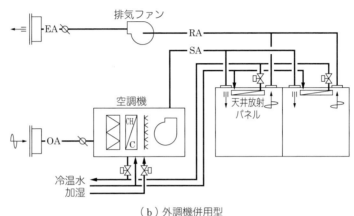

（b）外調機併用型

図5.21　放射冷暖房方式

に優れたシステムであるといえる．

　ヒートポンプの熱源により，水熱源ヒートポンプと空気熱源ヒートポンプの2種類に分類される．圧縮機の動力源としては一般的には電力が用いられているが，ガスエンジンを動力源としたものも用いられている．

❶　分散設置マルチ型空気熱源ヒートポンプパッケージ方式：空気熱源（空冷ともいう）ヒートポンプ方式のパッケージ型空調機の熱源は一般的には外気であり，外気と冷媒との熱交換により放熱・採熱を行う室外機（屋外機ともいう）と室内空気と冷媒の熱交換により冷房・暖房を行う室内機（屋内機ともいう）を冷媒配管でつなげたものとなる．ヒートポンプ方式のパッケージ型空調機において現在広く普及しているのはこの空気熱源方式のものであり，その中でも事務所ビルなど業務施設において最も普及しているのは，**図5.22**に示すように1台の室外機に対して複数台の分散設置された室内機が接続されるマルチ型（ビル用マルチ型，略してビルマルともいう）であり，インバータによる容量制御の導入などにより省エネルギー性能も向上し，機能的・性能的にも向上の著しい方式であるといえる．

　パッケージ型空調機は通常，外気処理機能を持たないため，外気処理装置を併用することが必要となる．中小規模の業務施設で中央の熱源設備を持たない場合は，**図5.23**に示すように，全熱交換器を併用しており，これが個別方式において最も標準

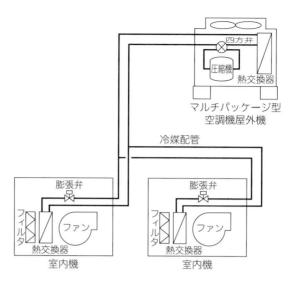

図 5.22　分散設置マルチ型空気熱源ヒートポンプパッケージ方式

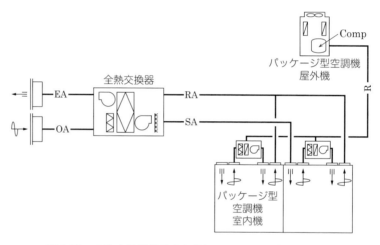

図 5.23　全熱交換器併用空気熱源ヒートポンプマルチ方式

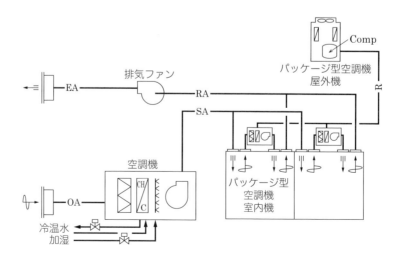

図 5.24　外調機併用空気熱源ヒートポンプマルチ方式

的な方式となっている．一方，比較的大規模な業務施設などにおいて中央の熱源設備を有している場合は，**図 5.24** に示すように外調機を併用し，この場合は中央方式併用の個別方式といえる．外調機においても冷水や温水などの二次的な熱媒体を必要としないヒートポンプパッケージ方式の外調機があり，これを併用する場合もある．

❷　**分散設置型水熱源ヒートポンプパッケージ方式**：水熱源（水冷ともいう）ヒートポンプ方式では，冷房時の冷却水と暖房時の低温温水の 2 系統の配管を兼用する熱源水配管（冷却温水配管ともいう）とし，この熱源水を熱源として用いる．冷熱源として冷却塔，温熱源として温水ボイラを用いたこの方式における一般的な構成例を**図 5.25** に示す．熱源水温度は冷房と暖房のどちらが主体かによって調整するが，一般的には 10 〜 35℃程度である．水熱源ヒートポンプ方式パッケージ型空調機は一連の冷凍サイクルを内蔵しており，圧縮機も抱えており騒音が比較的大きいため，設置においては留意することが必要である．

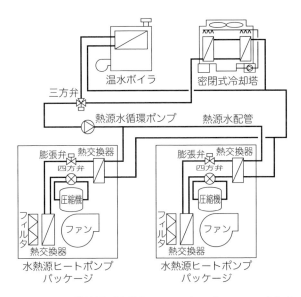

図 5.25　分散設置型水熱源ヒートポンプパッケージ方式

　熱源水を熱源として用いることから，排熱や再生可能エネルギーの利用がしやすく，熱源として地中熱を用いる場合が地中熱ヒートポンプとなる．

　個々のパッケージ型空調機は対応する空調エリアの熱負荷の状況に応じて冷房・暖房の運転切替・選択が可能であり，同一の熱源水系統内で熱源水に対する冷房放熱と暖房採熱が同時に生ずれば，相互に熱回収運転が可能となるという特徴がある．

　一方，パッケージ型空調機において広く普及しているのは，空気熱源方式において 1 台の室外機に対して複数台の分散設置された室内機が接続されるマルチ型であるが，**図 5.26** に示すように，この分散設置マルチ型の長所を水熱源方式においても活かすため，空気熱源の室外機を熱源水配管を接続する水熱源の熱源機に置き換えた分散設置マルチ型水熱源ヒートポンプパッケージ方式も存在しており，この方式であれば，多くの中小規模業務施設で普及している全熱交換器併用空気熱源ヒートポンプマルチ方式からの切替えも**図 5.27** に示すように容易に行え，地中熱利用特有の熱源水

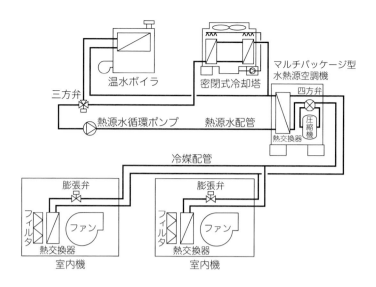

図 5.26　分散設置マルチ型水熱源ヒートポンプパッケージ方式

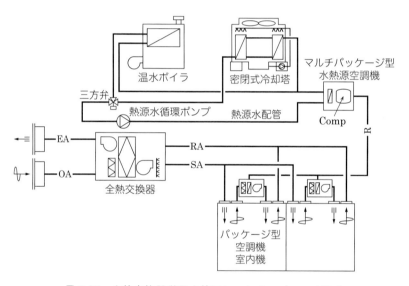

図 5.27　全熱交換器併用水熱源ヒートポンプマルチ方式

温度領域における性能特性の実験検証など[2), 3)]を通じ，10 年ほど前から少しずつ地中熱ヒートポンプにおいても用いられており，近年その採用例も増えてきている．

3. 配 管 方 式

　業務施設の空調設備における配管は，冷温水配管，蒸気配管，ガス配管など多種多様の配管が用いられるが，ここにおいては地中熱ヒートポンプに直接関わる冷温水配管について述べる．

　配管方式に関しては，冷水・温水の送水方法，空調機器での熱交換後の還水方法，空調機における流量制御方法などにおいていくつかの方式が存在する．

（a）冷水・温水の送水方法

　2 管方式は，負荷側に供給する配管が 1 種類の冷温水配管で，これを負荷側の要求に応

じて冷水と温水とを切り替えて使用する方式である。これに対し冷水と温水を同時に供する方式があり、こちらは配管に常時冷水と温水を供給し、負荷側の要求に応じて片方または両方を使用できるようにした方式であり、配管本数により以下の3管方式と4管方式がある。

3管方式は、往き配管は冷水と温水に分けているが、還り配管は共通として分けておらず、還水温度により冷熱源と温熱源を切り替える方式である。この方式では還り配管における混合損失が生じやすいのであまり採用されない。

4管方式は、往き配管・還り配管とも冷水・温水を完全に分ける配管方式で、混合損失はない。こちらでは負荷機器のコイルは一つで冷水または温水を切り替えて使用する方式と、同一負荷機器の中にコイルが二つあり負荷要求に応じて冷水または温水を選択するか、過冷却再熱除湿のように同時に作動させる場合もある。

（b）空調機器での熱交換後の還水方法

ダイレクトリターン（直接還水）とリバースリターン（逆還水）がある。

空調機器の接続法は一般的には流量バランスがとりやすいリバースリターンとし、ダイレクトリターンの採用は小規模な系統に留める。図5.28のように立管系統もリバースリターンとするべきであるが、3層程度ならダイレクトリターンでもかまわないであろう。平面的に広い場合は図5.29に示すような横主管のみのリバースリターンとする。

膨張タンクは、開放式タンクの場合は配管系の最頂部に設置する。密閉式タンクの場合は、場所は限定されないが通常は熱源機の周辺に設置する。

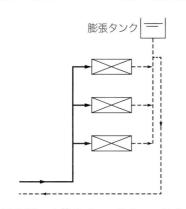

図5.28　立管リバースリターン方式

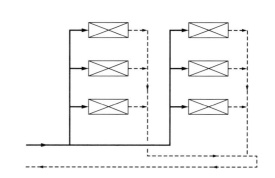

図5.29　横主管のみリバースリターン方式

4. 回 路 方 式

配管方式同様、ここでは冷温水配管に関する回路方式について述べる。

回路方式には、配管系の密閉・開放、ポンプ台数と流量制御方法においていくつかの方式が存在する。

（a）配管系の密閉・開放

冷温配管系は開放型蓄熱槽の有無により開放回路方式と密閉回路方式に分かれる。密閉回路方式における循環ポンプの必要揚程は配管直管部の摩擦抵抗、曲がり部などの局部抵抗、機器部分の機器抵抗を合計した全抵抗となるが、ポンプ開放回路方式ではさらに冷温

水の実揚程がかかってくるので循環ポンプの必要揚程は配管系の全抵抗に実揚程を加えたものとなる.

　地中熱ヒートポンプの採用は最近においては開放型蓄熱槽を有するような大規模施設にも拡がってきているが，まだ大多数は蓄熱槽を有しない中規模までの施設なので，以降の回路方式の分類は密閉配管方式において説明する.

（b）負荷制御方法

　負荷制御は自動制御弁を使用して負荷機器の流量を制御することで行う．自動制御弁の型式には三方弁と二方弁がある.

　三方弁は負荷に応じて負荷機器のコイル流量を変化させる際に，**図5.30**のように余分な流量をバイパス管に通過させるが，コイル通過後バイパスした水と混合するため，配管系内の循環水量の変化は生じない．よって，三方弁を用いた制御方式を定流量方式（CWV：Constant Water Volume）といい，配管流量制御は簡単であるが，冷暖房負荷が少ないとき，あるいは冷温水を全く必要としない空調機器の配管系統にも常に一定の冷温水が循環することになるので，低負荷時にも流量が変わらずポンプ動力の削減ができないため，省エネルギー上好ましくない.

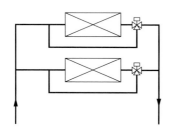

図 5.30　三方弁制御 / 定流量方式

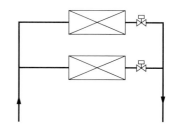

図 5.31　二方弁制御 / 変流量方式

　二方弁は負荷に応じて負荷機器のコイル流量を変化させる際に，**図5.31**のように配管流量自体を変化させる．このため，二方弁を用いた制御方式を変流量方式（VWV：Variable Water Volume）といい，低負荷時には配管流量が減少するため，付加に応じてポンプの運転台数を減ずることができ，ポンプ動力を削減することができる.

（c）ポンプ台数と流量制御方法

　熱源機が1台で冷温水配管が1系統の場合では，二次側配管は**図5.32**のように単純である．負荷側の流量制御のために三方弁を設置する場合には，熱源機，バッファタンク，三方弁の位置関係に注意する．なお，配管系の保有水量が十分な場合や熱源機が容量制御可能な熱源機の場合は，バッファタンクは必要ない.

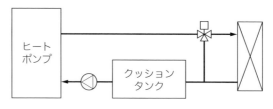

図 5.32　熱源機回りの配管

熱源機が複数台ある場合やゾーン別などに冷温水配管回路を分ける場合には，熱源機周りにヘッダを設ける．ヘッダには温度計，圧力計，自動エア抜弁を取り付け，接続する配管にはストップバルブを設ける．ヘッダの口径は，それを通過する流量の合計を用いて算出した流速が 1.0 〜 1.5 m/s となるようにする．

　表 5.6 はポンプ台数と流量制御法によって分類した 2 管式密閉配管の回路方式を分類したものである．

表 5.6　2 管式密閉配管回路の分類

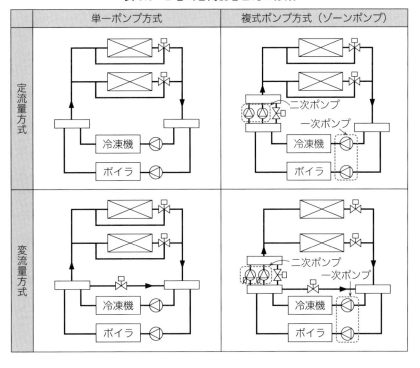

　以下に，複式ポンプ方式の一次ポンプ，二次ポンプの定流量・変流量方式について説明する．

❶　**一次ポンプ定流量方式**：最も簡単な方式であるが，負荷側系統間の配管抵抗のバランスが問題となるとともに，圧力損失が最大の系統でポンプ揚程が決定されるため動力費は高価となるため，小規模な設備にのみ適用されている．

❷　**一次ポンプ変流量方式**：ヘッダ間に差圧制御弁を設置し，ヘッダ間の差圧を一定に制御することにより，熱源側の流量を一定に保ち，かつ負荷側の流量変動に対応する．

❸　**二次ポンプ変流量方式（台数制御）**：往還ヘッダ間にバイパスを設けることにより一次ポンプで熱源側の定流量を確保しながら，二次ポンプで負荷側の流量変動に対応する．系統別に二次ポンプを設置することもできるので，適切なポンプ容量が選定でき，動力費を削減できる．

❹　**二次ポンプ変流量方式（可変速制御＋台数制御）**：可変速ポンプ制御を加えることにより台数制御のみの場合に比べてポンプ動力を削減できる．近年，変流量運転が可能な熱源機が開発されており，一次ポンプでも可変速制御することにより動力がさらに削減できる．加えて，二次ポンプなしの一次ポンプ可変速制御のみで二次側の変流

量制御を行うことにより，より一層の動力を削減することも可能となってきている．

　なお，変流量制御において，熱源機は定水量を確保しなければならないか，あるいは最小循環水量が設定されているので，ポンプ水量制御の下限値や，ヘッダ間のバイパスを取るように留意する．

　熱源機器の効率改善が限界に近づくに伴い，搬送系の省エネルギーも必要となっている．二次側については地中熱ヒートポンプシステムだけの問題ではないが，SCOP向上のため適切な回路方式，制御法を採用したい．

参 考 文 献

1)　長野克則，葛 隆生ほか：土壌熱源ヒートポンプシステム設計支援ツールの開発とその応用（その 3）　複数埋設管への拡張，平成 16 年度空気調和・衛生工学会学術講演会講演論文集，III，pp.1675-1678（2004）

2)　中村 靖，長野克則，葛 隆生：少水量地中熱ヒートポンプビルマルチシステムに関する研究（第 1 報）システムの概要およびフィールド試験によるシステムの最適循環流量の検討，日本建築学会環境系論文集，第 78 巻，第 684 号，pp.165-174（2013）

3)　中村 靖，葛 隆生，長野克則：少水量地中熱ヒートポンプビルマルチシステムに関する研究（第 2 報）フィールド試験による変流量制御を導入したシステム性能の実証，日本建築学会環境系論文集，第 80 巻，第 711 号，pp.433-440（2015）

地中熱利用のための事前調査

^{6|}01　地中熱利用システム導入にあたって

　事前調査では，地中熱利用システムの導入を検討するうえで，

①　システム導入の適否判定や適するシステムの選定

②　設計に必要な条件，特に地盤条件の設定

③　省エネルギー効果や必要システム規模の概算（ポテンシャル評価）

を目的とした調査となる.

　①について，地中熱システムは，場所を選ばず導入でき，どこでも一定の省エネ効果が見込めるが，その効果は処理する熱負荷，ヒートポンプを含む設備性能，さらに地盤条件に依存する.検討サイトにおいて，地中熱システム導入がより有利であるかの適否を判定し，さまざまなシステムから適切なシステムを選定することが求められる.

　また②については，地中熱利用システムの設計時には，処理する熱負荷に対し，ヒートポンプを含む設備が採放熱する地盤に関する条件をすべて整理する必要があり，労力や費用を勘案すると，既存資料をできるだけ活用することが求められる.このうち，熱負荷や設備性能は設備設計の過程で整理されるが，地盤条件については，特に対象深度が深くなるほど，得られる情報が限られる課題がある.

　最後に③については，システム導入には，あらかじめ省エネ効果や必要システムの規模の概算が必要となる.その計算には，地中熱システムシミュレーションが有効であるが，特に導入検討の初期段階では必要な労力や計算条件の不確かさゆえハードルが高い.このため，近年は国や研究機関，各地方自治体で，地中熱利用ポテンシャルマップを整備し，導入効果や必要規模の目安を地域ごとで示している.

　本章では，地中熱システム検討のための事前調査として，主に地質条件の設定に焦点を当て，資料調査から熱応答試験を含む現地調査，さらにポテンシャル評価について，それぞれ解説する.

^{6|}02　資料調査

　地中熱システムの導入検討や設計時に有用となる地盤情報を得るために収集可能な資料の一覧を**表 6.1** にまとめる.表 6.1 では，国（省庁），研究機関，関連団体（協議会）によって整備されたものをまとめている.これらは電子データあるいは Web GIS 上などで公開されており，無償で閲覧，ダウンロード可能なものも多い.なお，ボーリングデータは，表 6.1 以外に各地方自治体で地盤情報をデータベース化し，公開している場合もあるが，ここでは割愛した.民間でもボーリングデータベースを整備し，有償で提供しているものもあり，検索機能などがより充実している.

　近年は，GIS（地理情報システム；Geographic Information System）で活用できるデータとして入手できるものも多い.GIS は，位置・属性情報を有する電子データをシステム内で一括管理し，マップなどで視覚的に示すとともに検索，統計処理，空間分析をする

表 6.1　地盤情報の収集資料例

分類	資料名	提供元	入手可能な情報	対象地域	GISデータ	URL
地形・地質図	土地分類基本調査	国土交通省	地形分類図，表層地質図，土壌図，土地利用現況図，傾斜区分図	全国（50万分の1，20万分の1，5万分の1（一部））	○	http://nrb-www.mlit.go.jp/kokjo/inspect/landclassification/
	地形図	国土交通省国土地理院	地盤標高	全国（5万分の1）	○	https://fgd.gsi.go.jp/download/menu.php
	地質図幅	産業技術総合研究所地質調査総合センター	標高	全国（5万分の1，一部は未整備）		https://www.gsj.jp/Map/JP/geology4.html
	シームレス地質図	産業技術総合研究所地質調査総合センター	地質	全国（20万分の1）	○	https://gbank.gsj.jp/seamless/index.html?lang=ja&
	地質図Navi	産業技術総合研究所地質調査総合センター	地質，火山，資源など	全国（50〜5万分の1，資料による）		https://gbank.gsj.jp/geonavi/geonavi.php
	全国電子地盤図	ジオステーション（地盤工学会）	250メッシュ，深度1mでの土質，地下水位，土層断面図など	全国33地域，250mメッシュ		https://www.geo-stn.bosai.go.jp
	北海道土木地質図	応用地質学会北海道支部	地質図・土木地質情報	北海道（5万分の1）	○	CD-ROM
ボーリング	Kuni-Jiban	土木研究所ほか	主に公共工事にて実施したボーリング柱状図データ	全国		http://www.kunijiban.pwri.go.jp/jp/
	ジオステーション	防災科学技術研究所	Kunijiban＋茨城，長野，滋賀，福井，鳥取，水戸，千葉，千曲のボーリング柱状図	全国		https://www.geo-stn.bosai.go.jp/
	国土地盤情報データベース	国土地盤情報センター	上記＋民間企業のボーリング柱状図（会員・一般で閲覧）	全国		https://publicweb.ngic.or.jp/public/publicweb.php
	ほくりく地盤情報システム（会員限定）	北陸地盤情報活用協議会	北陸地方のボーリング柱状図	新潟県，富山県，石川県		https://www.hokuriku-jiban.info/member/index.php
	関西地盤情報データベース（会員限定）	関西圏地盤情報ネットワーク	ボーリング柱状図，土質試験結果など	関西地域		https://www.kg-net2005.jp/index/
	全国地下水資料台帳	国土交通省	井戸掘削記録（井戸深度，口径，水位（静水位，動水位），地質，水温，水質など）	全国	○	http://www.mlit.go.jp/kokjo/inspect/landclassification/
	いどじびき	産業技術総合研究所地質調査総合センター	井戸掘削記録（井戸深度，口径，水位（静水位，動水位），地質，水温，水質など）	全国		非公開
地下水	水理地質図	産業技術総合研究所地質調査総合センター	水理地質，地下水位，地下水質，地中温度	全国40地域		https://www.gsj.jp/Map/JP/environment.html
	水文環境図	産業技術総合研究所地質調査総合センター	水理地質，地下水位，地下水質，地中温度	関東平野，筑紫平野，熊本地域，石狩平野，富士山，勇払平野，大阪平野（2019年時点）		https://www.gsj.jp/Map/JP/environment.html
地温	日本列島およびその周辺域の地温勾配および地殻熱流量データベース	産業技術総合研究所地質調査総合センター	地温勾配，熱伝導率	全国		CD-ROM

システムであり，そのデータは，点・線・面で構成されるベクターデータ（シェープファイルなど）と，グリッド配置のセルに値が与えられているラスターデータ（ジオテフファイルなど）に分類される．GIS ソフトは，有償ではエスリ社の ArcGIS やインフォマティクス社の SIS などがあるが，無償では QGIS，MapWindow，MANDARA，Google Map なども活用できる．

1. 地形図・地質図

　地形図は，5 万分の 1，2.5 万分の 1 の縮尺で全国を網羅して作成されている．特に東京や大阪などの大都市では 1 万分の 1 以下での大縮尺の図も整備されている．地形図には，地形標高線，土地の区画，主要な建物，道路などのインフラが記載されている．刊行物であるが，国土地理院のホームページでは Web GIS として閲覧できるほか，数値標高モデル（5 m メッシュおよび 10 m メッシュ）もダウンロード可能である．地質図は，表土を除いた浅層の地質を，時代ごと，地層ごとに色分けして，断層やしゅう曲などの地質構造に関する情報とともに図示している．全国で統一的に整備されている地質としては 20 万分の 1 のシームレス地質図（産業技術総合研究所）があり，GIS データとして入手可能である．多くの地域では 5 万分の 1 でも整備されており，検討サイトの地質を知ることができる．

　全国を網羅して地形，地質を分類した情報として，「土地分類基本調査」がある．土地分類基本調査は，国土調査法（昭和 26（1951）年）にて「土地をその利用の可能性によって分類する目的で，土地利用の現況，地形・表層地質・土壌などの主要な自然的要素および土地生産力に関する調査を行い，その成果を地図とその説明書にまとめる調査」とした「土地分類調査」のうち，国または都道府県が実施したものであり，地形分類図，表層地質図，土壌図，土地利用現況図，傾斜区分図が，簿冊（解説書）として発行された．近年では地形分類図，表層地質図，土壌図について，全国 1 km メッシュの GIS データで「国土数値情報」としても提供されている．

　地形分類図では，地形を計 36 の主分類で定義し，各地点の地形情報を得ることができる．表層地質は，土地分類基本調査では，岩石区分として，「未固結堆積物」，「半固結〜固結堆積物」，「火成岩」，「深成岩」，「変成岩」の五つに大別され，その中でさらに細別が行われている．また岩石の固さ，時代，断層有無の情報も付随している．全国 8 地域（北海道，東北，関東，中部，近畿，中国，四国，九州）の表層地質の割合を**図 6.1** に示す．未固結堆積物（土）はおおむね 2 割前後で共通だが，それ以外の地質に地域による差異がある．例えば，半固結〜固結堆積物は，近畿，四国地方で 4 割以上であるが，中国地方は 1 割に留まる．中国地方では深成岩が 2 割を超え，四国地方では変成岩が 2 割を超える．

　図 6.1 の表層地質の割合を整理したのが**図 6.2** である．未固結堆積物が山地，丘陵地で 1 割以下，扇状地で約 6 割，台地で約 4 割，そして，低地では約 9 割に達するなど，地形に対する相関が認められる．山地，丘陵地では，変成岩，深成岩など硬質な岩の割合が多いが，せいぜい 20 ％で，表層付近の地質の大半は，火成岩や半固結〜固結堆積岩である．台地，段丘では火成岩の割合が多く，溶岩流や火砕流が広範囲にフラットな地形を形成することを反映している．

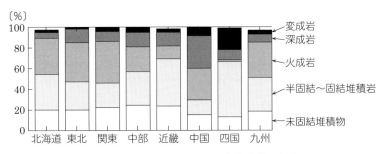

図 6.1 全国 8 地域における表層地質の割合

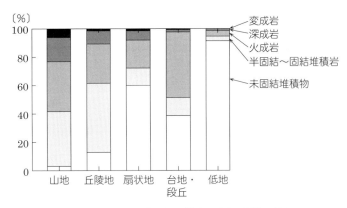

図 6.2 五つの地形分類に対する表層地質の割合

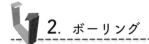

2. ボーリング

ボーリングデータは，土木建築工事での地質調査にてコアサンプリングした際の観察に基づくボーリング柱状図と，井戸などの掘削（ノンコア）工事での掘削記録である深井戸データに大別される．ボーリング柱状図は近年，国，自治体，民間でデータベース化が進み，さまざまな Web サイトでダウンロードできる．例えば，土木研究所による「Kuni-Jiban」は，国土交通省所管の公共工事でのボーリング柱状図約 14 万本（2020 年 4 月現在）を，PDF とともに XML 形式の電子柱状図として提供している．

深井戸データには，「全国地下水資料台帳」がある．これは国土基本法に基づく水基本調査の一環として 1952 年からの調査結果が深井戸台帳に整理しとりまとめられ，現在は国交省ホームページで公開されている．ただし，個人情報を含むことから位置情報は現在は街区レベルでの公開に留まる．

ボーリング柱状図はフォーマットが定められており，上段に，ボーリング名，調査位置，緯度経度，発注機関，調査業者名，孔口標高，総掘進長，掘削の角度，方向，地盤勾配，掘削時の使用機種がまとめられ，下段に標尺を縦軸に，土層ごとの標高，層厚，深度，柱状図（記号），土質区分，色調，相対密度，相対調度，記事，地層・岩体区分，孔内水位，標準貫入試験結果，現位置試験結果，試料採取箇所，室内試験，掘進月日が記載される．

特に孔内水位は通常，掘削時に最初に現れた地下水面を記載し，掘進とともに変化する場合，特に加圧層を抜けて被圧する場合には，複数の水位を測定月日とともに記載される．

多くの基礎調査では，標準貫入試験が実施される．標準貫入試験では，深さごとの土の

相対的な強度を N 値として測定するとともに，同深度の比較的乱れの少ないサンプルを採取する．N 値は，サンプラーを所定深度に設置し，上端で 63.5 kg のハンマーを 75 cm の落下高で自由落下させ，サンプラーを 30 cm 圧入する落下回数を N 値とする．N 値は地盤が軟弱かの指標で，粘性土であれば N 値が 4 以下，砂質土であれば 10 以下が目安となる．

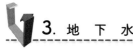
3. 地 下 水

　地下水関連資料として，先にあげた地下水資料台帳に加え，産業技術総合研究所地質調査総合センターによる水理地質図，さらにその現代版である水文環境図があげられる．水理地質図は，1961 〜 98 年の間に 41 流域を対象に作成され，各地域の主な地層が帯水層か否かを水理地質的に区分し，帯水層の境界，底となる基盤上面，地下水位の等高線と併せて，5 万分の 1 ないし 2.5 万分の 1 の水理地質図としてまとめられている．また，同図では深井戸データの代表的な柱状図が併記されるほか，各地層での透水性や比湧出量（単位深度当り揚水量），水質の傾向が解説書に記述され，各地域での地下水開発の可能性を記載している．

　水文環境図は，2001 年より新たに電子版として新たに作成が始められ，2019 年時点では 11 地域において整備されている．実際に測定した水位，水質や水温データが多く掲載されているほか，電子データの利点を活かし，さまざまな階層的な情報が統合的に整理されている．特に，水理地質図に記載の少なかった地下水温の情報が，地中熱利用への活用の観点から積極的に盛り込まれている．

　なお，表 6.1 以外にも，各地方自治体においても，水理地質，地下水水文に関する資料が作成されている．地中熱利用に求められる地下水情報には，地下水面深度，各帯水層の地下水位（被圧水位），比湧出量，水質，地下水流速（ダルシー流速）があげられる．これらのうち，地下水流速を除き，既存資料からおおむね把握可能であるが，地下水流速について解説した資料はほとんどない．このため，地下水流速については，6-4 節「地下水流速（ダルシー流速）の推定」にまとめる方法により推定する．

4. 地中温度

　地中温度は，地下水流れがない場合には，不易層深度を基準とし，地中増温率（地温勾配）で深度に比例する式で近似できる．

$$T(z) = T_0 + \gamma(z - z_0)$$

ここで，T は深度 z での地中温度，T_0 は不易層での地中温度，z_0 は不易層の深度，γ は地中増温率である．不易層温度は，外気温平均か，それより 1 〜 2℃高い値である．地中増温率 γ は，わが国では平均 2 〜 3℃ /100 m である．

　ただし，実際の地中増温率は，地域によって異なり，地下の高温部の深度と，地表から高温部までの水文地質構造に依存する．例えば，地盤が未固結な堆積層が厚い場合，有効熱伝導率が低いため，地中増温率は低くなる．また地下水流れがある場合，上向きの地下水流れがあれば，移流効果により上に凸の下向きの地下水流れがあれば下に凸の地中温度分布となる．

地中温度の分布は，観測井戸もしくは地中熱交換器内（U チューブ）にて，サーミスタあるいは測温抵抗温度計にて一定深度間隔で地中温度を測定することで把握できる．留意点としては，井戸が新設あるいは稼働中の場合，自然温度に調和させる放置時間が必要なこと，温度計のキャリブレーションが必要なことなどがあげられる．

地中温度や地中増温率を全国でまとめたデータベースに「日本列島及びその周辺域の地温勾配及び地殻熱流量データベース」がある．ただし，主として地熱開発調査の数百〜1 000 m 以上のデータが主となっている．地中熱開発を行う深度 100 m 前後についての地中増温率をまとめたのが，**表 6.2** である．平野によって，地中増温率は，＜ 0 〜＞ 3℃/100 m まで幅がある．ただし 50 年以上前の観測データに基づいており，例えば，札幌平野（現在の札幌扇状地もしくは豊平川扇状地に相当）の場合，現在は都市化の影響で $T_0 = 10℃$ 前後になっている．また同じ平野でも地質構造の違いに加え，涵養域や流出域など地点によっても地中温度分布が異なるため[1]，今後，地中温度に関するデータベースの整備が求められる．

表 6.2 各地域における地中増温率 [2]

	T_0（℃）	γ（℃/100 m）		T_0（℃）	γ（℃/100 m）
札幌平野	7.7	2.9	富山平野	15.1	1.5
青森平野	13.1	2.6	金沢平野	14.3	0.6
北上盆地	12.8	2.4	岳南地域	16.1	−1.1
庄内平野	13.7	0.9	浜松付近	15.4	1.8
仙台平野	13.7	2.1	濃尾平野	16.3	2.5
郡山盆地	13.2	5.5	大垣自噴帯	13.9	2.9
霞ヶ浦付近	17.9	−0.8	四日市付近	18.1	0.3
北関東	16.8	0.1	京都盆地	16.4	0.8
関東平野中央	14.2	2.1	大阪付近	15.1	3.4
東京付近	15.9	0.4	鳥取平野	16.2	2.2
相模平野	16.8	0.3	出雲平野	12.1	3.9
高田平野	14.7	0.8	熊本平野	17.5	2.8
新潟平野	13.4	1.9	宮崎平野	19.0	0.02

6|03 地盤の有効熱伝導率の推定

地中熱ヒートポンプシステムの性能を左右する条件の一つが，地盤の熱特性，すなわち熱の伝えやすさであり，その指標となるのが地盤の有効熱伝導率である．

地盤の有効熱伝導率を推定する手法としては，熱応答試験がある．ただし，実際の地中熱交換器を少なくとも 1 か所設置しなければならないため，地中熱システムの導入を検討の初期設計段階や住宅のような小規模な導入ケースでは現実的ではなく，こうした場合には地質資料から推定するのが現実的である．

一方，複数の熱交換器の設置が予定されている大規模なケースの場合は，まず 1 本埋設して試験を行い，その結果によって最終的に全体の本数を決定できるので有効である．

そこで，本節では，有効熱伝導率の推定法として，地質資料からの推定と熱応答試験について解説する．

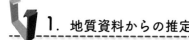

1. 地質資料からの推定

　地盤の有効熱伝導率は，地盤を構成するさまざまな地質の有効熱伝導率の平均した値である．地中熱交換器の軸方向の局所的な熱移動（軸方向に等方かつ鉛直移動を無視）を考える場合，各地質の層厚の加重平均として推定することができる．

$$\lambda = \frac{1}{L} \sum_{i=1}^{N} L_i \lambda_i$$

　ここで，λ は深度 L での有効熱伝導率，L_i, λ_i は地質を $i = 1$，2，$\cdots$，N に分類した i 番目の地質の層厚と有効熱伝導率である．これより調査地点近傍のボーリング柱状図や深井戸データが得られれば，地盤の有効熱伝導率を推定できる．例として，Kuni-Jiban から入手した東京都品川区のボーリング柱状図を用いた計算例を**表6.3**に示す．柱状図には，表土，粘性土，シルト質砂，砂質シルト，シルト，礫が表記されるが，これを粘土，シルト，砂，砂礫とし，地下水面深度（深度 3.6 m）で飽和，不飽和に分け，それぞれ表2.3 の値を適用した．

　検討地点に対し，データが離れる場合，地質が変化している可能性があるため，複数の地質柱状図から地層分布を推定することが求められる．また同一地層でも地質は変化するため，地層で分類する代わりに，各深度の地質を直接推定する方法として，周辺柱状図の同一標高で出現する地質の最頻とする方法[3]や各地質の分布確率を推定する方法[4]などがある．

表6.3　地盤の有効熱伝導率の柱状図からの計算例

層順	土質区分	計算区分	飽和・不飽和	深　度	L_i〔m〕	λ_i〔W/(m·K)〕	$L_i \lambda_i$
1	表土	砂	不飽和	0 ～ 1.8	1.8	1.19	2.142
2	粘性土	粘土		1.8 ～ 3.6	1.8	0.92	1.656
3	シルト質砂	砂		3.6 ～ 3.9	0.3	1.19	0.357
4	シルト質砂	砂	飽和	3.9 ～ 7.9	4	1.53	6.12
5	砂質シルト	シルト		7.9 ～ 10.5	2.6	1.44	3.744
6	シルト質砂	砂		10.5 ～ 11.9	1.4	1.53	2.142
7	砂質シルト	シルト		11.9 ～ 12.8	0.9	1.44	1.296
8	シルト質砂	砂		12.8 ～ 15.4	2.6	1.53	3.978
9	シルト	シルト		15.4 ～ 17.3	1.9	1.44	2.736
10	礫	砂礫		17.3 ～ 20.21	2.91	2.00	5.82

$$L = \sum L_i = 20.21 \qquad \sum L_i \lambda_i = 29.991$$
$$\therefore \quad \lambda = \sum L_i \lambda_i / L = 1.48 \text{ W/(m·K)}$$

2. 熱応答試験

　熱応答試験は，実際の地中熱交換器に，一定加熱量で熱媒（水あるいは不凍液）を循環させ，循環水の温度の推移を測定・解析することで，地中温度予測計算に必要な，地盤の有効熱伝導率およびボアホール熱抵抗を把握する試験である．TRT（Thermal Response Test：サーマルレスポンステスト）とも呼ばれ，現在では，地盤の有効熱伝導率を測定する標準試験として広く普及している．

　国際的な解説書として，IEA（国際エネルギー機関）の ECES ANNEX21 編纂の「Sub

task 4. Standard TRT Procedures Final Report」（2013）や，米国の ASHRAE　HVAC Handbook の「Geothermal Energy」中の解説などがある．わが国の解説書としては，上記 IEA ECES ANNEX21 の成果をまとめた「IEA ECES（蓄熱実施協定 TRT）準拠 ボアホール型地中熱交換器に対する加熱法による熱応答試験の標準試験方法」（2011）と，それを踏襲，更新した NPO 法人地中熱利用促進協会による「一定加熱・温水循環方式熱応答試験（TRT）技術書」（2018）がある．これらを踏まえ，熱応答試験の試験・解析法をまとめる．

（a）試 験 装 置

　図 **6.3** に，熱応答試験装置の構成例を示す．試験は，熱交換器，加熱ヒータ，循環ポンプ，温度計，流量計，配管，データロガーで構成される．図 6.3 のような密閉型は装置内のエアを強制的に排出でき，また漏水の有無を確認しながら試験できる．一方，開放型は，扱いが容易で小型化しやすい利点がある．わが国では，地中熱を利用した建築物の省エネ基準適合性判定をする際の計算に用いる有効熱伝導率は，「一定加熱・温水循環方式熱応答試験（TRT）技術書」の基準に適合しているかの認定を受ける必要がある．

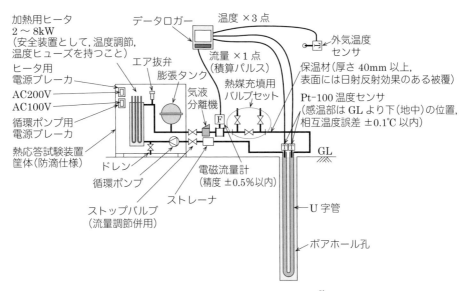

図 6.3　試験装置構成例（密閉型）[5]

❶　**地中熱交換器**：地盤の有効熱伝導率は深度に，ボアホール熱抵抗は地中熱交換器の仕様（掘削径，U チューブ，グラウト，熱媒体）に依存するため，実際に導入するのと同じ地中熱交換器にて試験を行う．

❷　**加熱ヒータ**：熱媒体に一定熱量を与えて加熱させるために用いる．加熱ヒータは，ガスもしくは電気ボイラが一般的であるが，安定した加熱量が得られるものを使用する．また，長時間，特に夜間は試験者が不在となるため，安全装置（二つ以上）を設ける．また，電気ボイラは漏電しないよう注意する．

❸　**循環ポンプ**：熱媒体を循環させるポンプである．実際の施設に採用するのと同じ能力のポンプを用いるか，同様な流量条件となるよう流量調整可能なバルブかインバータ付きポンプを用いる．

❹　**温度計**：地中熱交換器で往き還りにおける循環熱媒温度を測定する．地中熱交換器の出入口（地上出口から 1 m 以内）において，白金測温抵抗体 Pt-100 センサ（3 線式，クラス AA または A，測定精度 0.1 ～ 0.15 K 以下）を用いて行う．

❺　**流量計**：媒体の循環流量を測定する．精度の高い流量計として，電磁流量計を用いる．ダブル U チューブの場合，異なる経路に等分に流量が流れることを確認する場合には，各系統に流量計を設置する．

❻　**ロガー**：測定機器からのアナログ，ディジタル信号から実際の値に変換して記録する．対応した精度での設定した間隔にて安定して記録可能な製品を用いる．

❼　**配　管**：熱損失の影響をできるだけ少なくするため，地上配管はなるべく短くし，十分な断熱を行う．配管は閉鎖系，開放系いずれでもよいが，十分にエア抜きを行う．

❽　**その他**：データ拡充のため，電力計，試験機器出入りに温度計を設置する場合もある．

（**b**）**試 験 方 法**

試験は，熱媒体を一定流量，一定加熱量で循環させて，往き還りの熱媒体温度の加熱中の変化を測定する．まず加熱前に熱媒体循環の安定温度を測定し，地中熱交換器に沿った深度全体の平均地中温度 T_0 を測定する．

熱媒体の循環流量は，低乱流域での流量を基本とし，設計流量が決まっている場合，その値とする．それより大きすぎる値で循環させると粘性抵抗による熱ロス（誤差）が発生する．乱流判定はレイノルズ数 Re により行う．

$$Re = V_b \frac{d_i}{\nu}$$

ここで，V_b は管内流速，d_i はパイプ内径，ν は熱媒体の動粘性係数である．乱流域境界はレイノルズ数 2 300 以上で，ANNEX21 レポートでは 3 000 以上としている．U チューブの呼び径 20 で約 10 l/min 以上，呼び径 25 で約 15 l/min 以上，呼び径 30 で約 22 l/min 以上が推奨される．

加熱量は，往き還りの熱媒温度差は 3 ～ 5 K 程度となるようにする．測定に用いる Pt-100 温度計の測定精度を 0.1 ～ 0.15 K とすると，往き還り温度差の測定精度は 0.2 ～ 0.3 K で，温度差 3 K に対する相対誤差は 7 ～ 10% となる．ASHRAE ではピーク負荷相当を与えることとされ，実際の採熱の際での試験を推奨するが，過大な温度差になると，地下水が自然対流し，見掛け熱伝導率が高くなる可能性があることに留意する．

加熱中の熱媒の温度，流量の記録は 1 分単位で行い，加熱時間は，標準 60 時間，最短でも 48 時間とする．

（**c**）**解 析 方 法**

熱応答試験の解析では，ケルビン線熱源理論に基づき，地盤の有効熱伝導とボアホール熱抵抗を推定する．地中熱交換器を無限線熱源とみなし地中熱交換器を軸とする円筒座標系にて深度当り一定熱量 q〔W/m〕で放出する場合，均質・等方地盤での温度変化は

$$T_s = T_0 + \frac{q}{4\pi\lambda} \int_{r^2/(4at)}^{\infty} \frac{e^{-u}}{u} \, du$$

T_s はある任意の径方向位置 r，経過時間 t における地中温度，T_0 は初期温度，λ は有効熱

伝導率，a は温度拡散率である．無次元時間（フーリエ数）$t^* = at/r^2$ が十分大きければ（$t^* > 20$），以下で近似される．

$$T_s \cong T_0 + \frac{q}{4\pi\lambda}\left[\ln\frac{4at}{r^2} - \gamma\right] = T_0 + \frac{q}{4\pi\lambda}\ln t + C(r)$$

$$C(r) = \frac{q}{4\pi\lambda}\left(\ln\frac{4a}{r^2} - \gamma\right)$$

γ はオイラー定数（$= 0.5772$）である．T_s の加熱による上昇は t の対数に比例すること，比例係数は q に比例し λ に反比例するが，勾配は依存しない．

実際に観測するのは U チューブ内を循環する熱媒体の温度 T_b であるため，ボアホール熱抵抗を R_b とし

$$T_b = T_0 + \frac{q}{4\pi\lambda}\left[\ln\frac{4at}{r^2} - \gamma\right] + qR_b \tag{1}$$

$$= T_0 + m\ln t + qR_b + C(r)$$

$$= m\ln t + T'$$

とし，以下の手順で解析する．

① T_b を U チューブ先端にて測定した往き還り温度平均とする．

$$T_b = \frac{T_{b\text{-out}} + T_{b\text{-in}}}{2}$$

② T_b を t に対し片対数グラフにプロットする．なお，t は時間単位とする．

循環開始間もなくの温度は，地中熱交換器内（グラウトなど）の物性の影響を受けるが，加熱開始 12 時間以降の観測データは，周辺の地質の有効熱伝導を反映し片対数グラフ上に T_b のプロットが直線状に配置される（**図 6.4**）．ここでプロット図から異常値を確認することが重要である．

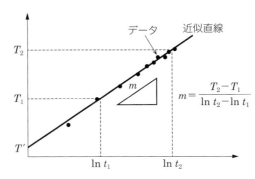

図 6.4　熱応答試験による温度計測例

③ 12 時間以上の加熱経過後の区間にて，フィッティングさせた近似直線の傾き m と切片 T' を求める．データは誤差があるため，特定の二つの観測データのみで直線を決めず，多くのデータに対してフィッティングする直線を求める．

④ 加熱量 Q〔W〕を熱媒体の熱容量 $\rho_b C_b$，循環流量 v，熱媒体の往き還り温度差 $T_{b\text{-in}} - T_{b\text{-out}}$ から計算する．

$$Q = \rho_b C_b v (T_{b\text{-in}} - T_{b\text{-out}})$$

なお，ここで必ず Q を時間軸でプロットし，試験中一定であったことを確認する．

⑤　求めた勾配 m と加熱量 Q より，理論解が示す関係から有効熱伝導率 λ を求める．

$$\lambda = \frac{q}{4\pi m} = \frac{Q}{4\pi m L}$$

⑥　ボアホール熱抵抗 R_b を計算する．時間 $t = 1\,\text{h}$ として，前ページの式(1)を書き換えた下式にて計算する．

$$R_b = \frac{T' - (T_0 + C)}{q} = \frac{T' - T_0}{q} - \frac{1}{4\pi\lambda}\left[\ln\frac{4a \times 3\,600}{r_b^2} - \gamma\right]$$

右辺第2項の対数内では a の単位を m^2/s から m^2/h に修正するため，係数 $3\,600$ を乗じている．グラウトの熱伝導率と，U チューブに応じたボアホール熱抵抗の計算例が**図 6.5** のようにまとめられている．

なお，Ground Club では境界要素法により任意の U チューブ径，配置，グラウト有効熱伝導率に対し，熱抵抗は計算可能である．

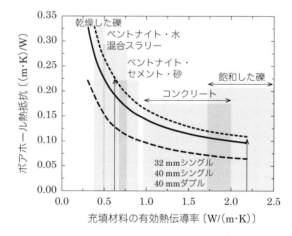

図 6.5　ボアホール熱抵抗の例[6)]

（d）試 験 誤 差

熱応答試験の解析では，温度や流量それぞれの観測値に含まれる誤差の影響を受ける．相対誤差は，各観測値の誤差がランダムである場合には，相対誤差の二乗和平方根となる．

$$\frac{\delta\lambda}{\lambda} = \sqrt{\left(\frac{\delta v}{v}\right)^2 + \left(\frac{\delta\rho}{\rho}\right)^2 + \left(\frac{\delta C_p}{C_p}\right)^2 + \left(\frac{\delta(T - T_0)}{T - T_0}\right)^2 + \left(\frac{\delta L}{L}\right)^2 + \left(\frac{\delta m}{m}\right)^2}$$

平方根内の各項はそれぞれ循環流量，熱媒体の密度，熱媒体の定圧比熱，加熱による熱媒体の温度上昇，地中熱交換器長さ，温度の変化率の相対誤差である．

例えば，各誤差を 5% 以内に抑えても，λ の相対誤差は $\sqrt{6} \times 5\% = 12\%$ になる．また一つの観測誤差が大きいと，他の観測誤差が小さくても，その相対誤差に影響を受ける．このため，全体に測定誤差をできるだけ小さくすることが重要となる．なお通常，有効熱伝導率の推定誤差は 10% 程度とされる．

（e）ヒストリーマッチング

地中熱交換器は，その形状から線熱源より円筒熱源として近似したほうが，より実際に近い．無限円筒熱源周辺の温度変化は以下のようなベッセル関数による無限積分での理論解が導かれている．

$$T = T_0 + \frac{q}{\lambda} G(t^*, r^*)$$

$$G(t^*, r^*) = \frac{1}{\pi^2} \int_0^\infty (e^{-\beta^2 t^*} - 1) \frac{[J_0(r^*\beta) Y_1(\beta) - Y_0(r^*\beta) J_1(\beta)]}{\beta^2 (J_1^2(\beta) + Y_1^2(\beta))} d\beta$$

$$t^* = \frac{at}{r^2}, \quad r^* = \frac{r}{R}$$

ここで，J_0，J_1，Y_0，Y_1 はそれぞれ第1種零次，1次，第2種零次，1次のベッセル関数である．これより無限線熱源の場合と異なり，観測値から直接，すなわち順解析では有効熱伝導率を推定することができない．

そこで，設定した有効熱伝導率に対し，無限円筒熱源の理論解に基づき計算される温度変化が観測値と一致するように，有効熱伝導率を数値計算で求める逆解析法を，ヒストリーマッチングと呼ぶ．

（f）回復時法〔ホーナープロット法〕

熱応答試験の加熱停止後の地中温度回復は，加熱が継続した場合と，加熱停止時間 t' から q での一定放熱した場合の重ね合わせとなる．加熱停止後（$t>t'$）における近似解は，

$$T = T_0 + \frac{q}{4\pi\lambda} (\log t - \log(t-t')) = T_0 + \frac{q}{4\pi\lambda} \ln \frac{t}{t-t'}$$

試験は，加熱停止後も非加熱の熱媒体の循環を繰り返し，往き還り温度を測定するか，地中もしくは U チューブ内に多点温度計を設置し，その温度を測定する．回復時法では，加熱時法での片対数グラフにおいて，t の代わりに $t/(t-t')$ とし，t' 後の温度 T をプロットして，温度回復の勾配を求めて，有効熱伝導率を推定する．

（g）その他の試験法

❶ **多点深度での温度データ解析**：通常の地盤はさまざまな地質が互層となり，有効熱伝導率は深度によって異なることが予想される．この深度分布がわかれば，単位深度ごとの採熱量の違いを考慮し，最適な地中熱交換器を設計できる．

例えば，深度 50 m までに地下水流れがある礫層が分布し，それ以深では半固結で透水性の低い泥質軟岩が分布する場合，深度 100 m の地中熱交換器を 1 本設置するより 50 m の熱交換機を 2 本を設置するほうが採熱上，有利となる可能性がある．

有効熱伝導率の深度分布を捉えるため，地中熱交換器内に，多点温度計をボアホール内もしくは U チューブ内に設置し，試験中の温度変化を深度ごとに測定し，その挙動の違いから，深度ごとの有効熱伝導率を推定する手法が開発されている．

多点温度計には，熱電対，サーミスタ，光ファイバ温度計が用いられる．このうち，光ファイバ温度計は，光ファイバにパルス光を入射した際の散乱光の温度依存（ラマン効果）に着目し，温度を測定する．光ファイバでは，数 km 先まで光信号の損失が少ないため，φ 数 mm の単線で深度 100 m 以上，0.5 m の解像度で温度を測定可能

である．光ファイバ温度計を用いた熱応答試験例を**図 6.6** に示す．

多点温度の解析法には大きく以下の三つの方法がある．

❶ 温度変化勾配から推定：多点温度計を，U チューブ外に設置する場合，あるいは U チューブ内でも往き還りいずれか 1 本にのみ挿入する場合，地中熱交換器内（U チューブ外）の温度は測定できるが，深度当りの放熱量 q は推定できない．そこで，放熱量 q を地中熱交換器全体で一定と仮定し，温度変化勾配を，測定深度ごとで計算し，有効熱伝導率（見かけ熱伝導率）を計算する．

❷ ヒストリーマッチング：放熱量 q も有効熱伝導率同様，未知数とし，ヒストリーマッチングにより，測定深度ごとに有効熱伝導率と放熱量を推定する [7]．

❸ U チューブの往き還りに一対の温度計を挿入：U チューブの往き還りそれぞれで，異なる深度の温度差に流量と熱容量を乗じれば，その深度間での放熱量となる．これを利用し，多点温度計で，想定した層ごとで放熱量を計算することで，各層の有効熱伝導率を直接，推定する [8]．さらに，加熱量が近似的に一定である深度区間

図 6.6　光ファイバ温度計を用いた試験例

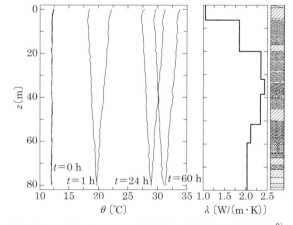

図 6.7　一対の光ファイバ温度計の測定例と解析結果 [9]

を温度データから探索しながら，上から下へ順に層分割していけば，層構造と有効熱伝導率を同時推定できる（図 6.7）．

❷　**数値 TRT**：数値 TRT は，地中熱交換器を線熱源や円筒熱源などに近似し理論解を適用する代わりに，実スケールで地中熱交換器および周辺地盤をメッシュ化し，加熱による温度変化を，熱伝導・移流方程式を有限要素法（FEM）などの離散化手法で計算し，有効熱伝導率などの物性値を試験結果を再現するように推定する（逆解析）．数値 TRT は，有効熱伝導率以外に，熱容量やボアホール熱抵抗など複数のパラメータを同時に逆解析できるほか，スパイラル管など特殊な形状の地中熱交換器にも対応できる．U チューブ内の熱媒体の乱流条件を再現するため，CFD（Computational Fluid Dynamics）を用いる場合もある[10]．また FEFLOW など市販ソフトでは地中熱交換器内部を単純化して計算するモジュールが導入されている．

❸　**地下水流速の推定**：地下水流れ場における地中熱交換器周辺の温度変化は，地中熱交換器を無限線熱源とみなし，地下水流れ場を線熱源が移動する場合の理論解として導かれている．

$$T(r, \varphi, t) = T_0 + \frac{q}{4\pi\lambda} \exp\left(\frac{Ur}{2a}\cos\varphi\right) \int_0^{4at/r^2} \frac{1}{\eta} \exp\left(-\frac{1}{\eta} - \frac{U^2 r^2 \eta}{16a^2}\right) d\eta$$

$$U = \frac{\rho_w C_w}{\rho C_p} u$$

ここで，φ〔rad〕は，地下水流れ方向を 0 とした中心軸回りの角度，U は修正ダルシー流速である．無次元化として，

$$T^* \to \frac{2\pi\lambda}{q}(T-T_0), \quad t \to t^* = \frac{at}{r^2}, \quad r \to R^* = \frac{Ur}{a}$$

とすると

$$T^* = \exp\left(\frac{R^*}{2}\cos\varphi\right) \int_0^{4t^*} \frac{1}{\eta} \exp\left(-\frac{1}{\eta} - \frac{R^{*2}\eta}{16}\right) d\eta$$

この理論解をヒストリーマッチングに用いることで，有効熱伝導率と同時に，地下水流速を推定することが可能である[11]．移動線熱源理論の計算例を図 6.8 に示す．周辺温度は，地下水流れがない場合（$U=0$），加熱時間の対数に比例し上昇するが，

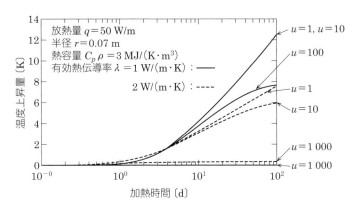

図 6.8　移動線熱源の解析解による計算例

地下水流れがある場合は比例せず収束し，流速 U が大きいほど収束時間は短くなる．地下へ再放熱しても，地中温度が安定し，ヒートポンプが高い COP で稼働できることを意味する．逆に言えば，地下水流れの効果は，流速に比例せず，地中温度一定として稼働したシステム性能に収束する．また図 6.8 から，地下水流速が遅ければ，地下水流れの効果が現れるのに時間がかかることがわかる．例えば，戸建て住宅の 10 kW 級システム導入による 20 年ライフサイクルコスト最小の地中熱交換器長さを Ground Club 計算で試算した結果によれば，ダルシー流速が $U=20$ m/y 以上で削減効果が現れ，その対数増加に応じて削減量も増加し，$U=200$ m/y でピークに達するが，それ以上の流速では削減効果は変わらない [12]．

^{6}|04　地下水流速（ダルシー流速）の推定

地下水流れによって，見掛け熱伝導率が増加し，システムの稼働効率の向上が期待できる．設計性能予測ツールには，有効熱伝導率と地下水流速（ダルシー流速）をそれぞれ入力する必要があるため，地下水流速を推定する必要がある．なお，地盤中の熱移動の場合，地下水流速とは実流速ではなく，ダルシー流速で推定することになる．ここでは推定法として，簡易推定，現位置測定，地下水シミュレーションをあげる．

1.　簡 易 推 定

ダルシー流速は，透水係数と動水勾配を推定すれば，その積として推定できる．

透水係数は，地盤の平均値であり，ボーリング柱状図などから得られる地盤を構成する地質とその層厚の情報から推定する．完全な水平多層構造の場合には，有効熱伝導率の簡易推定と同様，層厚を重みとする加重平均で推定する．ただし，透水係数は数オーダ変化するため，対数透水係数に対し加重平均推定するほうが実際に合う場合が多い．

$$\log K = \frac{1}{L} \sum_{i=1}^{N} L_i \log K_i$$

ここで，L_i，K_i は地質を $i=1,2,\cdots,N$ に分類した場合の i 番目の層厚および透水係数である．なお，対数加重平均は，それぞれの地質が重みの割合でランダムに分布する場合の平均透水係数に相当する．透水係数の目安として，きれいな砂礫で 10^{-4} m/s，砂礫は 10^{-5} m/s，砂質土は 10^{-6} m/s，粘性土は 10^{-8} m/s などが用いられる．岩の場合は，より変化が大きいが，透水性の高い場合 10^{-5} m/s 以上，低い場合 10^{-8} m/s 以下が目安となる．

動水勾配は，浅層部では地下水面の勾配が地形勾配と調和的であることが多いため，地形勾配に等しいと仮定できる．地形勾配は，低地で 0.1 ～ 1% 以下，山地では 10% 以上となる場合もあり，地形図の地形等高線から読み取るか，数値標高情報（DEM）を用いて GIS 上で計算する．深度が深くなるほど動水勾配は通常，緩やかになる．特に地下水は涵養域から流出域へ水平方向だけでなく，深度方向にも流れる．こうした三次元的な動水勾配を簡易推定することは難しく，次の数値シミュレーションを行う必要がある．

観測孔や既設井戸が周辺にあれば，井戸内の水面深度をその地点の水理水頭（地下水位）

図6.9 触針式水位計による地下水位観測例

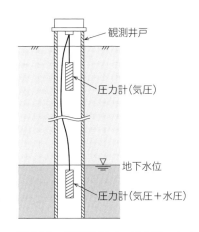

観測井戸
圧力計（気圧）
地下水位
圧力計（気圧＋水圧）

図6.10 観測井戸での圧力計による
地下水位測定例

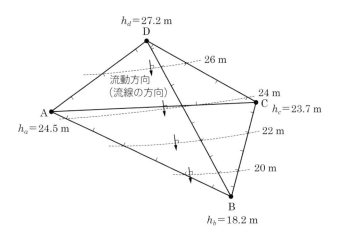

$h_d = 27.2$ m
D
26 m
流動方向
（流線の方向）
24 m
A
C
$h_c = 23.7$ m
$h_a = 24.5$ m
22 m
20 m
B
$h_b = 18.2$ m

図6.11 地下水位等高線の作図方法

とみなせる．水面深度は，触針式水位計（**図 6.9**）もしくは水圧計（**図 6.10**）で測定し，複数の観測値から等高線を作図し，動水勾配を推定する．地下水等高線の作図は，基本的には，観測点間の水位差に対して，距離に応じて比例的に配分し，その間を曲線で結ぶ（**図 6.11**）．

留意点として，水中の圧力計は水圧と大気圧の双方を測定するため，大気圧も併せて測定し，補正する必要があること，作図には同一の帯水層での観測水位を用いる必要があること，同一帯水層でも層厚が大きい場合，層内で三次元的に変化する可能性もあること，使用されている井戸はスクリーンが複数あり，測定値がどの深度を反映するか不確実なこと，使用直後あるいは周辺揚水の影響で観測時期によって水位が変化することなどがあげられる．

表 6.4 に，勾配 10 %（山地），1%（丘陵地〜扇状地），0.1%（低地）での上記 4 種の土に対するダルシー流速の目安を示す．ペクレ数の比から移流効果が無視できなくなるのはダルシー流速が 10^{-8} m/s 程度とされ（2-4 節参照），きれいな礫や礫〜粗砂であれば低地を含む全ての地形，細砂でも丘陵地や扇状地で無視できなくなる．粘土地盤は，いずれの地形でも無視される．実質的にシステム稼働に寄与する効果が得られるのはダルシー流速が

表 6.4　ダルシー流速の簡易計算例

土質（透水係数）\地形（動水勾配）		山　地 (I=0.1)	丘陵地・扇状地・台地 (I=0.01)	低　地 (I=0.001)
きれいな礫 (K=10^{-4} m/s)	m/s	1.0×10^{-5}	1.0×10^{-6}	1.0×10^{-7}
	m/d	8.6×10^{-1}	8.6×10^{-2}	8.6×10^{-3}
礫～粗砂 (K=10^{-5} m/s)	m/s	1.0×10^{-6}	1.0×10^{-7}	1.0×10^{-8}
	m/d	8.6×10^{-2}	8.6×10^{-3}	8.6×10^{-4}
細砂 (K=10^{-6} m/s)	m/s	1.0×10^{-7}	1.0×10^{-8}	1.0×10^{-9}
	m/d	8.6×10^{-3}	8.6×10^{-4}	8.6×10^{-5}
粘土 (K=10^{-8} m/s)	m/s	1.0×10^{-9}	1.0×10^{-10}	1.0×10^{-11}
	m/d	8.6×10^{-5}	8.6×10^{-6}	8.6×10^{-7}

10^{-6} m/s（0.1 m/d）前後であり，きれいな礫地盤であれば山地や丘陵地，扇状地で期待できるが，礫～粗砂では動水勾配の大きい山地に限られ，それ以外の地質ではほとんど期待できない．

2.　現位置測定

　検討地点やその周辺の井戸を流れる地下水流速を現位置で直接，測定する手法が開発されており，大きくはトレーサー法と単孔式法に分類される．トレーサー法は，水温，環境同位体（D, ^{18}O, T, CFCs），水質（食塩や蛍光物質など）をトレーサーとし，発生源から観測井戸までの濃度移送の時間差から，地下水流速を推定する．通常のトレーサー法では，ダルシー流速ではなく実流速を対象とし，土粒子への吸着や化学反応など他のパラメータも含めて同定するが，水温をトレーサーに用いれば，地盤と間隙水の熱容量（既知）からダルシー流速を直接，推定することができる[13]．

$$U = V_p \frac{\rho_s C_s}{\rho_w C_w}$$

　ここで，V_p は水温のピーク移送速度である．ただし，地下の熱容量が大きいため，観測点に到達するまでに相当な熱量を与える必要がある．自然の熱源として，温度が季節変動する河川水が浸透し，地下水を涵養する地域では，水温トレーサー法が適用できる．また，鉛直方向の地下水流れについても特徴的な温度プロファイル（図2.17）を逆解析することで推定することも可能である[14]．

　単孔式法では，井戸孔内に測定機（プローブ）を挿入し，直接，孔内での地下水流速を測定し，流速と流向を測定する．測定原理としては，古くはプロペラ式のものから，現在はレーザ，テレビ（映像），超音波，熱中性子，電位差，熱量法などさまざまな手法が開発されている．例えば，観測井戸内に，熱源とその周囲に温度センサを配置したプローブを挿入させて孔内の実流速を測定するプローブ法[15] が現在，実用化されている．

3.　地下水シミュレーション

　地下水シミュレーションは，検討地点を含む上流から下流までの流域全体をメッシュ化し，地盤の水理定数や降雨などの境界条件を設定し，有限差分法や有限要素法などの手法を用い，地下水流動方程式を離散的に解く手法の総称である．解析結果は各節点の地下水

表 6.5　地下水シミュレーションソフトウェアの例

プログラム 名称	離散	ソースコード公開	熱移送	不飽和水分・熱移動	非ダルシー流	地表流連成	密度流(自然対流)	Uチューブ内熱媒流(乱流)	土壌凍結(相変化)	逆解析(パラメタリゼーション)	熱交換器	井戸	地表面境界(熱収支計算)	ヒートポンプサイクル計算	ハンドリング(プリポスト)
											簡易モデル		境界条件		
ANSYS Fluent	FVM		○	△	○	○	○	○	○	○			△	△	○
COMSOL	FEM			○		○	○	○	○	○				△	○
D-transu-3D	FEM	○		△	○		△		△	○		○		△	○
FEFLOW	FEM				○	○	○		○	○	○	○		△	○
GETFLOWS	IDM		○		○	○	○			○				△	○
Hydrus	FDM		○	○			○			○					○
MODFLOW (SEAWAT)	FDM	○	△				○			○					○
TOUGH	IDM		○	○	○		○			○					○

〔注〕　離散の表記　FEM：有限要素法，FDM：有限差分法，FVM：有限体積法，
IDM：積分型有限差分法
○：対応可能，△：ユーザー定義により対応可能

位であり，それから動水勾配を計算し，各節点での透水係数を乗じることで，ダルシー流速分布が推定できる．近年の計算機の性能向上に伴い，広域・三次元・非定常・飽和不飽和の複雑なモデル計算が可能であり，熱輸送や地表水との連成計算，非ダルシー流，土壌凍結（相変化）などさまざまな実現象への対応や地中熱交換器作成機能など実装するさまざまな無償・有償のソフトウェアが提供されている（**表 6.5**）．

　図 6.12 に，一般的な地下水シミュレーションの解析手順を示す．まず検討地域の地質・地下水に関する概念モデルを作成したうえで，必要な解像度に応じたメッシュを生成し，各メッシュに物性値あるいは境界条件を適宜与えたうえで計算する．その際，モデルが観測値（例えば，地下水位）を再現できるかを確認する再現計算によりモデル妥当性を示す，もしくは入力パラメータを調整することも多い．そのうえで，想定する地中熱ヒートポンプシステム，地中熱交換器規模に対しての予測計算により評価する．

図 6.12　地下水シミュレーションの一般的な解析手順

6章
地中熱利用のための事前調査

05 井戸調査

オープンループシステムの導入検討，設計を行うには，検討地における帯水層の分布や，その中を流れる地下水の状況を把握する必要がある．

1. 電気検層

帯水層の分布や透水性は，同一地域でも地点によって異なる可能性があるため，井戸施工時には電気検層および揚水試験によって，帯水層の深度分布や限界，適正揚水量を把握する．電気検層は比抵抗測定法とし，掘さく完了後およびケーシング降下前に実施し，設定した電極間隔 a に対するで電流 I と電位差 V によって見掛け比抵抗 ρ を求める（$\rho = 4\pi aV/I$）．測定は深度方向に連続して行い，電極間隔は，短電極を掘さく孔径の長さ，長電極を掘さく孔径の $2 \sim 4$ 倍の長さに設定する．比抵抗の目安としては，礫層の場合：$200 \sim 500\ \Omega\cdot m$，砂礫層の場合：$150 \sim 300\ \Omega\cdot m$，砂層の場合：$100 \sim 150\ \Omega\cdot m$ である[16]．

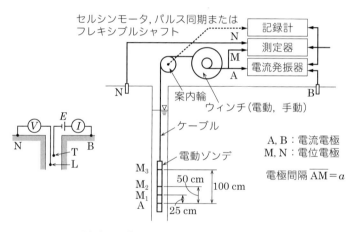

図 6.13　電気検層（比抵抗測定法）の測定原理および測定系

2. 揚水試験

揚水試験は，予備揚水試験，段階揚水試験，連続揚水試験および水位回復試験を行う．揚水量の測定方法は，JIS B 8302（ポンプ吐出し量測定方法）が定められている．予備揚水試験にて泥水を十分に排出したうえ，最大揚水量を求め，段階揚水試験にて，最大揚水量の $1/7 \sim 1/8$ の量で行い，次段階以降の揚水量は，均等量を逐次加算し，限界および適正揚水量を求める．各段階の揚水試験の継続時間は，10分ごとの井内測定水位の変化量が 10 mm 以下となるまで行うものとし，最大1時間とする．各揚水量 Q に対する水位低下量 s を両対数軸上でプロットし，プロットの折曲りを限界揚水量 Q_C と判断し，それより少ない水量（「水道施設設計指針」では7割）を適正揚水量とする（**図 6.14**）．連続揚水試験では，適正揚水量で24時間以上揚水し，帯水層の透水性を求める．水位回復試験は，連続揚水試験終了後に行い，測定時間は1時間以上とする．

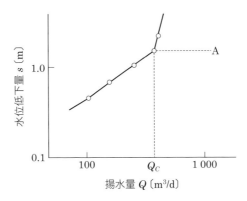

図 6.14　段階揚水曲線

　揚水井に距離を離した観測井を設置し，揚水時の水位低下を観測することで，水位変化と理論解とのマッチングから，透水量係数（透水係数×帯水層厚）を推定することができる（多孔式揚水試験）．解析方法には，タイスカーブフィッティング，ヤコブ法，回復法があり，後二者は地下水のダルシー則と熱のフーリエ測の相似性より，熱応答試験の解析方法と同一理論に基づく．

　なお，具体的な解析法は，地下水調査の専門書を参照とし，ここでは割愛する．

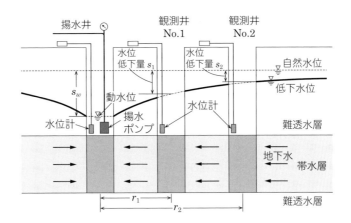

図 6.15　多孔式揚水試験例 [17)]

$^{6|}$06　地中熱利用ポテンシャル

　地中熱利用ポテンシャルとは，まだ地中熱利用を行われていない地域への導入指標として，具体的には，地中熱利用の適否，地中熱交換器長さなどの必要あるいは最適なシステム規模，二酸化炭素排出量削減量など地中熱利用をすることで期待される経済・環境効果などを指す．これらポテンシャルは，熱負荷や地下温度に関わる気象条件，熱源となる地盤・地下水条件に基づき，導入適否といった定性的な判定とし，あるいは地中熱システム導入を想定したシミュレーションを行うことで計算結果として評価される．ある領域にて，

各地点でのポテンシャル評価を行い，マップに図示したものが地中熱利用ポテンシャルマップと呼ばれる．特に近年は，わが国に特有な複雑な地質，地下水条件を三次元モデル化し，GSHP稼働シミュレーションを代表地点あるいはグリッドで実施してポテンシャルマップを示す手法が確立しつつある．

表6.6に，地中熱ポテンシャルマップの例を示す．これに示した以外にも各地方自治体，それぞれの地域でポテンシャルマップが作成され，ホームページなどで公開されている．導入の大半を占めるクローズドループシステムが主な評価対象であったが，今後はオープンループシステムも評価対象として整備が進むと考えられる．

表6.6　地中熱ポテンシャルマップの例

区　分	細　別	評価事例
導入適否 （クローズドループ）	採熱可能量	環境省[18]，埼玉県[19]，吉岡ら[20]，大谷ら[21]
	物性値や地下水流速	濱田ら[22],[23]，内田ら[24]，阪田ら[25]
導入適否（オープンループ）	導入適否（3区分）	大阪府[26]
導入に必要な規模	必要地中熱交換器長さ	東京都[27]，阪田ら[28],[29]
導入により期待される効果	成績係数	シュレスタら[30]
	二酸化炭素排出量削減量	阪田ら[31]

1. ポテンシャル評価手法

地中熱ポテンシャルの評価には，地盤条件，熱負荷条件，設備条件をそれぞれ整備する必要があり，導入評価指標もさまざまであり，既存システムと比較しながら，導入適否や適正なシステム規模，導入効果を評価していくことになる（**図6.16**）．

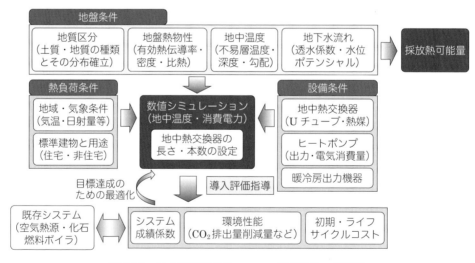

図6.16　地中熱利用ポテンシャル評価条件の相関図

クローズドループシステムにおける地中熱ポテンシャル評価の検討条件を示したのが**図6.17**である．ここでは，評価位置，熱負荷，地質・地下水モデル，地中熱交換器，地中温度・消費電力計算，導入効果の順で示したが，それぞれの項目で，どのような仮定，手法，条件で行うかでポテンシャル評価が異なることに注意する必要がある．ポテンシャル

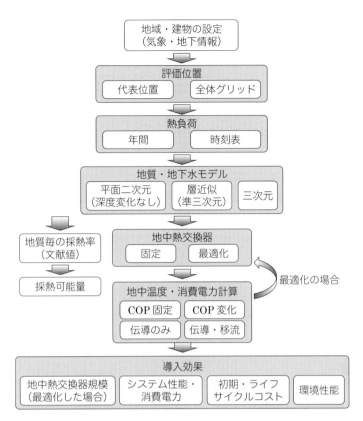

図 6.17　地中熱利用ポテンシャル評価の検討条件

マップの対象範囲が広く代表位置で評価してからマッピングとして補間推定する場合，結果の連続性を仮定することになるが，地盤条件はしばしば局所的，あるいは不連続的に変化する．熱負荷も年単位，例えば総負荷や年最大負荷での評価は計算が容易だが，時刻別でシミュレーションするほうがより実際に近い評価が期待できる．

　地質・地下水モデルは，限られた地質情報から構築するため，技術者や研究者のアプローチや経験，知識に左右される面が大きい．モデルには深度の変化を考えない「平面二次元」，地盤を均質な多層構造とみなす「層近似（準三次元）」，地質の不均質性，空間分布までを考える「三次元」があり，想定される地質の複雑さや，入手可能な地質情報に基づき，モデルの選定，作成が行われる．

　多くのポテンシャル評価では地中熱交換器の規模（長さ・本数）を固定することが多いが，さまざまな条件で計算し，システム運転に必要な条件や目標性能条件を達成するよう最適化するアプローチもある．また熱負荷に対する地中熱交換器周辺の地中温度計算では，伝熱理論に基づく計算や有限要素法による数値計算が行われる．多層構造や地下水流れを含むたいていの地質・地下水条件に対しては前者で対応可能であるが，加熱による自然対流など三次元的に複雑な地質・地下水構造を扱う場合，後者が必要となる．

　GSHP の COP の逐次変化を考慮するかによっても評価は異なる．COP を固定する場合には，熱負荷に対して，一定 COP で除した値を地中への採放熱量（境界条件）として，理論解もしくは有限差分法などの数値計算により地中温度計算を行い，U チューブの戻り温度を熱抵抗モデルなどで計算する．この場合，GSHP の消費電力は地中温度によらず，

熱負荷のみで決まる．GSHP の COP は本来，一次側や二次側の熱媒体の温度，負荷率で変動するため，製品の性能に合わせてモデル化した計算を行うことで，より実際に近い性能評価が可能となる．なお，Ground Club では，U チューブ内の熱収支が成立するよう熱媒温度を逐次計算し，さらに熱媒温度や負荷率に対するヒートポンプの COP 特性に基づいて，その消費電力を計算することができる．

導入効果については，最適化を行った場合は地中熱交換器規模，またシステム性能・消費電力，初期・ライフサイクルコスト，CO_2 排出量や一次エネルギー消費量の削減量などの環境性能などがあげられる．

地中熱利用ポテンシャル評価の事例として，北海道大学が NEDO 自然再生可能エネルギー熱利用技術開発事業（2013 〜 18 年）の研究開発要素の一つとして実施した成果を紹介する．本評価の特長として，① 全国を対象に 1 km 解像度，都市部では 500 m 解像度で評価，② 地盤物性（有効熱伝導率・透水係数）をボーリングデータからクリギング手法により三次元モデルとしてデータベース化，③ Ground Club を用いた時刻別熱負荷での稼働シミュレーション，④ グリッド並列計算により長さ・本数の組合せによる最適規模の決定，⑤ 異なる建物種別に対応し，地中熱導入トータルポテンシャルを計算可能といった特徴を有する．

地中熱利用ポテンシャルの評価例を，**図 6.18** に示す．熱負荷，ヒートポンプなどの設

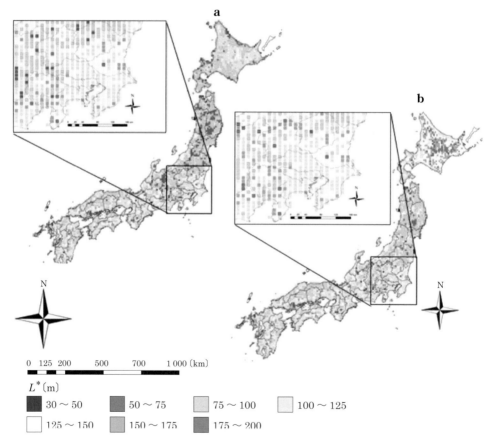

図 6.18　a. 必要温度条件のみと，b. 目標性能条件（SCOP ＝ 4）の場合の戸建て住宅（6 kW 級システム）の必要地中熱交換器長さ（10 km グリッド）[29]

備性能，地盤条件に基づき Ground Club において単管長さと本数の組合せによる並列シミュレーションを行うことで，必要温度条件と必要性能条件を満たす最適な熱交換器規模を日本全国 10 km グリッドで算出した．ここで必要温度条件とは，地中熱ヒートポンプシステムが持続的かつ効率的に稼働する最低温度条件であり，目標性能条件とはユーザーが個別に設定する目標指標に応じた熱交換器規模であり，これらは任意で設定可能である．図 6.18 では，気象（熱負荷）や地質（有効熱伝導率）によって，必要地中熱交換器長さが地域ごとに異なるとともに，設定条件によっても異なることがわかる．

2. 長期性能評価

　地中熱利用の持続的可能性は，採放熱量と周辺から供給される熱量がバランスされるかどうかによる．採放熱量が一方に偏ると，経年的に最低地中温度が下がり続ける，あるいは経年的に上がり続けることで，熱媒体温度に反映されるため，地中熱ヒートポンプの効率（COP）が低下していく．特に $10^2 \sim 10^3$ オーダで多数の地中熱交換器を配置する場合には，採放熱のバランスと経年的な性能変化に留意する必要がある．経験的には，採熱量と放熱量のバランスが，いずれか多いほうと少ないほうの比で，できれば 2：1，少なくとも 3：1 に抑えることが望まれる．このバランスが偏ることがあらかじめ予想される場合，系の熱収支（**図 6.19**）を踏まえ，地中熱交換器の配置や最適運転，採熱・放熱の同時熱回収などを検討していく．

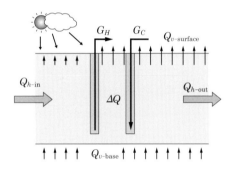

図 6.19　地中熱収支概念図

$$\Delta Q = \sum_{i=1}^{N} (Q_{h\text{-in}} + Q_{v\text{-surface}} + Q_{v\text{-base}} - Q_{h\text{-out}} + G_H - G_C)$$

　ここで，ΔQ は対象領域での地下熱収支，$Q_{h\text{-in}}$，$Q_{h\text{-out}}$ は水平方向での系外からの熱移動と系外への移動，$Q_{v\text{-base}}$，$Q_{v\text{-surface}}$ は鉛直方向での系外からの熱移動と系外への移動，G_H，G_C は暖房時，冷房時の地中熱利用，N は期間である．

　長期性能のより詳細な評価には，数〜 10 年以上にわたる長期での年サイクルによる地中熱シミュレーションが必要である．Ground Club では，地中熱交換器を多数埋設した場合での長期運転を短時間で効率的に行うことが可能である．また系全体を，数値モデルとする数値シミュレーションも計算負荷は大きくなるが，複雑な地質・地下水条件に対応した評価が可能である．**図 6.20** は北海道大学で実施した 78 本，各 85 m の地中熱交換器が配置された 10 年間の採放熱の異なるシミュレーション例である．地下水流れがないケース 4 では地盤温度が 10 年間で徐々に低下するが，地下水流れを想定するケース 1 では地

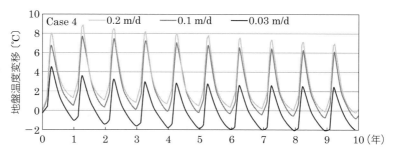

図 6.20　数値シミュレーションによる地中熱交換器が多数本管での長期評価例 [32)]

盤温度が比較的安定する結果が得られる．このようにさまざまな条件でシミュレートすることで，長期で安定する効率的な運転を設定し，設計に活かすことが可能となる．

参 考 文 献

1)　内田洋平，佐倉保夫：地下温度に関する研究の現状と水文学的知見の貢献，日本水文科学会誌，Vol. 37, No. 4, pp. 253-269（2007）

2)　落合敏郎：日本の地下水温，農業土木研究所報告，No. A-5, pp. 1-19（1967）

3)　江藤稚佳子ほか：ボーリング柱状図資料を用いた N 値と岩相の 3 次元分布モデル：東京低地北部における沖積層の例，地質學雜誌，Vol.114, No.4, pp.187-199（2008）

4)　阪田義隆ほか：確率加重平均法による地盤の有効熱伝導率の推定に関する研究，日本地熱学会誌，Vol.40, No.1, pp.33-44（2018）

5)　長野克則：ボアホール型地中熱交換器に対する加熱法による熱応答試験の標準試験方法，p.13, 財団法人ヒートポンプ・蓄熱センター（2011）

6)　D. Banks：An Introduction to Thermogeology: Ground Source Heating and Cooling, Second edition, Figure10.10, Wiley（2008）

7)　藤井　光ほか：不均質地層における U 字管型地中熱交換井の温度挙動解析，日本地熱学会誌，Vol. 28, No. 2, pp. 199-210（2006）

8)　阪田義隆ほか：地中熱交換器内の熱媒体温度挙動を用いた地層別有効熱伝導率の推定，土木学会論文集 G（環境），Vol. 72, No. 3, pp.50-60（2016）

9)　Y. Sakata, et al. : Multilayer-concept thermal response test: Measurement and analysis methodologies with a case study, Geothermics, No. 71, pp. 178-186（2018）

10)　A.S. Serageldin, et al. :Thermo-hydraulic performance of the U-tube borehole heat exchanger with a novel oval cross-section: Numerical approach, Energy Conversion and Management, Vol. 177, pp.406-415（2018）

11)　H. Chae, et al. : Estimation of fast groundwater flow velocity from thermal response test results, Energy & Buildings, Vol. 206, 109571（2020）

12)　阪田義隆ほか：ライフサイクルコストに基づく地中熱交換器規模の算定と地下水流れがもたらす削減効果の分析：戸建て住宅を例として，地下水学会誌，Vol. 60, No. 4, pp. 483-494（2018）

13） J. Constanz : Heat as a tracer to determine streambed water exchange, Water Resources Research, Vol. 44, p. W00S10（2008）

14） M. Taniguchi : Evaluation of vertical groundwater fluxes and thermal properties of aquifer based on transient temperature-depth profiles, Water Resources Research, Vol. 29, No.7, pp. 2021-2026（1993）

15） 武田 浩ほか：単一調査孔を用いた地下水流動計測プローブの開発，日本地熱学会誌，Vol. 31，No. 4，pp.193-202（2009）

16） 日本水道協会：水道施設設計指針 2012, 88 pp.（2012）

17） 地盤工学会：地盤調査の方法と解説，第 3 章透水特性調査，p. 537（2013）

18） 環境省：再生可能エネルギー導入ポテンシャルマップ・ゾーニング基礎情報

19） 埼玉県：地中熱ポテンシャルマップ（地中熱採熱予測図）

20） 吉岡真弓ほか：地中熱利用適地の選定方法（その 2）地下水流動・熱輸送解析を用いた熱交換量マップの作成，日本地熱学会誌，Vol. 32, No. 4, pp. 241-251（2010）

21） 大谷具幸ほか：自然条件と社会条件を考慮した地中熱利用の広域的な賦存量と導入ポテンシャルの評価手法，日本地熱学会誌，Vol. 35, No. 1，pp. 17-31（2013）

22） 濱田靖弘ほか：国土数値情報を用いた地下熱特性の分析と地下熱利用形態に関する研究，エネルギー・資源，Vol. 23, No. 1, pp. 61-67（2002）

23） 濱田靖弘ほか：国土数値情報を用いた地下熱利用システムの導入可能性に関する研究，空気調和・衛生工学会論文集，Vol. 143，pp. 1-10（2009）

24） 内田洋平ほか：地中熱利用適地の選定方法（その 1）地下水流動・熱輸送解析と GIS を用いた地中熱利用適地マップの作成，日本地熱学会誌，Vol. 32, No. 4, pp. 229-239（2010）

25） Y. Sakata, et al.: Estimation of ground thermal conductivity through indicator kriging: Nation-scale application and vertical profile analysis in Japan, Geothermics, Vol. 88, p. 101881（2020）

26） 大阪府：地中熱ポテンシャルマップ（2019）
http://www.pref.osaka.lg.jp/eneseisaku/sec/chichunetsu_map.html

27） 東京都：東京地中熱ポテンシャルマップ（2014）
http://www3.kankyo.metro.tokyo.jp/

28） 阪田義隆ほか：地中熱ヒートポンプシステムの間接型地中熱交換器必要長さ全国 500 m グリッド算定と評価，土木学会論文集 G（環境），Vol. 75, No. 5，pp. I_185-I_192（2019）

29） 阪田義隆ほか：クローズド型地中熱ヒートポンプシステムの地中熱交換器規模決定に関する研究：個別シミュレーション決定法とその全国適用例，日本地熱学会誌，Vol. 41, No. 3, pp. 75-80（2019）

30） シュレスタガウラブ：地中熱ヒートポンプシステムにおけるポテンシャルマップの高度化，日本地熱学会誌，Vol. 37, No. 4, pp.133-141（2015）

31） 阪田義隆ほか：地中熱利用ヒートポンプシステム導入による CO_2 排出量削減の全国評価：戸建住宅への暖房利用を例として，土木学会論文集 G（環境），Vol. 74, No. 5，pp. I_359 - I_367（2018）

32） Li, et al.: Evaluating the performance of a large borehole ground source heat pump for greenhouses in northern Japan, Energy, Vol. 63, pp.387-399（2013）

7章

地中熱ヒートポンプシステムの設計

^{7|}01 設計のフロー

地中熱ヒートポンプシステムの設計フローを冷暖房設計の場合を例として**図7.1**に示す．基本的な設計プロセスは通常の冷暖房システムと全く同様であり，いくつかの段階に分けることができる．

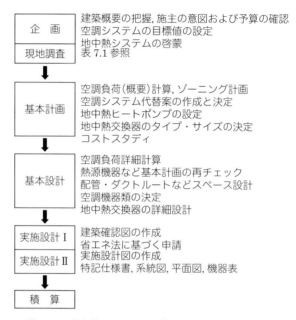

企　画	建築概要の把握, 施主の意図および予算の確認 空調システムの目標値の設定
現地調査	地中熱システムの啓蒙 表7.1参照

基本計画	空調負荷(概要)計算, ゾーニング計画 空調システム代替案の作成と決定 地中熱ヒートポンプの設定 地中熱交換器のタイプ・サイズの決定 コストスタディ

基本設計	空調負荷詳細計算 熱源機器など基本計画の再チェック 配管・ダクトルートなどスペース設計 空調機器類の決定 地中熱交換器の詳細設計

実施設計 I	建築確認図の作成 省エネ法に基づく申請
実施設計 II	実施設計図の作成 特記仕様書, 系統図, 平面図, 機器表

積　算

図7.1　地中熱ヒートポンプシステムの設計フロー

　地中熱ヒートポンプシステムは，自然通風や太陽光利用などパッシブな自然エネルギー利用とは異なり，建築との統合は必ずしも必要ではない．したがって，原則として設計のどの段階からもプロジェクトに参入可能であり，リフォーム物件にも対応できるのが大きな特長の一つである．また近年では建物のZEB[*1]（ネットゼロエネルギービル）化を目標として，地中熱ヒートポンプシステムを採用する事例も多くなっている．

　地中熱ヒートポンプシステムの設計および施工にあたって最も重要なことは，一人の設計者（あるいは機関）が一貫して設計・監理にあたる，ということである．現実に，熱源機を境にして一次側すなわち地中熱交換器の施工業者と，二次側すなわち利用側システムの設計・施工業者が，お互いに全く関わりなく仕事を遂行する事例が度々見られる．一次側と二次側はお互いに密接に影響しあうので，こうした場合責任境界があいまいになりトラブルのもとになる．これは建築設備に限らず建築生産システムの全般にわたって普遍的なことであるが，設計・施工法が確立途上にある地中熱ヒートポンプシステムでは特に注意しなければならない．

＊1　ZEB：ネットゼロエネルギービルの略称．快適な室内環境を実現しながら建物で消費する年間一次エネルギー収支をゼロにすることを目指した建物のこと．ゼロエネルギー化達成状況に応じてZEB（100％以上の一次エネルギー削減），Near ZEB（75％以上の一次エネルギー削減），ZEB Ready（50％以上のエネルギー削減）が定義されている．

（a）企　画

　企画段階における設計者の実務は，まず，建築概要（建設する施設の目的，内容，グレードなど）の把握であり，次いで施主（あるいはユーザー，デベロッパーまたはその代理人，以降同じ）の意図を確認し，そのうえでシステムの目標値（室内環境や省エネルギーのレベル，コストなど）を設定することである．特に，施主の考え方はさまざまなので，冷暖房方式，24 時間運転か間欠運転か，室温の好みの確認は必須である．また，安全性や環境，経済性に対する考え方，設定室温から逸脱した場合の受容度も確認しておきたい．

　ただし，欧米においてはすでに定着しているとはいえ，現在のところわが国における地中熱ヒートポンプシステムの認知度は低く，その導入はチャレンジングな試みである．したがって，この段階における設計者の最も主要な行為は，施主や建築設計者，工務店主に対する地中熱利用の啓蒙と採用決断の促進となろう．

（b）現地調査

　地中熱ヒートポンプシステム設計にあたっての調査項目を**表 7.1** に示す．建設地の気候風土，エネルギーコスト・インフラ事情など通常のシステムにも共通な事柄に加え，地質や地下水などの地盤情報をできるだけ収集する．ただし，最も有効なのは付近にある地中熱ヒートポンプシステムの運転状況を調査することなので，まずこれを第一に考える．

表 7.1　現地調査項目

調査項目	現地調査項目
気候風土	年平均気温，月別平均気温，年間最高・最低気温
	日射量，降雨量，風向・風速，塩害，積雪量
	設計用温度，標準気象データ
エネルギー	電力料金体系，電力供給体制（電圧，受電方式など）
	都市ガスの有無・価格，LPG 価格
	灯油，重油価格および供給体制
敷地条件	敷地形状，周辺道路，騒音・振動規制，電線・電話線
地中条件	地質（熱伝導率），地中温度（不易層温度）
	地下水位，地下水流れ速さ，帯水層厚さ
法的規制	特に地中利用を規制する条例など

　これらの中で，地中熱システム設計に必須の項目は地中温度（不易層温度）である．地中温度は一般的にその地域の年平均気温＋2℃ と考えてよい．したがって，測定データを入手できない場合，付近のアメダス測定局などの平年値を調査し，それに 2℃ を加えた値とする．なお，温泉地など地温が高いと予想される場合は，冷房には不利あるいは冷房不可能になることもあるので，さく泉業者などにヒアリングして確認しておく．

　また，住宅地などで敷地が狭い場合や全面道路が細い場合，あるいは周辺環境で工事騒音が許されないような場合には地中熱交換器の施工に制限が生じるので，そのような観点や土地の条件に適合した掘削機の選定という観点からも敷地状況を観察する必要があろう．

（c）基本計画

　基本計画段階における作業は，空調負荷計算（概算でも良い），ゾーニング，空調方式（二次側）・熱源方式の比較検討および決定，コストスタディ（イニシャル，ランニングコスト），である．地中熱ヒートポンプを含め空調システムについて必ず複数の代替案を作成し，企画段階で整理したシステムの目標，施主の考え方，現地調査で得られた情報，負荷の規模，コ

ストを総合的に検討し，システムを選択する．非住宅施設では，全負荷を地中熱システムで
まかなうのではなく，ベースロード的あるいはゾーン的に負担させるシステムも考えられる．

　地中熱ヒートポンプシステムの設計は全負荷を地中熱システムでまかなうのか，地中熱
をベースロード的あるいはゾーン的に負担させるのかによって異なってくる．**図 7.2** に，
(a)全負荷を地中熱システムでまかなう熱源システムと(b)他の熱源と併用するシステム
を示す．図 7.2(a) は住宅，小規模建物での採用が多く，図 7.2(b) は大規模施設での採用
が多い（大規模建物でも部分的に地中熱ヒートポンプシステムを採用する場合や，二次側
がエアコン，ビルマルチなどの個別分散空調方式となる地中熱ヒートポンプシステムも
(a)に該当することとなる）．一見，大規模施設への採用となる(b)のほうが設計が難し
いようにも感じるかもしれないが，(b)については空調機の設計は空調設備設計者が行っ
ていることが多く（この場合，空調側の設計を行う必要がなくなる），しかも地中熱ヒー
トポンプをベースロード的に定格出力で連続運転することが多いため，最も重要な要素の
一つである熱負荷を推定することが比較的容易となる．一方で(a)については二次側も含
めたシステム全体の設計が必要となることが多く，また，空調負荷についても運転時間だ
けではなく，気象条件に左右されることとなるため，推定がやや難しくなる．このため，
省エネルギー効果を最大限に得ることができ，かつ，地中熱交換器の設置コストを抑える
設計を行うことが重要となる．

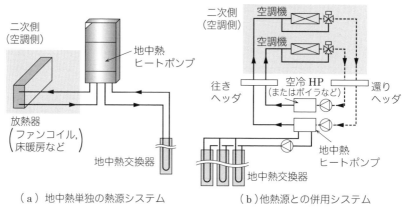

（a）地中熱単独の熱源システム　　　　　（b）他熱源との併用システム

図 7.2　地中熱源システム

　地中熱ヒートポンプシステムに特有の作業は，地中熱交換器のタイプとサイズの（概略）
決定である．建築基礎杭方式の可能性があるのならば，この段階で採否を決定しておかな
ければならないだろう．サイズ設計法の詳細については 7-2 節に示す．地中熱ヒートポン
プ本体の選定については，機種は限られているが基本的にはメーカー仕様を参考にして行
うのは，他のシステムと同様である．

　計画を進めていくうえでの基礎が空調負荷である．負荷計算の方法としては非定常計
算[*2] を行うのが望ましいが，この段階では建築のプランや仕様が定まっていないことが

---

*2　非定常計算：市販の非定常負荷計算ソフトとして，業務施設用では（一社）空気調和・衛生工学会の HASP/
ACLD/ACSS[1]，（一財）建築環境・省エネルギー機構の BEST[2] が一般的である．また，最大負荷計算プログラ
ムとしては（一社）空気調和・衛生工学会の MICRO-PEAK がある．

多いため，原単位法[*3]でも十分実用的である．また，年間の使用エネルギーを比較するのではなく，単に装置容量の設計のみに限定すれば，定常負荷計算あるいは最大負荷計算プログラムによってもよい．さらに，熱容量が小さい住宅の暖房では，以下のような略算式でも十分である．

$$最大負荷〔W〕 = 熱損失係数（Q値）〔W/(m^2 \cdot K)〕 \times 床面積〔m^2〕$$
$$\times（設定室温〔K〕 - 設計用最低外気温度〔K〕） - 内部発熱〔W〕$$

建築仕様などが不明などで熱損失係数（Q値）[*4]の算出ができない場合や省略したい場合には，「エネルギー使用の合理化に関する法律」（省エネ法）の「建築主の判断基準」（**表7.2**）が大まかな目安になる．内部発熱は，照明，家電製品，人体発熱によるもので，$1 m^2$当り5〜6W程度とされているが，暖房時には安全側をとって省略してもかまわない．

この最大負荷をもとに，まずヒートポンプの容量が決定し，次いで（例えば7-2節または7-3節で示す手法によって）地中熱交換器のサイズを決めることができる．

表7.2 改正前（平成11年）省エネ基準[*5]の地域区分と熱損失係数（Q値）の基準と改正後（平成25年）省エネ基準の地域区分と外皮平均熱貫流率（U_A値）の基準

改正前 省エネ基準の区分	Q値の基準〔W/(m²·K)〕	改正後 省エネ基準の区分	U_A値の基準〔W/(m²·K)〕	都道府県名
I 地区	1.6	I 地区	0.46	北海道
		II 地区	0.46	
II 地区	1.9	III 地区	0.56	青森，岩手，秋田
III 地区	2.4	IV 地区	0.75	宮城，山形，福島，栃木，新潟，長野
IV 地区	2.7	V 地区	0.87	I〜IV，VII，VIIIに示されている以外の都府県
		VI 地区	0.87	
V 地区	2.7	VII 地区	0.87	宮崎，鹿児島
VI 地区	3.7	VIII 地区	—	沖縄

〔注〕上記の区分にかかわらず，別の区分になる市町村があるので国土交通省告示などを参照すること．

（d）基本設計

プロジェクトの実行が決定すると，個々のゾーン，部屋の空調機器の具体的な設計，配管やダクトルートの検討・スペース確保，これらに伴う意匠・構造設計者との打合せが開

[*3] 原単位法：多数の実例調査結果を統計的に処理した単位面積当りの負荷．地域別，用途別，時間別（年間，月，ピーク）などに整理されているのが最も望ましい形である．いろいろな団体，研究機関から数々の資料，研究結果が発表されており，特に定まったものはない．また，原単位はIT化や高断熱高気密化，LEDや省エネルギー型OA機器の採用など調査年代とともに変化していく．したがって，物件ごとに適正なデータを設計者が選択・採用することが肝要である．

[*4] 熱損失係数（Q値）：住宅からの熱損失を総合的に判断するための係数，具体的には，住宅の壁，天井，床など通じて熱貫流によって失われる熱量と，換気によって失われる熱量の1時間当りの合計値を延べ床面積で除した値で表される．この値が小さいほど，熱が逃げにくく断熱性能が高い建物であることを示す．
平成25（2013）年の省エネ法の改正により断熱性能の基準は外皮平均熱貫流率（U_A値）の基準値へと変更がなされたが，これまでQ値が使われてきたこと，U_A値よりも明快に断熱性能を理解できることなどの背景より，現在でも断熱性能の指標としてQ値を用いることも多い．

[*5] 「エネルギーの使用の合理化に関する法律（省エネ法）」で定められた，建築物を建てる際に必要な「建築主の判断基準」と「設計，施工の指針」のこと．平成25（2013）年の改正により住宅建物においては，表7.2に示した地域区分の変更や，基準の変更（Q値からU_A値）の変更のほかに，外皮（外壁や窓など）の熱性能のみの基準に，建物全体の省エネルギー性能を評価する「一次エネルギー消費量」の基準が加わるという変更がなされた．

始される．この段階では一般的に建築プランや仕様が確定しているので，基本計画の内容と食い違いが生じていないか再度チェックする．特に熱源機器の容量，分割台数に留意する．地中熱ヒートポンプシステムについては，地中熱交換器のサイズの再チェックが最も重要である．

基本計画レベルの手法を再度用いてもよいが，原則的には，まず建築の確定プランに基づいて非定常負荷計算を実行する．年間にわたる時間当りの負荷が設定できれば，7-3 節に示すような数値シミュレーションにより，地中熱交換器の温度挙動を解析できる．例えば，熱源水温度が目標値（0℃ など）を大きく下回るようであれば，基本計画で決めた地中熱交換器の総長を増す，ダブル U チューブに変更する，（最終的な手段として）補助熱源を用いるなどの対策が考えられる．逆に過大であることが判明し，熱交換器サイズを削減する場合もあり得よう．

（e）実施設計 I

実施設計の作業は基本設計の内容を図面化することである．実施設計 I は建築確認図作成のステップとしたが，小規模な建築では I と II の区別はなく一気に作業を終える場合もある．空調設備設計で必要な確認図は換気，排煙なので，地中熱ヒートポンプシステムとは直接の関わりはない．ただし，一次エネルギー消費量の計算では省エネルギー性を反映させることはできるであろう．

（f）実施設計 II

配管やダクトルート，熱源・ポンプ補機類・空調機器の位置およびサイズを具体的に決定し，図面化する．住宅のような簡単なケースでも，地中熱ヒートポンプシステムの場合は施工業者の理解を確実にするために，系統図を必ず作成することが望ましい．

7|02　システムの選定

1. 導入適正の評価

図 7.3 に，GIS と水理地質情報を用いて地下の特性を推定する手法[3] を示す．手順は大きく二段階に分けられる．第 1 段階では，全国の地下熱利用可能地域の分布を把握することを目的として，GIS を用いて対象地域の地下特性を分析する．数値情報は，地形図を基に位置の計測が行われ，地形，水系，土地利用，地域指定，道路・鉄道網，地価などの基本的な地理的情報を数値情報として整備されたものである．

（a）規制地域（地下熱利用地域から除外）

表 7.3 に，地中熱に係る法令の一覧を示す．環境基本法のうち，特に考慮すべきと考えられる自然環境保全法に定める原生自然環境保護地域，立入規制地区，普通地区，特別地区，野生動植物保護地区，自然公園法に定める普通地域，特別地域，特別保護地区，海中公園，鳥獣保護および狩猟に関する法律，森林法，農地法に基づく地域や，地滑り等防止法と砂防法に基づく地域（地滑り危険地域,砂防指定地域）は掘削に規制がかかっており，許可ないし届出が必要になる．

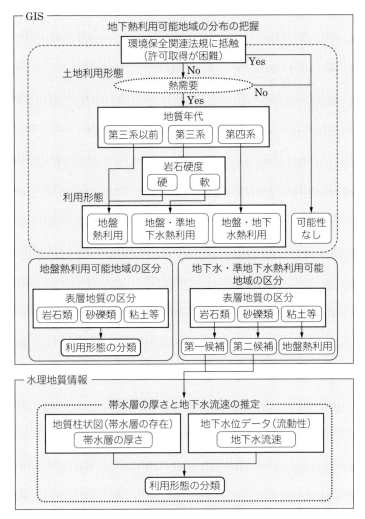

図 7.3　地下特性の推定手法 [3)]

表 7.3　地中熱利用に係る法令

区　分	法令名	対象地域・条件	クローズド ループ	オープン ループ
計画時	自然保護法	特別区(国立公園，国定公園および都道府県立自然公園)	○	○
	自然環境保全法	特別区(原生自然公園地域および自然環境保全地域)	○	○
	地滑り等防止法	地滑り防止施設から 5 m 以内	○	○
	砂防法	砂防指定地	○	○
	大深度地下利用法	東京・大阪・名古屋の三大都市圏の一部地域	○	○
施工時	土壌汚染対策法	掘削土に有害物質が含有する場合	○	○
	廃棄物処理法	汚泥の処理	○	○
運用時	工業用水法	10 都府県		○
	ビル用水法	4 都府県		○
	水質汚濁防止法	公共用水域へ基準値以上の濁水を放流する場合		○
	土壌汚染対策法	地下水に汚染物質が含まれる場合		○

また，東京・大阪・名古屋の三大都市圏においては，「大深度地下開発法」の指定地域となる場合，指定深度以上での地中熱交換器設置はできなくなる．

　施工時は，掘削土に有害物質が含まれている場合，土壌汚染対策法に基づく適切な処理が必要なほか，泥水掘削で発生する汚泥は産業廃棄物として処理することになる．特に前者は処理・対策コストが膨大になる恐れがあるため，その可能性を確認しておくことが重要である．

　オープンループシステムにおいては，地下水採取規制および排水処理が法規制の対象となる地域がある．規制に関する法律には，工業用地下水を対象とする「工業用水法」および冷房用などの建築物用地下水を対象とする「建築物用地下水の採取の規制に関する法律」（ビル用水法）がある．工業用水法に基づき 10 都府県 17 地域，ビル用水法に基づき 4 都府県の一部が指定されており，環境省のホームページなどで確認することができる．

　なお，帯水層蓄熱（ATES）システムでは，2018 年より国家戦略特区における規制緩和として，地下水採取規制地域においても自治体が実証試験を実施し，地盤沈下を起こさない採取量を定めたうえで，その管理のもと採取規制地域でも導入が可能となった．

（ｂ）土地利用形態（熱需要の有無の判定）

　図 7.3 に地中熱利用のための地下特性の推定手法を示した．まず環境保全関連法規（表7.3）に抵触するかと，熱需要として，土地の利用形態に着目し，田畑，建物用地，荒地などで熱需要ありとする．

　帯水層では，地下水開発の対象となり得るかの判断基準として地質年代と地質硬さを利用する．表 7.4 に地質条件による分類方法の例を示す．第四系の沖積層（完新統），洪積層（更新統上部）の分布地域を帯水層が存在する可能性の高い地域と判断し，地盤熱利用（クローズドループ）方式，地下水熱利用（オープンループ）方式のいずれにも適するとした．第三系より古い白亜系，ジュラ系，中生界，古生界の分布する地域を帯水層の存在しない地盤熱利用方式に限定される地域とした．第三系の新第三系と古第三系は，地質硬さを利用し地下熱利用システムの分類を行うものとし，比較的柔らかい地質を第四系より可能性は低いが地下水熱利用の可能性もある地域（準地下水熱利用方式）とした．この分類により，日本全国の居住区域はほぼ全域で地下熱利用が可能であり，特に地盤熱利用・地下水熱利用のいずれも適する地域は大規模な平野や盆地に分布する．地盤熱利用に限定される地域は全国では 17% に留まり，中国・四国地方に多い傾向がある．

表 7.4　地質条件による分類方法

地質年代

年代		利用手法
古生代	古	地盤熱利用
中生代		
ジュラ紀		
白亜紀		
古第三紀		
新第三紀		地盤・準地下水熱利用
洪積世		地盤・地下水熱利用
沖積世	新	

岩石の硬さ(第三紀)

岩体－岩片	硬度	利用手法
硬－硬	硬	地盤熱利用
硬－中		
中－硬		
軟－硬		地盤・準地下水熱利用
硬－軟		
中－中		
軟－中		
中－軟		
軟－軟	軟	

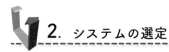

地中熱利用ヒートポンプシステムは，わが国では，垂直型地中熱交換器によるクローズドループシステムが安定した採熱とシステム性能が期待できる点で普及が進んできた．一方，地中熱利用システムには，クローズドループシステムだけでなく，地中熱交換器を埋設せずに済む地表水利用や，オープンループシステムもある．また，地中熱交換器についても，垂直型以外にも，水平型や杭基礎型もあり得る．こうしたさまざまな組合せにおいて，前項で示したとおり，第一には建物用途，処理する熱負荷，当該地域の法規制や土地の制約を踏まえ，システムが長期に安定して稼働できることを前提としてシステムが選定されることが必要条件であり，次いで，導入コストもしくはライフサイクルコストを最小限とする経済的なシステムの選定が求められる．

このような観点から作成したシステム選定フローを**図7.4**に示す．同図は，Sach（2002）が示した選定フロー[4]（排熱利用，オープンループ，二重管型，水平型，貯水池（新設），鉛直型）をベースに，わが国の実情に即し，初期コストが一般に安く済む順として，地表水利用，オープンループ，クローズドループ（水平型，杭基礎型，垂直型）として再作成したものである．同じ採熱量を得るうえでコストが通常，安くなる順に段階的に選択することとし，最も採熱が安定する垂直型地中熱交換器を最終選択肢とし，それでも採熱量が不足する場合には，他熱源とのハイブリッドとしている．二重管型地中熱交換器は，孔壁が自立するほど堅硬な岩盤で，かつ水質が良好な地域（例えば，北欧など）に導入可能であり，わが国では未固結な地層あるいは軟質な岩盤が主体となるため，検討から省いている．また貯水池については，広範囲な用地と大規模な工事が必要なため，わが国での導入可能な地域は限られるであろうことから除外した．代わりに，初期コスト削減効果が高く，わが国で導入技術が確立している杭方式を新たに加えている．

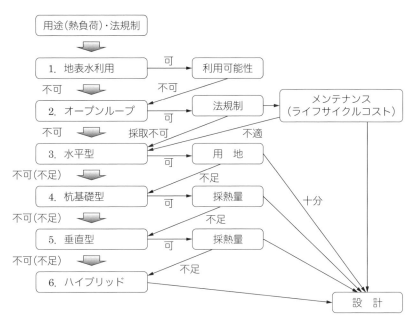

図7.4 地中熱利用システム選定フロー

（a）地表水利用（排熱利用）

　敷地もしくはその近傍に有力な熱源となる地表水（河川水，湖沼，ため池，排水路など）がある場合，揚水もしくはループにより採放熱できれば，低コストなシステムが実現できる可能性がある．現状では，公共用水の利用は限定されるものの，大阪市中之島の熱供給センターなどの導入例があり，温暖湿潤で水資源が豊富なわが国では熱利用としての地表水の積極的な利用が今後，期待される．またわが国では温泉も多くあるため，その排湯の二次利用（排熱利用）も有効な熱源となり得る．

（b）オープンループシステム

　地中熱利用の需要のある都市部の大半は，堆積平野・盆地に立地し，その地下には未固結な地層による良好な帯水層が形成されているため，オープンループシステム導入の実現性は高いといえる．オープンループシステムは，井戸単体で見ると同一深度の垂直型地中熱交換器を埋設するよりコスト高となるが，良好な帯水層があれば，通常，数百〜1 000 l/min 以上の安定した揚水量が期待できる．大規模なシステムの場合には，クローズドループシステムでは，必要な熱負荷分だけ地中熱交換器の規模（本数や延長）を増やす必要があるが，オープンループシステムは，1 本の井戸でも揚水量を増大させることで対応可能となる．実際の導入事例調査でも，1 kW 当りの導入コストがクローズドシステムでは大きく変わらないのに対し，オープンループシステムでは規模に応じて指数的に減少する関係が示されている[5]．また北海道のような寒冷地では，フリークーリングでも冷房需要を満たすことが可能であり，この場合，非常に高いシステム効率が期待できる．

　一方，工業用水法やビル管理法による地下水採取規制がある場合，導入は困難であるか，所定の認可手続きをとる必要がある．また，オープンループシステムの場合には，地下水水質に起因する配管や熱交換器内へのスケールの付着による清掃や交換，還元井内での目詰りを解消するメンテナンスが通常必要となる．目詰りには，細粒分や気泡による物理的，溶解成分の化学形態変化による不溶化，さらに，酸化還元反応をエネルギー源とした微生物活動（バイオフィルム）などさまざまな要因があり，サイトごとに目詰りの発生要因やリスクが異なっており，現状では予測が難しいのが現状である．オープンループシステムでは，こうした不確実性に対し，定期的なメンテナンス作業を前提とする必要があり，このために必要な維持コスト，ライフサイクルコストを勘案して，導入の是非を判断することになる．

（c）水平型地中熱交換器

　面的に一定範囲の土地があれば，ボーリングが必要な鉛直型を導入するより，土工で済む水平型の地中熱交換器を採用するほうが経済的に安く済む可能性がある．採熱量の目安としては，**表7.5**があげられている．例えば，年間稼働時間1 800 時間の場合で10 kW採熱するには，乾燥した非粘性土の地盤で100 m²，飽和した砂の地盤で25 m² の施工が必要な計算となる．土工（掘削，埋戻し，残土）だけで比較してその単価を数千円/m²とすれば，同じ採熱量が見込める垂直型の地中熱交換器（5 万円/m²）より，はるかに安く設置できる可能性がある．実際はパイプの材料費や設置費など積み上げる必要があるが，安価に設置できる可能性はあり，用地が不足する場合も鉛直型と併用することも検討の余地がある．

表 7.5　水平型地中熱交換器の単位面積当り採熱量〔W/m²〕の目安[6]

地　質	年間稼働時間	
	1 800 時間	2 400 時間
乾燥，非粘性土	10	8
粘性土	20 ～ 30	16 ～ 24
飽和した砂，砂礫	40	32

（d）基礎杭型

　基礎杭型は，水平型と同様，鉛直型に比べ地中熱交換器設置コストを軽減できる．例えば，東京における事務所ビル（地上 8 階，空調面積 4 840 m²）での試算では，PHC 杭で単純ペイバックタイムが 4.8 年，場所打ち杭で 9.4 年となるという報告[7]もある．基礎杭型の場合，基礎杭の種別，本数や深度はあらかじめ決まっているため，想定負荷に対して採熱量が確保できるかの検討が必要である．

（e）垂直型

　上記の地中熱交換器に比べて，垂直型は，狭小地を含め施工箇所を選ばないこと，必要な熱負荷に対して，深度や本数を増やすことで対応可能な利点がある．採熱量の目安としては，わが国では 30 ～ 40 W/m が概算でも用いられることが多いが，地盤（地質）によって値は大きく異なる．垂直型地中熱交換器の設計方法の詳細は 7-3 節に記述する．

7|03　クローズドループシステムの設計手法

1. 単独ボアホール方式

　日本では敷地面積に制約があるため，ほとんどの施設で垂直型の地中熱交換器，特にボアホール型が用いられている．ここでは，住宅のような小規模なシステムにおいて一般的である単独（1 本のみ）型のボアホールの設計方法について述べる．なお，複数のボアホールを使用する場合でも，離隔距離が十分（少なくとも 4 m 以上）で，地中熱交換器の採放熱のバランスがとれている場合（目安として採放熱のうち多いほうが少ないほうよりも 2 倍で収まる範囲，暖冷房の負荷の比ではないので注意）であれば単独として扱っても構わない．

（a）精密法

　地中熱ヒートポンプシステムの性能は，地盤から地中熱交換器の単位長さ当りどれだけ採熱できるかにより大きく影響される．つまり，地盤からの採熱特性を把握できれば，深さ何 m のボアホールを掘削すればよいかを知ることができる．ボアホールの必要長さは，地盤条件や地中熱交換器の配置，負荷の大きさ，運転方法などにより変わる．

　また，地中熱交換器の周囲に地下水の流れがある場合では，ない場合の数倍から 10 倍近くの採熱量が得られると予想されている[8]．そのような場所では地中熱交換器の長さを短くでき，掘削に要するコストも削減できる可能性がある．したがって，本来ならば 7-4 節で示すような設計ツールその他の数値シミュレーションにより年間の性能予測を行うことが必要である．詳しくは 7-4 節あるいは個々のツールのマニュアルを参照されたい．

（b）経験値に基づく概算法

　住宅など負荷パターンが単純な場合では，次に示すような簡略な方法によって概算することができる[9]．負荷量や地盤条件などにより異なるが，わが国のこれまでの実績から経験的に，最大で40 W/m程度を地中から採熱できることがわかっている．したがって，実際の運転においては，およそ30〜40 W/mと考えるのが妥当である．

　このとき，暖房に必要なボアホール深さは以下のように概算できる．

$$暖房用の必要深さ〔m〕＝\frac{暖房最大負荷〔W〕×\dfrac{COP-1}{COP}}{30 \sim 40 \text{ W/m}}$$

　上式において，暖房最大負荷は，負荷計算から求めた時間当りの最大負荷を用いてもよいし，ヒートポンプの最大暖房出力を用いてもよい．COPはその最大暖房負荷（出力）時におけるヒートポンプの成績係数とする．ただし，二次側の使用（あるいは設計）温度レベルに即した値を用いるよう注意する．

　さらに，冷房で放熱する場合に演繹して適用すると，冷房の必要深さは次のようになる．

$$冷房用の必要深さ〔m〕＝\frac{最大冷房負荷〔W〕×\dfrac{COP}{COP-1}}{30 \sim 40 \text{ W/m}}$$

　したがって，暖房用と冷房用の必要深さを比較して，大きい値を採用すればよい．

　例えば，札幌において延べ床面積130 m²で，次世代省エネルギー基準を満たす断熱性能を持つ住宅の場合，暖房最大負荷は6 kW程度である．このとき使用するヒートポンプのCOPが4であるとして，上式に当てはめるとボアホールの必要深さは113〜150 mあればよいことがわかる．これは100〜150 mというこれまでの経験値とほぼ合致する．このとき，1本のボアホールを掘削するか，または複数本に分けて掘削するかは地盤条件やコストによるところであるが，複数本を用いる場合には互いの熱的干渉が起こらないよう留意する必要がある．

　なお，この方法では負荷は時間的に変動し，低負荷時において地中温度が回復するという前提のもとにあるので，負荷が外気温度に影響されず常に一定であるなど特殊な場合には，やはり設計用ツールを用いて精算しなければならない．

（c）単位採放熱係数を用いた概算法

　上記で記載されているような地中熱交換器の採放熱量の30〜40 W/mは目安の値であり，実際の採放熱量は地中熱交換器周囲の地盤の熱物性，地中熱交換器の仕様，地中熱交換器内部熱媒の温度，循環流量などによって変化する．特に地中熱交換器内部熱媒の温度は採放熱量に与える影響が大きいため，地中熱交換器の採放熱性能を考える場合にはこの影響を除く必要がある．

　過去の地中熱交換器を用いた採放熱試験では，地中熱交換器の採放熱性能を見積もるために，長さ当りの採熱量から初期の地中温度と地中熱交換器内部熱媒の温度との温度差を除すことによって得られる，長さ・温度差当りの採熱量を用いていたことから，これを単位採放熱係数として用いることとした．

　単位採放熱係数は以下の式によって計算が可能である（ここでは放熱量の値を正とし，

採熱量の値は負としている）．

$$\text{単位採放熱係数}_{[\text{W}/(\text{m}\cdot\text{K})]} = \frac{\text{地中熱交換器の長さ当り放熱量}[\text{W}/\text{m}]}{\text{地中熱交換器の内部熱媒温度}[℃] - \text{地中の初期温度}[℃]}$$

　上式より，単位採放熱係数は熱媒温度を初期温度から1℃変化させることによって得られる採放熱量を示していることがわかる．単位採放熱係数を用いることで，地中熱交換器の採放熱性能の優劣や比率を評価することが可能となる．

　しかしながら，熱応答試験などの結果からもわかるように，放熱量（採熱量）が一定であったとしても，熱媒温度は時間の経過に伴い変化するため，単位採放熱係数は一定値ではないということがいえる．これは地中温度が採放熱によって変化するためであり，実際の地中熱ヒートポンプシステムの運転で単位採放熱係数を評価する場合にも，地中温度の変化を考慮する必要がある．

　一方，地中熱交換器内部の熱媒温度変化（初期地中温度からの変化）は，以下の式のように，長期間（冷房期間もしくは暖房期間）の採放熱の影響による地中温度変化と，短期間（1か月程度）の採放熱の影響による地中温度変化，地中熱交換器の内部熱抵抗による温度変化を足し合わせることで，計算が可能である．

地中熱交換器内部の熱媒温度変化＝長期間の採放熱の影響による地中温度変化

＋短期間の採放熱の影響による地中温度変化

＋地中熱交換器の内部熱抵抗による温度変化

ここで，短期間の採放熱の影響による地中温度変化と内部熱抵抗による温度変化は瞬時の採放熱量の大きさに影響されるが，長期間の採放熱の影響による地中温度変化は期間の平均的な採放熱量に影響される．

　したがって，採放熱量が同じであっても1日の地中熱ヒートポンプシステムの運転時間が半分となれば，平均的な採放熱量は半分となるため，結果として地中熱交換器内部の熱媒温度変化は小さくなる．

　単位採放熱係数の計算の一例として，**図7.5**に示すようなボアホールシングルUチューブ型地中熱交換器を用いた場合の，地盤の有効熱伝導率と地中熱ヒートポンプシステムの運転時間に対する，単位採放熱係数を**図7.6**に示す．

　図7.6より，地盤の有効熱伝導率を1.5 W/(m・K)，地中熱ヒートポンプシステムの運転時間を24 hとした場合の単位採放熱係数は約1.7 W/(m・K)となる．また，図7.6より得られる単位採放熱係数に地中熱交換器内部熱媒温度と初期地中温度の温度差を乗じる

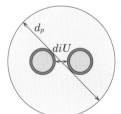

ボアホールシングルUチューブ型地中熱交換器の条件
　内部充填材：珪砂（有効熱伝導率1.8 W/(m・K)）
　ボアホール口径 d_p＝120 mm
　U字管間隔 diU＝5 mm
　U字管外径：34 mm，肉厚：3.5 mm
　流れの状態：乱流
　内部熱抵抗値（実験値）：0.13 (m・K)/W

**図7.5　ボアホールシングルUチューブ型地中熱交換器の
単位採放熱係数の計算条件**

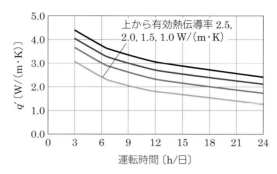

**図 7.6　ボアホールシングル U チューブ型地中熱交換器の地盤有効熱伝導率,
地中熱ヒートポンプシステムの運転時間に対する単位採放熱係数 q'**

と採熱量を算出できることが可能となり, さらには前節で示した必要長さの式より必要長さを求めることができる.

　一例として, 初期地中温度を 16.5℃, 夏期の地中熱交換器内部の熱媒温度（最高値）を 35℃ とすると, 採熱量は $1.7 \times (35 - 16.5) = 31.5$ W/m となる. これは上記の採熱量 30 ～ 40 W/m の範囲に収まり, 妥当な値であるといえる. また, 運転時間が 8 h となると採熱量（単位採放熱係数）は約 1.5 倍に増大することとなる.

　さらに, **図 7.7** に示すような各種の地中熱交換器の単位採放熱係数を計算し, 地中熱ヒートポンプシステムの運転時間に対する, ボアホールシングル U チューブ型地中熱交換器の単位採放熱係数に対する比 q'/q'_{base} を **図 7.8** にまとめた（地盤の有効熱伝導率の違いに

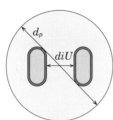

ボアホール扁平シングル U チューブ型地中熱交換器の条件
　内部充填材：珪砂（有効熱伝導率 1.8 W/(m·K)）
　ボアホール口径　$d_p = 120$ mm
　U 字管間隔　$diU = 17$ mm
　U 字管縦方向長さ（外側）：52 mm,
　U 字管横方向長さ（外側）：25 mm
　U 字管肉厚：3.9 mm
　流れの状態：乱流
　内部熱抵抗値（実験値）：0.106 (m·K)/W

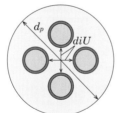

ボアホールダブル U チューブ型地中熱交換器の条件
　内部充填材：珪砂（有効熱伝導率 1.8 W/(m·K)）
　ボアホール口径　$d_p = 165$ mm
　U 字管間隔　$diU = 14$ mm
　U 字管外径：34 mm, 肉厚：3.5 mm
　流れの状態：乱流
　内部熱抵抗値（実験値）：0.097 (m·K)/W

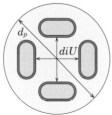

ボアホール扁平ダブル U チューブ型地中熱交換器の条件
　内部充填材：珪砂（有効熱伝導率 1.8 W/(m·K)）
　ボアホール口径　$d_p = 165$ mm
　U 字管間隔　$diU = 28$ mm
　U 字管縦方向長さ（外側）：52 mm,
　U 字管横方向長さ（外側）：25 mm
　U 字管肉厚：3.9 mm
　流れの状態：乱流
　内部熱抵抗値（実験値）：0.065 (m·K)/W

図 7.7　各種地中熱交換器の単位採放熱係数の計算条件

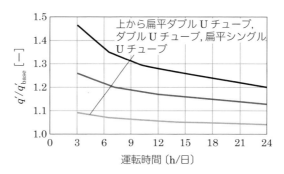

図 7.8 ボアホールシングル U チューブ型地中熱交換器の単位採放熱係数 q'_{base} に対する各種地中熱交換器の単位採放熱係数 q' の比

よる比の変化は小さいため，平均値としてまとめている）．

まず，図 7.8 のボアホール型地中熱交換器の比較においては，地中熱ヒートポンプシステムの運転時間を 8 ～ 12 h と設定すれば，扁平シングル U チューブ，ダブル U チューブ，扁平ダブル U チューブの採熱量は，シングル U チューブと比較してそれぞれ約 6 ～ 7%，約 17 ～ 20%，約 28 ～ 33%増大することとなる．

ただし，これは図 7.7 に示される条件において得られる値のため，U 字管の間隔などの条件が変更となる場合には注意が必要である．また，運転時間が 24 h となると各種熱交換器の採熱量の増大効果は小さくなるため，熱交換器仕様の変更によるコスト増大を考慮すると，特にこの条件では通常のシングル U チューブを選択することが望ましいといえる．

2. 複数ボアホール方式

家庭用の地中熱ヒートポンプシステムでは 1 本のボアホールを用いることが多く，また，2 ～ 3 本のボアホールを用いる場合でも相互に干渉が生じないように十分な間隔を取ることが多い．この場合，総長の等しい 1 本のボアホールとして取り扱うことが可能である．しかし，大規模物件においては，複数の地中熱交換器が 1 ～ 2 m の間隔で格子状あるいは列状に埋設される場合もあり，このときには地中熱交換器同士の相互干渉を考慮した設計が必要となる．

相互干渉の影響は地下水流れによっても大きく左右される．全層にわたって感知できる程度（年間 40 m 以上）の地下水流れがあれば，年間の採熱量と放熱量に大きな差がある場合でも，干渉による長期的な地中温度の変化はほとんど起こらないため，単独埋設の地中熱交換器として考えてもよい．

地下水流れのない場合には，ボアホールの間隔は 4 m 以上おくことが望ましいといわれている．しかし，**図 7.9** より，年間の採熱量と放熱量に大きな差がないような負荷条件（おおよそ採放熱の大きいほう 2 に対し小さいほう 1 以上）であれば，ボアホール同士の間隔が 2 m 以上のとき「冷房時最高温度」と「暖房時最低温度」はほぼ一定となることがわかる．これらの温度は地中熱交換器の設計に重要なファクタであり，この条件ではボアホールの掘削間隔を 2 m まで狭められることを示している．また，この範囲では COP や消費電力量といったヒートポンプの性能がほとんど変わらないことは**図 7.10** から確認できる．

一方，地下水流れがなく年間の採熱量と放熱量の差が大きい場合には，ボアホール同士

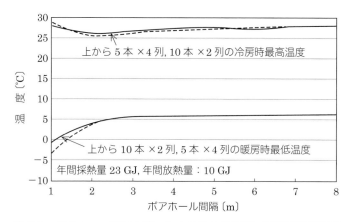

図 7.9　ボアホール間隔の違いによる地中側熱媒の暖房時最低温度
および冷房時最高温度の変化
（東京の戸建て住宅を対象とした数値シミュレーション結果）

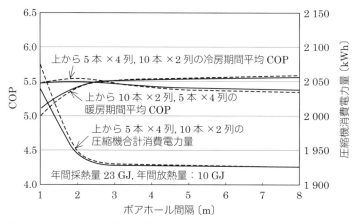

図 7.10　ボアホール間隔の違いによるヒートポンプの性能の変化
（東京の戸建て住宅を対象とした数値シミュレーション結果）

の相互干渉により地中温度は長期的に変化する．このとき，一般的には次のことがいえる．

① 長期的な地中温度の変化は年間の採熱量と放熱量の合計値に依存する．例えば，年間の採熱量が 50 GJ，放熱量が 10 GJ の場合（採熱を正，放熱を負とするとき合計40 GJ）と，採熱量が 40 GJ，放熱量が 0 GJ の場合（同様に，合計 40 GJ）の比較では，地中熱交換器の仕様や配置条件，地盤条件が同じであれば，長期的な地中温度はほぼ同等となる．

② 相互干渉の影響は，地中熱交換器の本数や配置条件，有効熱伝導率などといった地盤条件によって左右される．**図 7.11** は，合計長さ 100 m のボアホール 1 本の場合と，異なる配置で何本かのボアホールに分ける場合について，暖房時最低温度が経年でどれだけ変化するかを示している．100 m×1 本の場合と比較して，ボアホール本数が多いほど最低温度の経年低下が大きくなっていることがわかる．

また，配置の違いにより，すべてのボアホールを直線状にするよりも，2 列にしたほうが，経年の温度低下が大きくなり，長さ 10 m のボアホールを 2×5 本の配列で10 本埋設した場合に最も低下が著しかった．

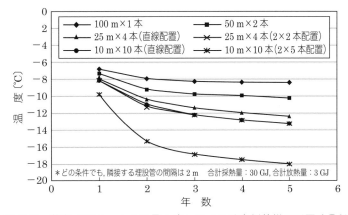

図 7.11 複数ボアホールの配置の違いによる地中側熱媒の暖房時最低温度の経年変化
（札幌の戸建て住宅を対象とした数値シミュレーション結果）

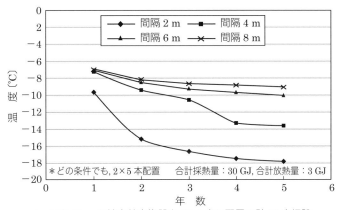

* 長さ 10 m の地中熱交換器を 2×5 本の配置で計 10 本埋設

図 7.12 複数ボアホールの埋設間隔の違いによる地中側熱媒の暖房時最低温度の経年変化
（札幌の戸建て住宅を対象とした数値シミュレーション結果）

図 **7.12** はこの条件で埋設間隔を 2 ～ 8 m に変更した場合の暖房時最低温度の経年変化を示している．これより，埋設間隔が大きくなるにつれ干渉による地中温度の低下は小さくなり，8 m の場合では 1 年目と 5 年目の温度差は 2℃ 程度であり，図 7.11 に示した 100 m×1 本の場合の変化とほとんど変らないことがわかる．

複数のボアホールの配置パターンはさまざまであるので，具体的な設計にあたっては地中熱ヒートポンプシステム設計・性能予測ツール Ground Club（7-4.1 項参照）を用いて計算することが望ましい．

3. 基礎杭方式

（a）基礎杭方式の設計フロー

基礎杭方式の設計フローを**図 7.13** に示す．基礎杭方式については建物条件や地盤条件によって杭の長さ，本数が決定されるため，基本的にはこのあらかじめ決定された地中熱交換器長さに対してヒートポンプ容量や運転時間を決定することとなる．地中熱交換器と

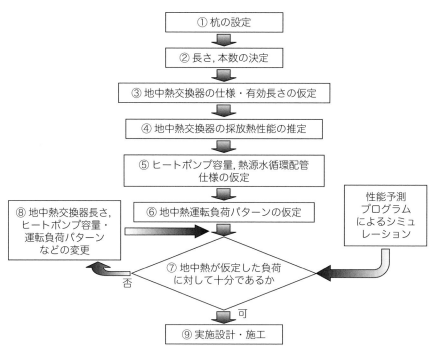

図 7.13　基礎杭方式の設計フロー

して使用できる合計長さは限られたものとなるので，必要に応じて採熱専用の杭，ボアホール型その他の地中熱交換器を追加することも考えられる．

　設計フローとしては，① まず杭の種類を選定し，② その建物条件と地盤条件に対する杭長さと本数を決定する．ここまでは，一般的な構造設計の分野となる．

　次に，③ 選定した杭に適した地中熱交換器仕様（方式，熱交換有効長さなど）を仮定し，④ おおよその採放熱性能より合計最大採熱量を見積もり，それをもとに ⑤ 選定可能な容量のヒートポンプを仮定するとともに，地中熱交換器とヒートポンプを結ぶ熱源水循環配管の仕様（並列回路数，並列・直列・混合，リバースリターン・ヘッダ直結分配など）を仮定する．そのうえで，⑥ 熱源システム組合せによる運転方法（運転時間，ピーク対応・ベース対応，蓄熱対応・追従対応などの処理負荷）を検討し，地中熱が分担する負荷変動パターンを想定する．

　さらに，後述するような性能予測ツールなどにより，複数年連続して処理した場合，長期間安定的に運転可能かを計算して，⑦ 最初に仮定した地中熱交換器仕様が想定した負荷を処理するために十分であるかを判定する．

　もし，不十分で採放熱量が足りない場合は，ボアホール型地中熱交換器を追加することや，ヒートポンプ容量，運転方法を変更することにより再度仮定し，フローに従って再度検討する．

　熱源水循環配管の仕様については，地中熱交換方式の仕様にもよるが，25A の U チューブを用いる場合には，U チューブ 1 本当り最低 10 l/min の循環流量を確保すればよい．したがって，これを可能とする最大並列回路数を算定し，杭配置などにより必要に応じて直列配管と並列配管を組み合わせればよいといえる．

なお，基礎杭を地中熱交換器として用いる場合，特に大規模建物の場合については，大口径の杭を用いることになるため，ボアホール方式に比べ地中熱交換器の形状がより複雑になることや，また，内部の空洞部分に水を充填する場合には対流が発生し採放熱性能が時々刻々と変わったりすることも考えられる．それゆえ，実施設計に入る前に，性能予測ツールを用いて，あらかじめ性能を予測しておくことが望ましい．

（b）基礎杭の地中熱交換方式とその採放熱性能

ここでは，採用例の多い中空杭（PHC杭や鋼管杭）を地中熱交換器として使用した場合の，内部仕様に応じた採放熱性能について示す．中空杭を地中熱交換器として利用する方法としては直接熱交換方式と間接熱交換方式がある（2-4節参照）．間接方式では，Uチューブの本数を調節することで，直接方式と同等程度の採放熱性能が得られることが試験より明らかになっている．

一例として，図 **7.14** に熱交換方式の違いによる採熱量の違いを示す．これらは，送水温度一定，循環流量一定条件下での採熱試験の結果である．240〜400時間経過時の平均値で表している[*6]．口径 165 mm ϕ の鋼管杭を用いた場合には，Uチューブを1本挿入した間接方式で，直接方式と同等の採熱量が得られる結果となっている．しかし，口径400 mm ϕ の鋼管杭を用いた場合には，Uチューブを1本挿入しただけでは直接方式に比べ採熱量が少なく，2本挿入することで直接方式と同等程度の採熱量が得られることがわかる．

また，PHC杭と鋼管杭の比較では，杭外壁の鉄の熱伝導性がコンクリートよりも優れていることから，口径や仕様が同じ（口径については同程度）であれば一般的に鋼管杭のほうが採放熱性能に優れている．図 **7.15** にその一例を示す[*7]．同じ試験条件（送水温度一定，循環流量一定）で採熱試験を行い，125時間（5日）経過以降の採熱量を比較したところ，鋼管杭はPHC杭の約1.5倍の採熱量が得られるという結果になった．

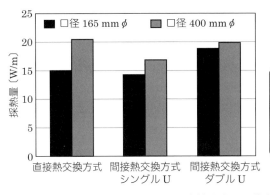

試験条件：
　鋼管杭有効長さ：38.5 m，送水温度：2℃ 一定，
　循環流量： 5 l/min 一定（直接方式）・
　　　　　　 10 l/min 一定（間接方式）
　土壌有効熱伝導率（推定値）：1.5 W/(m・K)，
　平均地中温度（推定値）：9.3℃

図 7.14　直接方式と間接方式の採熱性能の比較

[*6]，[*7]　実際の鋼管杭利用地中熱ヒートポンプシステムにおいては，100 W/m を大きく超える地中採熱量が得られる場合もある（運転実績値 140 W/m）．
　この試験では採熱量は 15〜35 W/m と小さな値となっているが，この理由としては，地中温度がそれぞれ 9.3℃，11.0℃程度の試験地盤条件において，送水温度 2℃と熱源水送水温度下限値に比べ高い温度で試験を行っているため，地中と熱媒の温度差が小さくなったこと，また，24時間の連続的な採熱を行うことによって得られた値であること，杭口径が比較的小さなものであること，などがあげられる．

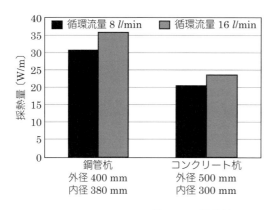

図 7.15 鋼管杭と PHC 杭の採熱性能の比較

さらに，**図 7.16** に示すような PHC 杭，鋼管杭利用の地中熱交換器の単位採放熱係数を計算し，地中熱ヒートポンプシステムの運転時間に対する，ボアホールシングル U チューブ型地中熱交換器の単位採放熱係数に対する比 q'/q'_{base} を **図 7.17**，**図 7.18** にまとめた（ボアホール型と同様，地盤の有効熱伝導率の違いによる比の変化は小さいため，平均値としてまとめている）．PHC 杭，鋼管杭利用の地中熱交換器については，杭の口径が大きく，U 字管の離隔が十分に取れることから，U 字管 1 本でも採熱量はボアホール型よりも大きくなっていることがわかる．さらに，U 字管の本数を増加させると，採熱量が増大することもわかる．しかしながら，U 字管の本数の増加による採熱量の増大効果は U 字管の本数が増えると小さくなるため，U 字管の本数の増加によるコスト増大を考慮すると，今回の計算条件では U 字管 2～3 本程度が適当な本数であることがうかがえる．

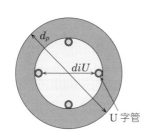

PHC 杭利用地中熱交換器の条件
　杭壁および内部充填材有効熱伝導率：1.8 W/(m·K)
　杭口径 $d_p=800$ mm　U 字管間隔 $diU=450$ mm
　U 字管外径：32 mm, 肉厚：3.0 mm
　流れの状態：乱流
　内部熱抵抗値(計算値)
　　U 字管 1 本：0.421 (m²·K)/W
　　U 字管 2 本：0.232 (m²·K)/W
　　U 字管 3 本：0.175 (m²·K)/W
　　U 字管 4 本：0.149 (m²·K)/W

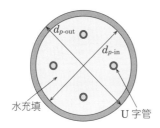

鋼管杭利用地中熱交換器の条件
　内部充填材：水
　杭外径 $d_{p\text{-out}}=400$ mm　杭内径 $d_{p\text{-in}}=380$ mm
　流れの状態：乱流
　内部熱抵抗値(計算値)
　　U 字管 1 本：0.087 (m²·K)/W
　　U 字管 2 本：0.048 (m²·K)/W
　　U 字管 3 本：0.035 (m²·K)/W
　　U 字管 4 本：0.028 (m²·K)/W

＊　U 字管の間隔は設定していないが，U 字管同士が接着していない限りは，水の対流により熱抵抗値が大きく変わることがなくなる．

図 7.16 PHC 杭，鋼管杭利用地中熱交換器の単位採放熱係数の計算条件

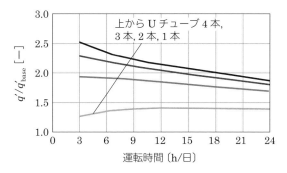

図 7.17　ボアホールシングル U チューブ型地中熱交換器の単位採放熱係数 q'_{base} に対する PHC 杭利用地中熱交換器の単位採放熱係数 q' の比

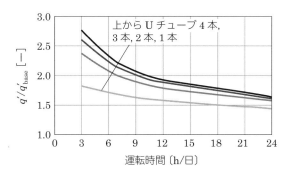

図 7.18　ボアホールシングル U チューブ型地中熱交換器の単位採放熱係数 q'_{base} に対する鋼管杭利用地中熱交換器の単位採放熱係数 q' の比

7| 04　地中熱ヒートポンプシステムの設計ツールと Ground Club

1.　地中熱ヒートポンプシステムの設計ツール・シミュレーションソフトウェア

　小規模建物での設計や，基本計画時の設計においてはこれまでに紹介した簡易的な設計方法を用いてもよいが，大規模建物での基本設計・実施設計を行う場合には，コンピュータを利用した設計ツール・シミュレーションソフトウェアを用いた性能予測を行うことが望ましい．わが国では後述する Ground Club[*8] が最もよく用いられているソフトウェアであるが，海外ではそれ以外のソフトウェアも用いられている．

＊8　Ground Club：Ground Club については国立研究開発法人 新エネルギー・産業技術総合開発機構(NEDO)再生可能エネルギー熱利用技術開発事業を受けて，バージョンアップを行うとともに，クラウド版 GSHP システム設計・性能予測ツール "Ground Club Cloud" への変更を実施している．Ground Club Cloud は Ground Club の特長を引き継いだうえで地下水流動を考慮した地中温度計算，多熱源との併用計算，熱交換器の種類の追加などの機能を追加している．

　さらには，ソフトウェア内に地盤データベースを内蔵しており，地盤熱物性の情報を得ることができる．言語として日本語のほかに英語，中国語，韓国語の利用が可能であるなどの特色を有しているが，現時点（2020 年 5 月）の段階では製品化がなされていないため，詳細な説明については割愛する．

表7.6に国内外で使用されている地中熱ヒートポンプシステムの設計ツール・シミュレーションソフトウェアについてまとめたものを示す．ソフトウェアは主に地中熱交換器の長さを決定するために使用する地中熱専用の設計ツール（Ground Club，EED，GLHEPro，GLD）と，地中熱ヒートポンプシステムを含めた熱源システムの性能予測や地盤温度変化を予測するシミュレーションソフトウェア（LCEMツール，TRNSYS，FEFLOW）に大別される．このうち，シミュレーションソフトウェアについては，主に研究用途で使用され，高度な知識が必要となる．したがって，地中熱の設計ではシミュレーションツールよりも設計ツールを用いるほうが一般的である．なお，Ground ClubとGLD（プレミア版）は設計ツールに分類しているが，熱源システムの性能予測や地盤温度変化の予測のシミュレーションも可能である．設計ツールについては，Ground Clubを除くと解析方法としてg-functionを応用しているため，複数管の計算や対応可能な垂直地中熱交換器の種類に大差はない．

また表7.6で示した設計ツール・シミュレーションソフトウェア以外に国土交通省から供給されているエネルギー消費性能評価計算プログラム（通称：国交省Webプログラム）においても，地中熱ヒートポンプシステムの性能（エネルギー消費量）の計算を行うことも可能となっている．ただし，建築物の省エネルギー性能を評価するにあたっての地中熱の省エネ性能の評価を行うものであるため，地中熱ヒートポンプシステムの設計や性能を予測するために活用するのは困難である．

表7.6　国内外で使用されている地中熱ヒートポンプシステムの設計ツール・シミュレーションソフトウェア

名　前	解析手法	評価項目										
		使いやすさ	計算速度	地中熱交換器長さ計算	複数管の計算	時刻別温度変化の計算	多熱源との併用	ライフサイクルコスト計算	地下水流動の考慮	負荷計算・入力	対応可能な熱交換器
Ground Club *7	理論解析（円筒理論＋線源理論）	○	◎	○	◎	◎	○	○	○	両方可	SU, DU, CO, PCP, SP, VS
EED	理論解析（円筒理論／g-funtion）	○	◎	○	○	×	×	×	△	両方可	SU, DU, CO
GLHEPro	理論解析（円筒理論／g-funtion）	○	◎	○	○	○	×	×	△	入力のみ	SU, DU, CO, HO, SW
GLD（住宅版）	理論解析（円筒理論／g-funtion）	○	◎	○	×	×	×	×	×	入力のみ	SU, DU, CO, HO, SW
GLD（プレミア版）	理論解析（円筒理論／g-funtion）	○	◎	○	○	○	×	○	△	入力のみ	SU, DU, CO, HO, SW
LCEMツール	数値解析（差分法）	△	△	×	△	○	◎	×	×	入力のみ	DU
TRNSYS	計算モジュールのタイプによる	×	△	×	○	○	◎	×	×	両方可	SU, DU, CO
FEFLOW	数値解析（有限要素法）	×	△	×	○	○	×	×	◎	両方不可	SU

地中熱交換器の種類：SU：シングルUチューブ，DU：ダブルUチューブ，CO：二重管方式，PCP：コンクリート杭，SP：鋼管杭，VS：垂直スパイラル方式，HO：水平型，SW：浅層水利用方式
凡例　◎：優れている，○：良い，△：やや劣る，×：不可

2. 地中熱ヒートポンプシステム設計・性能予測ツール Ground Club

地中熱ヒートポンプシステム設計・性能予測ツール Ground Club は筆者らが開発した地中熱ヒートポンプシステムの性能予測プログラムで，ゼネラルヒートポンプ工業(株)から販売されている．地中熱ヒートポンプシステムが広く普及している欧米ではいくつかの設計ツールが商用化されているが，使用言語が異なるため日本で一般的に用いることは難しい．さらに，このシステムの普及途上にあるわが国では導入効果を明確に示す必要があるが，これまでそのようなツールはなかった．Ground Club は，日本で開発・販売された設計ツールであるため，使用言語やメンテナンスの容易さに加え，海外製のツールと比較して以下のような特長を持っている．

① 標準的なツールとして使用するために必要なユーザーフレンドリーな入力画面や，グラフィカルな出力画面を内蔵している．そのため，簡単な入力で，地中熱ヒートポンプシステムの性能を予測できる．

② 時間ごとの暖冷房の熱需要に対して，システム全体の運転シミュレーションを行うことが可能であり，より実際の運転に近い条件で性能予測を行うことができる．

③ 任意の配置で埋設した複数の地中熱交換器に対しても，地中温度の高速計算が可能である(使用するコンピュータの性能にもよるが，おおよそ 2 年間の計算で 1 分程度)．

④ 地中熱ヒートポンプシステムの性能だけではなく，計算結果をもとに，従来の暖冷房システムと比較した二酸化炭素排出量削減効果なども計算できる．また，導入コストとランニングコストを計算し，従来方式と比較した導入コストの回収年数も示すことができる．それにより認知度が低い日本でも，実際に導入を進めている顧客や設計者にその効果を定量的にアピールできる．

⑤ 日本の主要都市の気象データベースを基に自動的に負荷計算を行える．また，空調負荷計算ソフトの結果を利用することもできる．

表 7.7 に Ground Club で計算を行うために最低限必要な情報(計算条件)を示す．ユーザー(設計者) はこれらの情報を入手したうえで，適当と思われる地中熱交換器長さを設定する．計算後，出力結果から設定した地中熱交換器長さが適切であるかどうかを判断する．例えば，一次側ブラインの最低温度や SPF などの値が判断指標となろう．満足できない場合については繰り返し計算を行うことにより，最適な地中熱交換器長さを決定できる．

表 7.7　Ground Club に必要な計算条件

項　目	具体的な数値例
建物の延べ床面積	$120\ \mathrm{m^2}$
建物の熱損失係数	$1.6\ \mathrm{W/(m^2 \cdot K)}$
地中熱交換器の仕様	ボアホール型シングル U チューブ
	ボアホール口径：120 mm
	U チューブ材質・口径：高密度ポリエチレン 25 A
	グラウト材熱伝導率：$2.0\ \mathrm{W/(m \cdot K)}$
循環水	プロピレングリコール 25％水溶液（凍結温度 $-10℃$）
循環水流量	$14.7\ l/\mathrm{min}$
土壌の有効熱伝導率	$1.5\ \mathrm{W/(m \cdot K)}$
土壌の密度	$1\,500\ \mathrm{kg/m^3}$
土壌の比熱	$2.0\ \mathrm{kJ/(kg \cdot K)}$

以下に，Ground Club を用いて，札幌市の戸建て住宅に地中熱ヒートポンプシステムの導入検討を行った例を示す．表 7.7 に示す条件で，一次側循環水（ブライン）の最低温度が凍結温度（－10℃）以下とならないような地中熱交換器長さを決定する．まず，Ground Club を起動させると，**図 7.19**(a)のような Ground Club のメイン画面が現れる．ユーザーは番号順に計算条件を入力する．また，パラメータとなる入力条件のみを入力すればよく，残りはツール内で自動的に行われる．地中熱交換器長さについては，例題のような住宅であればおおよそ 100 m（温暖地域であれば 60 m）を最初に入力し，計算を行えばよい．

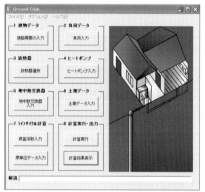

（a）メイン画面

（b）ヒートポンプの入力画面

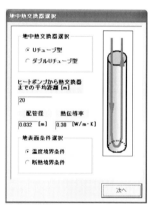

（c）地中熱交換器の入力画面

図 7.19　Ground Club の入力画面

　計算が終了すると，**図 7.20** に示す計算結果が表示される．設定した地中熱交換器長さが不足している場合，一次側循環水温度の計算値が凍結温度以下となるので，その場合は，地中熱交換器長さを変更して，再計算を行う．今回の条件では，ボアホール長さが 90 m 以下のとき－10℃ 以下となるので，少なくとも総長で 90 m 以上の地中熱交換器長さが必要となる．

　また，Ground Club ではライフサイクル計算を行うことができ，コストや CO_2 排出量の観点から目的に見合ったシステムを設計するのに有効である．

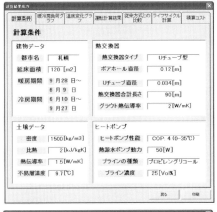
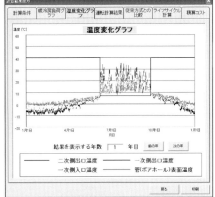

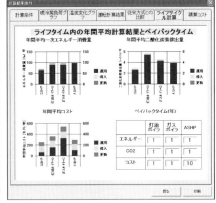

図 7.20　Ground Club の出力画面

⁷⁰05　オープンループシステムの設計手法

1.　システムの選択

　オープンループシステムは，地下水を汲み上げて採放熱した後，地下へ戻す（還元する）あるいは下水などへ放流し，季節間の蓄熱は行わない通常のシステム（図 7.21）と，複数井戸を設置し，揚水と還元を交互に繰り返すことで季節間蓄熱を行う帯水層蓄熱システム（Aquifer Thermal Energy Storage：ATES，図 7.22）に分類することができる．

　通常システムは，採放熱後の地下水処理の区別から，大きく以下に区別される．

① 還元型：還元井を用いて地下の帯水層へ直接戻す．
② 浸透型：浸透ますもしくはトレンチによって地下へ浸透させる．
③ 放流型：下水や排水路などに放流する．

　最も経済的であるのは，下水処理を伴わないで市内の排水網を通じて公共用水域へ放流することとなるが，都市部では現実的に難しいため，下水放流が基本となる．ただし，長期的な下水費用を勘案すれば，還元井や浸透ますを設置するほうが経済的な場合がある．また水循環基本法（2016 年施行）を背景に，地下水環境（水循環や水収支）の保全を義務付けている地域も多く，一定規模以上の施設では還元が原則となる．

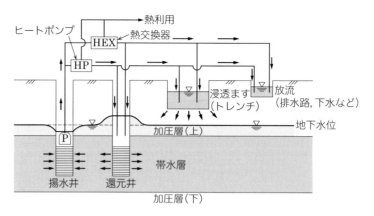

図 7.21　（通常）オープンループシステム

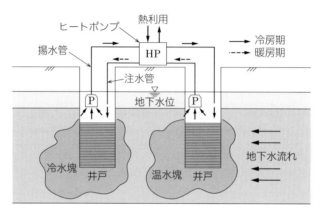

図 7.22　帯水層蓄熱システム（ATES）

　浸透ますは，設置やメンテナンスが還元井に比べ容易であるが，ますの底部や背面に蓄積する細粒分の除去に課題があり，汲んだ地下水と別の浅い地層に戻す場合，水循環保全の観点からは好ましくないという地域もあろう．還元井は，設置コストが最もかかるほか，長期的な運用による目詰りの可能性が高く，導入および維持にかかるコストの軽減が課題となる．

　帯水層蓄熱システムは，揚水井・還元井を季節間で交互に変え，片方に冷水塊，もう片方には温水塊を地中に人工的に作り，それぞれ冷熱利用，温熱利用に用いることで，効率的に熱利用するシステムである．ただし，二つの井戸を設置し，それぞれに揚水設備，還元設備が必要になることから，通常のオープンループシステムより設置コストは割高となる傾向がある．

　ATES 導入が盛んな欧州において，IEA DHC/CHP によるガイドライン[10] によれば，ATES によって 30 〜 40 kWh/m³ の蓄熱が可能であり，50 €/m³ 未満のコストで済むとされる．例えば，帯水層厚を 20 m，冷水塊・温水塊を半径 5 m としても 3 〜 4 MWh の蓄熱に相当する．言い換えれば，この規模での熱利用があることが前提となる．

　同ガイドラインの対象は 1 〜 5 MW，場合によっては 10 MW としているが，わが国では，それより小規模のシステムの需要も期待されることから，図 7.21 では $10^2 \sim 10^4$ kW を対象とした．また ATES では，一定層厚以上の帯水層で，かつ蓄熱が期待されるため，地下水流れはさほど早くないことが前提となる（**表 7.8**）．

表 7.8　ATES 導入のための帯水層条件

	下　限	上　限
井戸深度〔m〕	25 （注入必要圧から）	300 （経済性から）
帯水層厚〔m〕	20	なし
透水係数〔m/s〕	1×10^{-4}（層厚大） 5×10^{-4}（層厚小）	1×10^{-3}*
地下水流速〔m/d〕	0	0.3*
静水位（地表からの深度〔m〕）	50	− 5

＊　速い地下水流れにより蓄熱の低効率化をもたらす値.

　オープンループシステムのシステム選択フローを図 **7.23** に示す．ATES は通常型に比べて高効率運転が期待できるが，蓄熱が可能な一定規模以上の施設であることが前提となる．また地下水流速が速い帯水層では，蓄熱効果がやはり期待できないため，ATES は不向きとなる．地下水流速の許容値として，表 7.8 では 0.3 m/d を上限としている．

　ATES が不向きな場合には，通常型のオープンループシステムを検討することになる．揚水井については，わが国では多数の既設井戸があり，その施工実績（深度や各帯水層の深度当たりの揚水量）を踏まえ，想定負荷に対して必要揚水量から適切な規模（深度や本数等）を設計可能である．一方，採熱後の地下水処理については，郊外などで排水先が確保可能な場合には，放流型が初期およびランニングコストの点で，最も経済的になると予想されるが，地下水環境保全の観点からは，揚水した水は地下へ戻すべきであり，還元型か浸透型が選択肢となる．表層部が透水性が高く浸透性が良好な砂・礫質な地盤の場合，浸透型がイニシャルコストを抑えることができるが，浸透性が不良な地盤の場合には，還元型となる．

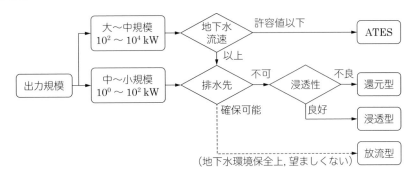

図 7.23　オープンループの選定フロー

2.　井戸の設計

　井戸に関する設計指針としては，国土交通省「公共建築工事標準仕様書（機械設備工事編）」，日本水道協会「水道施設設計指針 2012」，日本工業用水協会「工業用水道施設設計指針・解説」，また施工指針としては全国さく井協会「さく井工事施工指針」がある．また，オープンループシステム用の井戸設計施工指針として，地中熱利用促進協会「地中熱ヒートポンプシステム　オープンループ導入ガイドライン　第 1 版」もあげられる．

（a）取水層・還元層

　取水層は，安定して取水できる透水性の良好な砂や礫，あるいはき裂に富む岩盤が対象となる．わが国では各地に多くの井戸がすでに施工されており，既存の井戸資料などから導入検討地点における帯水層の分布深度，揚水量，水質などの情報を得ることができる．特に地域に精通したさく井業者であれば，揚水量の点では問題ない井戸が施工可能である．地中熱利用の場合，必要以上の揚水量は不要であり，採放熱量に応じた適正規模の井戸となるよう，さく井業者とよく打合せを行い，設計すべきである．

　より重要なのは地下水質であり，目詰りリスクを回避するため，できるだけ水質の良好な（硬度や鉄，マンガンの少ない）帯水層から取水し，酸素の混入を防ぎながら（できれば完全密閉型），同じ帯水層に戻すことが基本となる．

（b）揚水量

　井戸の揚水量 v は，地中からの可能採熱量 Q_w〔kW〕が設計負荷を上回るように設定する．

$$Q_w = \rho_w C_w v \Delta T > Q_0$$

ここで，$\rho_w C_w$ は熱容量〔kJ/(kg·K)〕，v は揚水量〔m³/s〕，ΔT は温度差〔K〕で，例えば5℃差を想定する．Q_0 は設計熱負荷（例えば，ピーク負荷）である．例えば，10 kW の採熱に必要な水量は温度差5℃であれば，約 30 l/min となる．採熱量が10倍になれば，水量も10倍必要という計算になる．井戸の揚水量は，揚水による水位低下量 s（自然水位と揚水時の動水位との差 $H-H_w$），帯水層の透水性 K と層厚 H（それらの積を透水量係数 という）で決まり，被圧帯水層，不圧帯水層それぞれで，定常・非定常条件での理論解が導かれている（**表 7.9**）．導入地点にて，既存資料などから，帯水層の層厚と透水係数を推定し，水位低下量を設定すれば，それに応じた揚水量を計算することができる．

表 7.9　井戸揚水量の理論解[11]

定常・非定常	被圧・不圧	理論解
定　常	被　圧	$v = \dfrac{2\pi T s}{2.3 \log\left(\dfrac{r_w}{R}\right)}$
	不　圧	$v = \dfrac{\pi K(H^2 - (H-s)^2)}{2.3 \log\left(\dfrac{r_w}{R}\right)}$
非定常	被　圧	$v = \dfrac{4\pi T s}{W(u)}$, $u = \dfrac{S r_w^2}{4Tt}$ $W(u) = \displaystyle\int_u^\infty \dfrac{e^{-u}}{u}\,du \cong -0.5772 - 2.3 \log u \quad (u < 0.02)$
	不　圧	$\dfrac{s}{H} = \eta W(u) + \dfrac{1}{2}(\eta W)^2 + \dfrac{1}{2}(\eta W)^3$ が成り立つ $\left(\eta = \dfrac{v}{2\pi KH^2}\right)$

〔注〕　1. 均質，等方地盤，自然動水勾配および涵養量ゼロ，完全貫入井戸を仮定
　　　　2. v：揚水量，K：透水係数，S：貯留係数，T：透水量係数（KH），r_w：井戸半径，R：影響半径，H：帯水層厚，s：水位低下量

　定常式中の影響半径 R は，井戸による水位低下がゼロとなる距離であり，透水性が高いほど，影響圏は大きくなる．影響半径の例を**表 7.10** に示す．

表 7.10　揚水井戸の影響圏 [11]

土　質		影響圏半径 R〔m〕
区　分	粒　径〔mm〕	
粗　礫	> 10	> 1 500
礫	2 ～ 10	500 ～ 1 500
粗　砂	1 ～ 2	400 ～ 500
粗　砂	0.5 ～ 1	200 ～ 400
粗　砂	0.25 ～ 0.5	100 ～ 200
粗　砂	0.10 ～ 0.25	50 ～ 100
粗　砂	0.05 ～ 0.10	10 ～ 50
シルト	0.025 ～ 0.05	5 ～ 10

　帯水層が厚い場合，スクリーン区間長を帯水層厚 H と仮定する．スクリーン材料はケーシングよりはるかにコストがかかるため，経済性の面から区間長を少なくしがちであるが，地盤の構成粒子が移動しないよう，平均流入速度が小さくなるよう長く設定することが望ましい．地下水の流入速度 V は，1.5 cm/s 以下とするのが望ましく，少なくとも 3 cm/s 以下には抑えることとされる [12].

$$V = \frac{v}{2\pi r_w L \varepsilon}$$

ここで，r_w は井戸半径，L はスクリーン長，ε はスクリーン開口率である．

（c）井戸間距離

　揚水量が大きい場合には，複数の揚水井を設置することになる．この場合，互いの揚水による水位低下の干渉を避ける条件として，「水道施設設計指針」では，揚水時の他方への井戸干渉が水位低下量にして 10 ～ 20 cm が目安とされている．一方，ATES を採用する場合，蓄熱効果を得るため，同一時期に揚水・還元する井戸群は互いに近く，異なる時期の井戸群はできるだけ離し，効率的に温水塊・冷水塊を形成することが求められる．地下水流れがない場合で分散も無視し，井戸を中心とした放射状の蓄熱帯が形成されると考え，帯水層の熱容量を $\rho C_p = 2 \sim 3$ MJ/(m³·K) とした場合の蓄熱半径 R_{th} は，

$$R_{\mathrm{th}} = \sqrt{\frac{\rho_w C_w Q}{\rho C_p H \pi}} \cong 1.5 \sim 2\sqrt{\frac{Q}{H\pi}}$$

ここで，Q は注水量，H はスクリーン長である．温水塊と冷水塊が混ざらないよう，オランダの場合には，井戸間距離は R_{th} の 3 倍以上とすることが推奨されている [13]．また地下水流れを考慮し，グリッド配置する井戸群に対する数値解析 [14] によれば，同一季節で稼働する井戸間は蓄熱効果が得られるよう 0.41 ～ 0.56 R_{th} 以内の距離に配置し，異なる季節で稼働する井戸間は 2.8 ～ 3.3 R_{th} 以上離すことが推奨されている．

（d）充填材

　スクリーンと孔壁の間の充填材は，①帯水層中の細粒分の沈積によって目詰りしない程度に，②地盤より十分な透水性を確保し，かつ③井戸への流速によってスクリーン孔から井戸内に流入しない粒径のものを用いる．その目安として，

　条件①：D_{f15}（充填材）< $5D_{85}$（地盤材料）

条件②：D_{f15}（充填材）＞ $5D_{15}$（地盤材料）

条件③：D_{f85}（充填材）＞ D（スクリーン）

がある[15]．ここで，D_{f15}，D_{f85} はフィルタ材の粒度試験で得られる粒径加積曲線における通過重量百分率 15，85％ 粒径，D_{15}，D_{85} は地盤材料の通過重量百分率 15，85％ 粒径，D は巻線スクリーンの場合は巻き線間隔もしくは金網を巻いている場合は目の大きさである．

そのほか，注入水に気泡が混じると，スクリーンに付着して目詰りの原因になる．目詰り要因となる酸素による溶存物質の析出も避けるため，配管計は極力密閉系とすべきである．特に，注水管の先端は地下水面が深い場合でも，必ず地下水面の下まで挿入する．

（e）地下水質

飲用井戸の場合には，水道法「水質基準に関する省令」に定める項目を実施することになるが，地中熱利用の場合，熱交換器や配管への腐食やスケールが問題となる．参考としては，冷却水・冷水・温水・補給水の水質基準値（**表 7.11**）がある．ただし，同基準には，目詰り要因となり得るマンガンが抜けているほか，鉄に関しては同基準を下回っても，目詰りが進行する報告もある．オープンループの今後の普及を見据え，目詰りリスクの評価に必要な水質分析の項目と基準について今後，確立していくことが求められる．なお，放流型では，公共用水域に排水する場合，水質汚濁防止法に基づく排水基準（**表 7.12**）に適合する必要もある．

（f）メンテナンス

井戸は長期の使用により，徐々にその能力が低下する．特に，還元井の場合は目詰りが進行しやすい．井戸の配置によってメンテナンス方法に制約が生じるため，設計段階でメンテナンス方法もあらかじめ想定することが必要である．メンテナンスの方法として以下の①～⑤があげられる．

① スワビング：ケーシングの中にワイヤで吊るしたピストン状の工具を降し，上下運動による吸引力でスクリーン部の目詰りを除去する．

② 過大断続揚水：揚水ポンプにより過大揚水や断続揚水を反復する．

③ 高速ジェッティング：スクリーンの内部から外部に向けて水を噴射して洗浄する．

④ 逆洗：揚水井は井戸内に清水を流し込み，井戸内の水位を一時的に高め，還元井はポンプを設置し揚水することで，通常と逆の水の動きを作り，逆洗作用で目詰りを除去する．

⑤ 薬品処理法：高重合リン酸塩などを投入し，酸洗いを行う．

この中で，スワビングが物理的かつ簡易であり，適用性が高い．巻線形スクリーンに対しては，高速ジェッティングもしばしば用いられる．また還元井に対しては，ポンプ設置による逆洗が有効である．この場合，あらかじめ還元井にもポンプを設置する必要があるが，定期的に逆洗もしくは揚水井と還元井を交互に使用することで，ポンプ設置などの初期コストを加えても全体としてメンテナンスコストの軽減につながる場合もある．

表7.11 冷却水・冷水・温水・補給水の水質基準値[16]

	項 目	冷却水準値	傾 向 腐 食	傾 向 スケール
基 準	pH（25℃）	6.5 ～ 8.2	○	○
	電気導電率（25℃）	800 mg/l 以下	○	○
	塩化物イオン	200 mg/l 以下	○	
	硫酸イオン	200 mg/l 以下	○	
	酸消費量	100 mg/l 以下		○
	全硬度	200 mg/l 以下		○
	カルシウム硬度	150 mg/l 以下		○
	イオン状シリカ	50 mg/l 以下		○
参 考	鉄	1.0 mg/l 以下	○	○
	銅	0.3 mg/l 以下	○	
	硫化物イオン	検出されないこと	○	
	アンモニウムイオン	1.0 mg/l 以下	○	
	残留塩素	0.3 mg/l 以下		
	遊離炭酸	4.0 mg/l 以下		
	安定度指数	6.0 ～ 7.0	○	

表7.12 水質汚濁防止法に基づく排水基準

		排水基準		分析項目	排水基準
1	カドミウムおよびその化合物	0.1 mg/l 以下	22	チオベンカルブ	0.2 mg/l 以下
2	シアン化合物	1.0 mg/l 以下	23	ベンゼン	0.1 mg/l 以下
3	有機リン化合物（パラチオン，メチルパラチオン，メチルジメトンおよび EPN に限る）	1.0 mg/l 以下	24	セレンおよびその化合物	0.1 mg/l 以下
4	鉛およびその化合物	0.1 mg/l 以下	25	ホウ素	10 mg/l 以下
5	六価クロム化合物	0.5 mg/l 以下	26	フッ素	8.0 mg/l 以下
6	砒素およびその化合物	0.1 mg/l 以下	27	アンモニア，アンモニア化合物，亜硝酸化合物および硝酸化合物	100 mg/l 以下
7	水銀およびアルキル水銀その他の水銀化合物	0.005 mg/l 以下	28	水素イオン濃度（pH）	5.8～8.6
8	アルキル水銀	検出されないこと	29	生物化学的酸素要求量（BOD）	60 mg/l 以下
9	ポリ塩化ビフェニル（PCB）	0.003 mg/l 以下	30	化学的酸素要求量（COD）	90 mg/l 以下
10	ジクロロメタン	0.2 mg/l 以下	31	浮遊物質量（SS）	60 mg/l 以下
11	四塩化炭素	0.0002 mg/l 以下	32	ノルマルヘキサン抽出物質（鉱油類）	5 mg/l 以下
12	1,2- ジクロロエタン	0.04 mg/l 以下	33	ノルマルヘキサン抽出物質（動植物油脂類）	30 mg/l 以下
13	1,1- ジクロロエチレン	0.2 mg/l 以下	34	フェノール類	5 mg/l 以下
14	シス -1,2- ジクロロエチレン	0.4 mg/l 以下	35	銅含有量	3 mg/l 以下
15	1,1,1- トリクロロエタン	3.0 mg/l 以下	36	亜鉛含有量	5 mg/l 以下
16	1,1,2- トリクロロエタン	0.06 mg/l 以下	37	溶解性鉄含有量	10 mg/l 以下
17	トリクロロエチレン	0.3 mg/l 以下	38	溶解性マンガン含有量	10 mg/l 以下
18	テトラクロロエチレン	0.1 mg/l 以下	39	クロム含有量	2 mg/l 以下
19	1,3- ジクロロプロペン	0.02 mg/l 以下	40	大腸菌群数	日間平均 3 000 N/cm³ 以下
20	チウラム	0.06 mg/l 以下	41	全窒素	120 mg/l 以下
21	シマジン	0.03 mg/l 以下	42	全リン	16 mg/l 以下

参 考 文 献

1) （一社）建築設備技術者協会：HASP について，https://www.jabmee.or.jp/hasp/（2020）

2) （一財）建築環境・省エネルギー機構：The BEST program，http://www.ibec.or.jp/best/（2020）

3) 濱田靖弘ほか：国土数値情報を用いた地下熱特性の分析と地下熱利用形態に関する研究，エネルギー・資源，Vol. 23, No. 1, pp. 61-67（2002）

4) H.M. Sach：Geology and Drilling Methods for Ground-Source Heat Pump Installations, p.14, Figure3-1, ASHRAE（2002）

5) 三菱 UFJ リサーチ＆コンサルティング：再生可能エネルギー熱利用の導入拡大方策の調査報告書，pp.177-198（2018）

6) VDI（Verein Deutscher Ingenieure）：VDI Richtlinienreihe 4640, part 2, p.12, Table 1（2001）

7) 大岡龍三：講座「地中熱利用ヒートポンプシステム」建物基礎杭を利用した地中熱空調システム，日本地熱学会誌，Vol. 28, No. 4, pp. 431-439（2006）

8) 岩田宜巳ほか：地下水流動を考慮した地中熱利用ヒートポンプの実証試験，日本地熱学会誌，Vol. 27, No.4, pp.307-320（2005）

9) International Ground Source Heat Pump Association：Closed-Loop/Ground-Source Heat Pump Systems Installation Guide

10) IEA DHC/CHP: Integrated Cost-effective Large-scale Thermal Energy Storage for Smart District Heating and Cooling Design Aspects for Large-Scale Aquifer and Pit Thermal Energy Storage for District Heating and Cooling, p.32, Table 3.1（2018）

11) 河野伊一郎：地下水工学，pp. 43-57，鹿島出版会（1989）

12) 建設産業調査会：地下水ハンドブック，pp. 407（1981）

13) NVOE：Methods and Guidelines Underground Energy Storage, Dutch Society for Subsurface Energy Storage（2006）

14) W. Sommer, et al.: Optimization and spatial pattern of large-scale aquifer thermal energy storage, Applied Energy, No.137, pp.322-337（2015）

15) 地盤工学会：根切り工事と地下水，pp. 197-199（1991）

16) 日本冷凍空調工業会：冷凍空調機器用水質ガイドライン JRA-GL02:1994（1994）

地中熱ヒートポンプシステムの評価と将来展望

8|01　地中熱ヒートポンプシステムに求められる条件

　暖冷房，給湯などの熱源設備の第一の目的は，必要なところに必要なだけ温熱，冷熱を滞りなく供給し目的の温熱環境を得ること，給湯量を確保することである．第二にそれが経済的に十分に魅力的であること，第三に環境に与える負荷ができるだけ小さいことである．そして，これらの性能が長年にわたり保証される必要がある．設計者は地中熱ヒートポンプシステムがこれらの目的を満たす種々の選択肢の中で最も優れたシステムであるかどうかの判断を謙虚に行い，導入を決定する必要がある．

　さらに，経年的に当初の性能が得られない場合に対してリスクの管理を行っていく必要もある．例えば，運転開始から数年後に，能力不足に陥り補助熱源が必要となった場合，その原因がどこにあるのかをきちんと同定でき，責任範囲を明確にして対処できる事前の備えと分析能力が必要である．例えば，設計は的確だったとしても，熱源側の問題（エア噛みによる循環流量の低下，地下水位の低下による地盤の有効熱伝導率の低下，地中熱交換からの熱媒の漏れなど），腐食の問題（配管だけでなく，ヒートポンプの熱交換器へのダメージ），ヒートポンプの能力不足や能力低下，放熱器の能力不足（カタログ性能値の値がきちんと出ているのか，コイルの熱伝達性能の経年劣化によるものなのか）など，ハード面での問題が生じる可能性があり，設計・施工時には機器や部材，不凍液の選択はもちろんのこと，納品時の品質管理や正しい施工方法がされているかなどにも十分に気を配る必要がある．また，竣工後にも，当初予定外の熱負荷が生じた場合に地中から過度に採熱または放熱してしまうなど，システムの運転状態に起因する問題も考えられる．そのため，竣工後にはできるだけ必要最低限の運転データを計測・記録しておくことが望ましい．このためには，ヒートポンプユニット内に温度，流量，圧力などが計測，保存，通信できるユニットと小型センサを標準装備していることが望まれる．国際エネルギー機関（IEA）の「蓄熱による省エネルギープログラム（ECES）」中のANNEX27は「ボアホールの品質管理」であり，その点に焦点を当ててガイドラインをまとめている．是非，参照されることをお勧めする（http://www.eces-boresysqm.org）．

8|02　経済性および環境性の評価

1.　経済性評価

　経済性を考えるうえで単純償却年数に加え，ライフサイクルコスト（LCC）の検討は必要不可欠である．LCCはイニシャルコストに加え竣工時から建物の寿命までに掛かる以下の，

❶　ランニングコスト（Running cost）：光熱水費
❷　メンテナンスコスト（Maintenance cost）：修繕費，維持管理費，金利
❸　リノベーションコスト（Renovation cost）：機器取替え費用

❹ ディスポーザルコスト（Disposal cost）：廃棄費用

の合計である．

　目先の判断からいえば，イニシャルコストの増加分をランニングコストの減少分で償却するとしたら何年かかるかという単純償却年数が手始めの検討となる．単純償却年数からいえば，地中熱ヒートポンプシステムは未だ厳しい状況にあるが，昨今の原油価格の高騰とシステムの低コスト化により，状況はかなり改善されてきている．例えば，住宅の暖房を考えた場合，北海道内に新築される 90% 以上の住宅が何らかの形態のセントラルヒーティングを採用しているが，そのうち 7 割が温水暖房である．灯油やガスを燃料とする温水暖房システム価格は 110 万〜130 万円程度である．一方，新省エネルギー基準に準拠した典型的な札幌の高断熱・高気密住宅の暖房負荷から計算した灯油消費量は年間約 1 340 l（ただし，期間暖房負荷を 41.6 GJ，家庭用の小型灯油暖房ボイラの効率を 0.85 とした場合）である．これに加えて，暖房ボイラを稼働させる場合には無視できない電力が必要となり（一般的に暖房用には FF ボイラを用いることが多く，この場合には強制吸排気のファンを稼働するため常時 100 W 程度の電力が必要），シーズンの電力量は 500 kWh 程度と見積もられる．灯油価格を 100 円 /l（2018.4 〜 2020.3 の 2 年間の全国平均）とすると，暖房期間に 134,000 円の灯油代と 15,000 円程度の電気代が必要になる．

　一方，地中熱ヒートポンプシステムによる暖房であれば，シーズン平均の一次側循環ポンプ動力も含めた SCOP を 3.5，北海道電力のエネとくスマートプランにて契約したとして電気料金を概算すると約 65,000 円となり，灯油暖房システムとの差額は年間 84,000 円となる．単純償却年数を 10 年間とすれば，84 万円の差額，すなわち地中熱システムが 200 万円程度であれば条件の範疇に入ってくる．現実に灯油暖房システムとの差額を考えてみると，地中熱熱交換器設置に約 100 万円，ヒートポンプユニットとボイラユニットの差額が約 30 万円，二次側システムの低温度差暖房への設備の増加分が約 20 万円必要で，合計では 150 万円程度のコスト増となる．したがって，単純償却年数は 18 年と計算できる．ただし，札幌市では再エネ省エネ機器導入の促進制度として独自に補助金制度をもっており，GSHP の導入に対しては 20 万円を補助している．これを利用した場合には，単純償却年数は 15.5 年となる．

　次に，メンテナンスコスト，リノベーションコスト，ディスポーザルコストを考えてみる．地中熱ヒートポンプシステムのプラス側の要因として，基本的にはノーメンテナンス，長寿命があげられる．灯油ボイラでは基本的には数年に一度の燃焼部分の清掃や消耗部品交換が必要となる．また，寿命も 10 年程度に対し，ヒートポンプは 20 年程度は稼働できる．マイナス要因としては，不凍液の取替え，リノベーション時のヒートポンプのコスト高，廃棄時の冷媒の処理費用が考えられる．また地中に埋設した熱交換器は基本的に設計時において建物寿命相当の 60 年以上の耐久性や耐漏えい性を考えている．不凍液に関しても，稼働温度が −5℃ からせいぜい 30℃ 程度であり，密閉システムのため不凍液の劣化速度は小さく，基本的に上記の期間の入替えは不要と考える．これらを考慮してライフサイクルコスト（LCC）の計算を行ったところ，20 年返済の銀行借入れ（金利 1%）で設備費をまかなうとした場合でも，現在の灯油価格で計算すると，ガスボイラ，電気ボイラはもとより灯油ボイラシステムに対しても初年度目から優位性が認められる結果が得ら

れている.

このほか，リスクをコスト換算することも必要であろう．プラス要因として火災の危険性の減少，地震時や火災時の安全性，灯油タンクや配油管からの灯油の漏えいによる地下汚染がない，将来の石油安定供給不安からの回避などが考えられる．マイナス要因としては，地中熱交換器からの不凍液の漏えい危険があげられる．停電時の問題はボイラシステムでも同じく起きるので，リスク増にはならない．ただし，ヒートポンプの保守サービスや補修部品の長期供給が不安要素の一つとしてあげられる．

2. 環境性評価

環境に与える負荷として，まずライフサイクル CO_2（$LCCO_2$）による評価方法がある．$LCCO_2$ による評価は，エネルギー価格の影響を受けないため LCC に比べてよりユニバーサルな評価であるといえる．製造から搬送，運転，廃棄に至るまでの CO_2 発生量を札幌の住宅暖房システムについて計算したところ，地中熱ヒートポンプシステムは灯油温水暖房はじめ他の暖房システムに比べて初年度目から優位性を示すことが著者らの研究から示されている[1].

このほかに，直接的な環境負荷のリスクも考える必要がある．特に，灯油タンクや配油管からの灯油の漏えい，または地中熱交換器からの不凍液の漏えいによる地下汚染の危険性を念頭に置く必要がある．施工状況や使用部材，現場の実情を考えると灯油システムの方が漏えいの危険性は高い．また，漏出した物質が灯油であり生物分解性が極めて悪いことに加え，灯油タンクが一般に 450 l と大きいことを考えると漏えい時の環境負荷のリスクは灯油システムのほうが圧倒的に大きいといえる．

加えて，近隣住民に与える住環境負荷としては，排気，振動，騒音などがある．ヒートポンプであるので，使用場所での排気はなく，煙突設備や FF 式の場合には壁貫通する吸排気筒も不要のため，高気密化に寄与できるし，また燃焼の排気が給気系統に入ることもない．最近では住宅用ヒートポンプの振動，騒音は，灯油 FF 式ボイラに近いレベルにまでなってきており，室内でも設置可能である．地中熱交換器施工時の削孔機による振動，騒音であるが，経験上，許し難いものとはいえないが，既成住宅街で長期間続くと問題が起きる可能性もある．法令に準拠して工事を行うのはもちろんのこと，できるだけ短工期（1本当り，2〜3日）で低騒音，低振動に留意して施工を進める必要がある．

もう一つの評価方法として，導入に掛かる投資（Cost）に対する CO_2 削減量（Benefit）の割合で導入の優先順位付けを行うことは，省エネルギーシステムや再生可能エネルギー利用設備を導入する際に有用な判断方法である．例えば，札幌の住宅において太陽光発電設備 6 kW を導入する場合，導入費用はおおよそ 200 万円必要となるが，このとき年間発電量は平均して約 5 400 kWh が得られる．ここで B/C（CO_2 排出量削減対投資コスト）計算すると 12.5 kg-CO_2/万円となる．一方，地中熱ヒートポンプシステムによる高断熱・高気密暖房であっても，石油暖房システムに比べて 150 万円程度のコスト増に対して 1.81 t-CO_2 の削減が期待でき，このとき投資対 CO_2 削減量は 12.1 kg-CO_2/万円となる．すなわち，札幌の住宅においては同じ金額の投資をするならば，地中熱ヒートポンプシステム暖房の選択のほうが太陽光発電設備よりも同等以上の投資対 CO_2 削減効果が得られ

ることがわかる.

また，現時点での太陽光発電システム（新設）の余剰電力買取価格21円/kWh（税込）で計算すると，太陽光発電システムの単純償却年数も約18年となり，GSHP導入と同等である．このことは，寒冷地における地球温暖化対策として灯油暖房から地中熱利用ヒートポンプ暖房への転換が効果的であることを物語っている．将来的には，CO_2排出量取引制度が充実され，太陽光発電導入者と同様にGSHP導入者でユニオンなどを形成しCO_2排出量取引に参加できる仕組みを整えれば，経済的に若干ではあるがさらなるメリットが出てくるものと期待できる.

8│03 将来の展望

1. 障壁の克服

（a）技術的展望

地中熱ヒートポンプシステムは欧米においてはすでに年間20万件以上導入されており，確立された技術である．冷媒などヒートポンプ全体が抱えている課題や，本書で多くの紙面を割いた基礎杭方式など多数の浅い熱交換器を用いる場合はさておき，ボアホール方式については設計・施工ガイドラインも整っている.

わが国においては，地盤が欧米と異なることや設計者・施工業者の知識不足から，導入の初期の段階でいくつかトラブルがあったが，最近では導入件数も増え，問題は少なくなってきている．ただし，地中熱交換器のサイズ設計については，地下水流れがある場合にはかなり小規模な熱交換器で十分な場合もあろうが，本書では安全側の数値を示すことに主眼を置いた．地下水流れは，システム効率の上昇にも寄与するので，今後地下水流れを含めた地盤情報データベースの整備が待たれる.

どのようなシステムでも完全ということは永遠にあり得なく，やはり，「成功例を地道に積み重ね」，データを蓄積していかなければならない.

（b）日本全国への展開

技術的な点以外に地中熱利用の普及が進まなかった理由は，わが国では国土の大部分が冷房主体である（といわれている）こと，空気熱源機器の開発・普及が進んでいること，イニシャルコストが高いことがあげられる.

しかも，住宅の場合沖縄県を除けば暖房のエネルギー使用のほうがやはり圧倒的に大きい[2]．本州地域においては間欠部分暖房が多く，今後の生活レベルの向上に伴って暖房用エネルギー使用量は増加傾向にあるとすると，地中熱ヒートポンプ以外にCO_2放出抑制の有力な手段はほかに見当たらない.

（c）空気熱源ヒートポンプとの関係

近年の空気熱源ヒートポンプの性能向上は著しく，したがって地中熱は必要ないという議論がある．しかし，空気熱源機で開発された技術を，同じヒートポンプである地中熱源機に技術者を投入して，いち早く適用するならば，もっと高効率な機械を開発することが

できるといえる．技術の蓄積が大きい大手メーカーの参入が待たれる．

また，熱源は1種類に限る必要はなく，地中熱，外気熱，換気排熱，下水排熱などその時々の再生可能エネルギー熱が相互融通もできるスマートな熱源ネットワークヒートポンプシステムによって活用できるようになる．そのとき，蓄熱性を有する地中熱ヒートポンプシステムは，本ネットワークの中核となり要といえる．

（d）イニシャルコスト

イニシャルコストの低減は，一つは普及度合いによる．普及が進み，市場がある程度の大きさ，すなわち，住宅換算で年間1万件程度になれば，ヒートポンプユニットの大量生産，ボーリングマシンの稼働率向上による機械損料や工賃の低減が進むと期待できる．

しかし，現在においても，業務用施設の場合，建物全体の建設費からみると地中熱導入によるコストアップの比率はわずかである．住宅の場合，予算規模は小さく施主は個人なので厳しい面はあるが，1部屋に1台ずつ最新型の省エネエアコンを設置しようという条件ならば，地中熱ヒートポンプシステムとの差額は，受認できる範囲といえる．

イニシャルコスト低減で，一方の重要な課題は地中熱交換器の施工費，中でもボーリング工事代である．施工時間の短縮と省力化，住宅用では，コンパクト化，静音化も加えて重要である．施工時間の短縮，すなわち高速化でいえば，NEDO再生可能エネルギー熱利用開発（平成26年度〜30年度，研究代表 北海道大学 長野克則）においてコンソーシアムメンバーの鉱研工業(株)は，従来機に比べてハイパワーな回転，縦振動機構を有する日本の地質に適して高速削孔可能なバイブレーションドリルヘッドを新たに開発した（**図8.1**）．砂，粘土，砂礫が混在する北海道大学構内における削孔では，従来機に比べて2倍以上の速さで100mのボアホールを掘り上げた．

図8.1 新型削孔機の外観

一方，省力化の観点からすると，ボーリング工事は"3K"すなわち危険，汚ない，きついの代表といえるので，ロボットなどの導入による作業の自動化が待ち望まれていた．上と同じプロジェクトで同企業は，ドリルロッド自動脱着システムを開発した．これにより，これまでは2人の作業員が付ききりで手作業で行っていたボーリングロッドの脱着はすべて自動化され，オペレータ1人でこの作業がこれまでの人力以上の速度でできるようになった．これは，非常に画期的なことであり，これらによりトータルのボーリング工事費は半減できる．幅0.98m，長さ1.57mの超小型のバイブレーションドリルヘッド

を有するボーリングマシンもボアホール施工に有効である．ロッド1本の長さが1mと脱着に回数を要するが，小型，コンパクト，低騒音，低振動と，既成市街地での工事には有効である．

2. 美しい街並みと都市環境への寄与

　地中熱ヒートポンプシステムは中・北欧で発達したと聞くとき，多くの日本人は豊かな緑と美しい家並みを思い浮かべる．一方，歴史風土が異なるので単純な比較はできないが，わが国の住宅といえば，何台ものルームエアコン室外機が外壁に痘痕のように張り付き，心を込めてデザインされたファサードをはい回る冷媒管は見苦しく，海外からの旅行者の目には奇異に写るという．こうした無秩序が許されるのは，アジア人的DNAかもしれない．

　大都市のビルの屋上でも室外機が無造作に林立する．冷却塔は多少コンパクトではあるが，メンテナンスが不十分であれば不衛生であるし，レジオネラ菌をばらまく危険性も高い．屋上を機械スペースとすることは空間の有効利用という面もあるが，屋上という特徴のある場について緑化や人の活用を狭めていることには違いない．

　近代における建築設備の発展の歴史には，建築との一体化すなわち"存在が見えなくなるように"努力してきたという一面もある．最後に残された，必ず屋外に露出しなければならない設備機器は，空冷ヒートポンプの屋外機や冷却塔である．地中熱ヒートポンプはこういった課題を解決できる実用的システムである．

　同時に，地中に放熱，採熱の熱交換器を埋設するため基本的に排熱を大気に放出することはなく，地盤の蓄熱性を利用して，コンパクトで高効率，大気や景観に与えるインパクトも最小とすることができる．局所的なヒートアイランド抑止にも有効である．省エネという手順だけに留まらず，ヒートアイランドなどの都市環境やこれからの日本の社会が目指す，美しい街並みや都市の実現に大きく貢献できる熱源システムといえる．

参 考 文 献

1)　梅澤　光，長野克則，絹村剛士：地中熱ヒートポンプシステムを導入したパッシブローエネルギー住宅に関する研究（その5）他熱源を利用したローエネルギー住宅性能予測ツールの開発，空気調和・衛生工学会北海道支部第44回学術講演会論文集（2010）

2)　独立行政法人 新エネルギー・産業技術総合開発機構：平成19年度　住宅・建築高効率エネルギーシステム導入促進事業 —住宅に係わるもの— 公募要領

付録

地中熱ヒートポンプシステムの実施例

るすつ子どもセンター（通称「ぽっけ」）は北海道留寿都村が地域の児童福祉中核施設として保育所，子育て支援センター，児童館，放課後児童クラブ，災害時の避難場所として利用できるように計画され，平成27（2015）年5月に開園したものである．長野研究室はゼロエネルギー化環境設備の計画・基本設計を行い，施工指導，コミッショニングで協力した．留寿都村は札幌から西南方向約70kmに位置し，農業と観光を基幹産業とする人口約1 941人（平成29（2017）年5月末時点）の村であり，G8北海道洞爺湖サミットの国際メディアセンターがおかれたことで一躍世界に有名となった．市街地の標高は350m前後であり，冬は道内でも降雪量が多い寒冷地である．図1に建物外観を示す．建設においては，地場で産出される木材を用い，高断熱や再生可能エネルギーの利用により年間エネルギー消費量を基準一次消費量に対して50％以下となるZEB Readyを目指した．

図1　るすつこどもセンター「ぽっけ」の全景（2015年6月）

（a）建物・設備仕様

　るすつこどもセンターの施設概要を表1に示す．延べ床面積は1 499.8 m²，木造平屋建てである（図2）．断熱仕様としては屋根部に硬質ウレタン発泡板を200mm，外壁部にGWを200mm，床にポリスチレン発泡板を100mmの厚さであり，窓には熱貫流率U値1.22 W/(m²·K)のアルゴンガス充填三重ガラス（Low-Eコーティング）を使用した木・アルミ複合サッシを採用した．また，南，東面に大きな窓を配置するとともに，床は全館，断熱材の上側にコンクリートスラブ＋シンダーモルタル（床暖房用の架橋ポリエチレン管を敷設）＋木質フローリング仕上げとして断熱ライン内側の躯体の熱容量を大きくして太陽熱の蓄熱効果を高めるパッシブソーラーデザインとした．また，自然採光により照明負荷を削減するために，ホールにはハイサイド窓，職員室や北側の部屋にはトップライトを採用した．

　図3に再生可能エネルギー熱を利用した暖冷房・給湯・換気システムの概要を，図4にそれらの写真を示す．暖房システムは図5にあるように定格暖房出力28kWのヒートポンプユニットを3台有する地中熱源ヒートポンプシステムである．これらに，長さ85mの25AシングルUチューブ型地中熱交換器×15基が接続された．現地の地質はGL-3mまでは粘土，それ以深は礫と火山灰の互層である．地下水位はGL-9m，平均地

表 1　施設概要

建物概要	名　称　るすつ子どもセンター「ぽっけ」 所在地　虻田郡留寿都村字留寿都 185-29 用　途　児童福祉施設，児童厚生施設 構　造　木造平屋建て 敷地面積　6 300.51 m² 建築面積　1 545.95 m² 延べ床面積　1 499.75 m² 最高の高さ　8.50 m
行程概要	ゼロエネルギー化環境設備計画・基本設計・施工指導：北海道大学大学院工学研究院教授 長野克則 建築設計・監理　株式会社岡田設計 設備設計　　　　株式会社高木設計事務所 施　工　　　　（建築工事）瀬尾・留寿都特定建設工事共同体 　　　　　　　（機械設備工事）藤井・北海・高橋特定建設工事共同企業体 　　　　　　　（電気設備工事）樋口電気工業株式会社 基本設計　平成 24 年度（株式会社岡田設計） 実施設計　平成 25 年度（株式会社岡田設計） 施　　工　平成 26 年 6 月〜平成 27 年 3 月竣工 開　　園　平成 27 年 5 月 コミッショニング　平成 27 年 5 月〜（北海道大学大学院工学研究院・長野研究室）

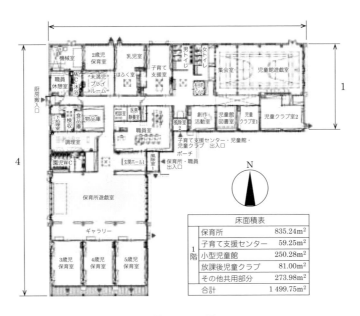

図 2　平面図

床面積表	
保育所	835.24m²
子育て支援センター	59.25m²
小型児童館	250.28m²
放課後児童クラブ	81.00m²
その他共用部分	273.98m²
合計	1 499.75m²

中温度は 9.8℃ であった．現場熱応答試験の結果，平均有効熱伝導率は 1.41 W/(m·K)，ボアホールの熱抵抗は 0.060（m·K)/W であった．

　二次側の暖房設備としては，全館，低温水床暖房を採用した．このとき，単位床面積当りの暖房設備容量は 56 W/m² と，寒冷地にある施設の値としては非常に小さい．夏期は職員室と調理室にファンコイルを設けて地中の冷熱を直接利用するフリークーリングを行えるようにしている．

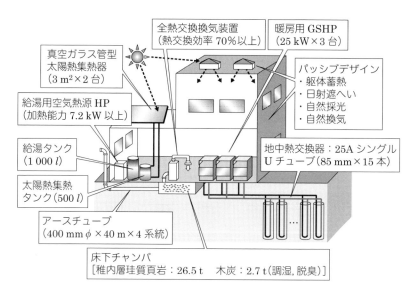

図3 再生可能エネルギーを利用した暖冷房・給湯・換気システムの概要

（a）導入外気の予冷・予熱用アースチューブ
　　　の施工状況

（b）ピット内の調湿頁岩・
　　　脱臭木炭

（c）壁面設置真空型
　　　太陽集熱器

（d）ボアホール掘削工事，Uチューブ
　　　挿入の様子

（e）地中熱源ヒート
　　　ポンプユニット

**図4 アースチューブ，太陽熱集熱器，地中熱交換器，および換気ピット内
の調湿用珪質頁岩・脱臭用木炭**

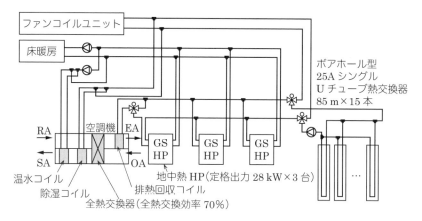

図5 地中熱・排気熱利用ヒートポンプ暖房システムの系統図

給湯システムは，真空ガラス管型太陽熱集熱器（3.3 m²×2 基）で給水を予熱して 500 l の蓄熱タンクに貯められる．そして，夜間に給湯用空気熱源 CO_2 ヒートポンプ（加熱能力 7.2 kW 以上）で 65℃ まで沸き上げて 1 000 l 貯湯するものである．

換気システムは，アースチューブと地下ピットを利用して導入外気を予熱・予冷した後，居室部は全熱熱回収型換気装置（全熱交換効率 70% 以上），トイレ部は顕熱熱回収型換気装置（顕熱交換効率 90% 以上）を通り室内に給気される．アースチューブとして呼び径 400 mm φ のリブ付き塩ビ管を長さ約 40 m，4 系統を深度 GL-1.5 m に埋設した．加えて地下コンクリート製のピット内には天然調湿材，天然の脱臭材として量も豊富で重量単価が安い稚内市産の稚内層珪質頁岩（珪藻質硬質泥岩），下川町産間伐材を原料とする木炭をそれぞれ 26.5 t，2.7 t 敷き詰め，導入外気の調湿・脱臭を行う．厨房レンジフード排気系のダクトには熱回収コイルを取り付け，地中熱交換器からの還り不凍液を循環して排気熱回収を行っている．これらの断熱性能と徹底的な換気の熱回収により，本建物の熱損失係数 Q 値は 0.93 W/(m²·K) となった．また，全館の照明器具には LED を採用し，小規模建物向けの BEMS を導入することにより，徹底的なローエネルギー化と見える化による省エネルギー化を図った．

長野研究室が所有する ZEB シミュレータを用いて本こどもセンターの建物の高断熱化や地中熱ヒートポンプシステムの導入による一次エネルギー消費削減効果の推定を行った．比較建物の仕様は，断熱性能が次世代省エネ基準の I 地域（北海道）基準である熱損失係数 Q 値 1.6 W/(m²·K)，暖房・給湯は灯油ボイラ，換気は予冷・予熱なし，蛍光灯照明である．試算から，建物全体の年間一次エネルギー消費量は 728 GJ であり，そのうち，暖房用は 340 GJ と 47% と見積もられた（**図 6**）．比較建物に対して，53% の一次エネルギー消費削減効果が見込めると試算された．

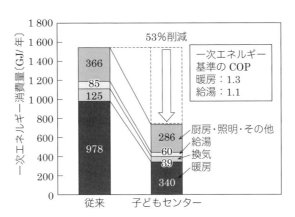

図 6　一次エネルギー消費量，および削減効果の予測

（ｂ）室内温熱環境およびエネルギー消費量

暖房は基本的には連続暖房として床暖房パイプ内に一定温度の温水を連続的に循環した．**図 7** に最寒日の全室の平均気温（平均室温）とヒートポンプ床暖房の挙動を示す．日最低，平均気温はそれぞれ −10℃，−7℃ であった．ヒートポンプからの送り出し温度

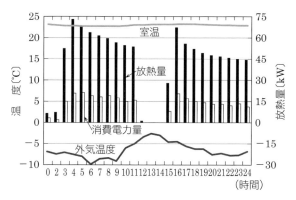

図7　冬期代表日の運転結果（2016 年 1 月 11 日）

が 35℃ 前後の温水を連続的に床暖房に循環することにより，24 時間，平均室温はほぼ 23℃ 一定に保たれた．昼間の 12 時〜14 時はサーモオフになりヒートポンプの圧縮機の運転は止まっているが，二次側循環ポンプは稼動している．このとき，日平均放熱量は 37.5 kW であり単位面積当りでは約 25 W/m²，単位温度差当りでは 0.81 W/(m²·K) と非常に小さな暖房加熱量でこの室温を維持できることが示された．このとき，平均消費電力は 11 kW であった．したがって，放熱量を消費電力で除した COP は 3.6 と十分に高い値が得られていた．

　表 2 に暖房期間である 2015 年 10 月から 2016 年 5 月までの月別にまとめた暖房用ヒートポンプの消費電力，放熱量，および SCOP，稼働率を示す．ここで SCOP とは一次側の循環ポンプの消費電力も加味した成績係数である．年平均稼働時間は 0.34，SCOP は 3.50 であった．ここで，暖房に使用する電力量は単位延べ床面積当り 24.1 W/(m²·年) とかなり低い値となった．

表 2　GSHP 床暖房システムのまとめ（2015 年 10 月〜2016 年 5 月）

	放熱量 （kWh）	地中採熱量 （kWh）	HP 消費電力量 （kWh）	一次側ポンプ電力量 （kWh）	SCOP ［−］	HP 稼働時間 （h）	稼働率 ［−］
10 月	11 293	7 959	2 603	283	3.91	152	0.20
11 月	18 488	12 009	4 995	337	3.47	302	0.42
12 月	25 579	15 853	7 218	319	3.39	505	0.68
1 月	25 781	15 487	7 025	290	3.52	598	0.80
2 月	19 341	12 287	5 720	334	3019	424	0.61
3 月	16 396	13 013	4 227	301	3.62	540	0.73
4 月	7 858	6 312	1 695	296	3.95	209	0.29
5 月	1 744	1 153	318	224	3.22	12	0.02
年 間	126 477	84 072	33 801	2 384	3.50	2742	

　図 8 に月別消費電力量の推移を示す．年間の総電力消費量は約 13 万 kWh であったが，暖房用の割合は高効率な地中熱ヒートポンプを導入したことにより全体使用量の約 1/4 と小さな割合となった．灯油暖房システムに比べて GSHP 導入による暖房の年間一次エネルギー消費削減量を試算した結果を図 9 に示す．GSHP 導入により 240 GJ，率にして 42%の一次エネルギー消費量削減効果が得られることを示した．

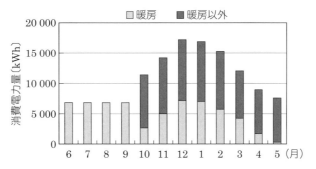

図8　月別消費電力量の推移（2015.6 ～ 2016.5）

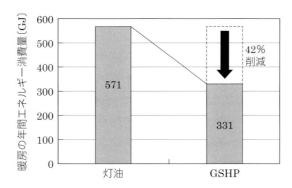

**図9　GSHP 導入による灯油に比べた暖房の年間
一次エネルギー消費削減効果**

オフィスビルの事例
（クローズドループ・ボアホール方式）

（a）建物および ZEB 化技術概要

　ここでは（株）アリガプランニング新社屋ビル（札幌市中央区）における導入事例を紹介する．

　アリガプランニング新社屋ビルは，エネルギー消費量の多い北海道で「ZEB」を実現するにあたり，省エネルギー化に寄与する多数の要素技術の組合せである統合技術としての合理性を追求し，積雪寒冷地で「ZEB」（ZEB100％）を実現させるため，計画・設計・施工・運用が行われた建物である．本建物は平成 30（2018）年 3 月に竣工し，それより運用およびエネルギー消費量などの計測が実施されている．建物の外観は**図 1** に示すとおりであり，建物の敷地面積は 606 m²，建築面積 203.3 m²，延べ床面積 643.9 m² の鉄骨造地上 4 階建である．

図 1　建物外観

　対象建物の ZEB 概念図を**図 2** に示す．エネルギー消費の多い北海道で ZEB を実現するにあたり，高い断熱性とさまざまな省エネルギー技術を有している．高い断熱性を確保するために，吹付け硬質ウレタンフォーム断熱材（熱伝導率 0.026 W/(m·K)）を天井に 150 mm，壁に 125 mm 設置しているほか，Low-E 真空トリプルガラスを導入している．省エネルギー技術としては，冷暖房システムでは，地中熱や井水熱の再生可能エネルギーを熱源としたヒートポンプ暖冷房システムとヒートポンプを用いないフリークーリングを導入している．さらに，高効率照明や BEMS，太陽光発電設備などを導入することにより正味のエネルギー消費量がゼロとなる「ZEB」を実現している．なお，この建物ではすでに 1 年目（2018 年度）の実測が完了しており，その他を含めた一次エネルギー消費量の収支は**図 3** に示すとおりとなっている．この結果より，実測においても「ZEB」が達成されたことが確認されている．

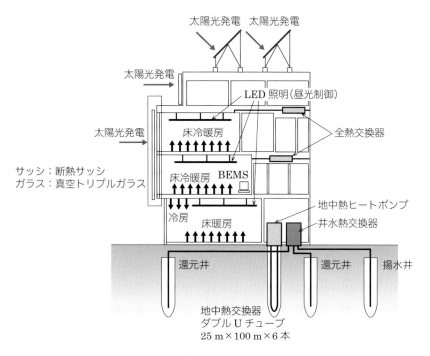

図 2　建物の ZEB 化概念図

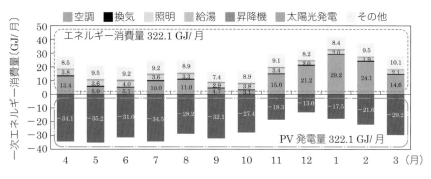

図 3　建物の一次エネルギー消費量の収支

（b）地中熱ヒートポンプシステムの性能評価

　地中熱ヒートポンプシステムの概要を**図 4**に示す．熱源は図 4 に示すようにクローズドループとオープンループを併用できるようになっている．クローズドループについては，地中熱交換器はボアホールダブル U チューブ型であり，長さと本数は 100 m×6 本である．オープンループについては 50 m×1 本の揚水井戸と，50 m × 2 本の還元井戸が設置されている（ただし，実際の運用ではクローズドループのみの熱源となっている）．ヒートポンプの定格能力は冷房 34.3 kW，暖房 33.5 kW であり，熱源（地中熱交換器など）に接続し，空調を行うエアハンドリングユニットに冷温水を供給する．冷房時の冷水供給温度は 7℃，暖房時の温水供給温度は 45℃ で設定されている．また，夏期には地中熱を利用したフリークーリングも行っており，さらなる省エネルギー化を図っている．計測については，ヒートポンプ一次側（熱源側）の出入口温度と循環流量，ヒートポンプ二次側（建

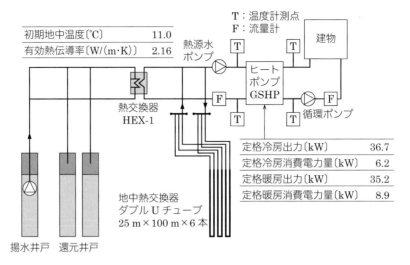

初期地中温度〔℃〕	11.0
有効熱伝導率〔W/(m·K)〕	2.16

T：温度計測点
F：流量計

熱源水ポンプ

ヒートポンプ
GSHP

建物

熱交換器
HEX-1

循環ポンプ

定格冷房出力〔kW〕	36.7
定格冷房消費電力量〔kW〕	6.2
定格暖房出力〔kW〕	35.2
定格暖房消費電力量〔kW〕	8.9

地中熱交換器
ダブル U チューブ
25 m×100 m×6 本

揚水井戸　還元井戸

図 4　地中熱ヒートポンプシステム系統図

物側）の出入口温度と循環流量，ヒートポンプおよび循環ポンプの消費電力などでセンサを設置し，実施した．なお，データ収集は 1 分間隔で行われているが，性能評価については 1 分間隔のデータを 1 時間平均値に変換して実施した．期間採熱量，年間採水温度変化，竣工後における単位採放熱係数〔W/(m·K)〕，期間 COP（SCOP）・エネルギー使用量の確認について評価を行った．

　図 5 に月別の消費電力（＝ヒートポンプ＋一次側循環ポンプ），ヒートポンプの暖冷房出力，地中採放熱量，SCOP を示す．また夏期（冷房期間）と冬期（暖房期間）について消費電力，暖冷房出力，地中採放熱量，SCOP をまとめたものを**表 1** に示す．結果より暖房出力（負荷）は冷房出力（負荷）の約 3.3 倍，地中採熱量は放熱量の約 2.2 倍となった．

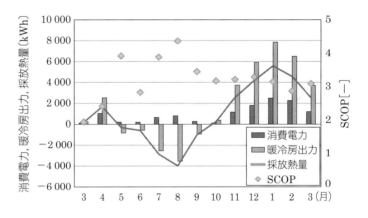

**図 5　月別の消費電力（＝ヒートポンプ＋一次側循環ポンプ），
ヒートポンプの暖冷房出力，地中採放熱量，SCOP**

表 1　冷房期間・暖房期間のヒートポンプ出力，システム消費電力，採放熱量，SCOP

期　　間	消費電力量〔kWh〕	採放熱量〔kWh〕	出力〔kWh〕	SCOP
夏期（5月〜9月）	2 154	8 773	8 438	3.92
冬期（10月〜3月）	9 055	19 715	28 121	3.11

　次に，**図6**に熱源水温度の変化を示す．運転開始前後の極端に温度が高い時間のデータを除くとヒートポンプ入口温度の最大値は約20℃，最小値は約5℃程度であり，良好な結果であるといえる．また，今回本建物については，熱源水温度の変化が小さかったこともあり，オープンループの利用はほとんど行われず，クローズドループのみで熱源をまかなうことができた．

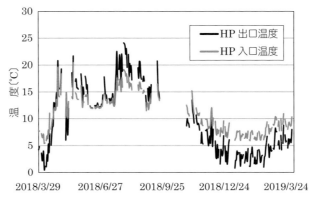

図6　熱源水温度の変化

　さらに，**図7**に初期地中温度と熱媒温度変化の差に対する地中熱交換器の長さ当りの採熱量を示す．また，この結果（丸印の部分）をもとにグラフの傾き（単位採放熱係数）を推定すると 5.0 W/(m·K) となり，良好な地中熱交換器の性能が得られることを確認できた．

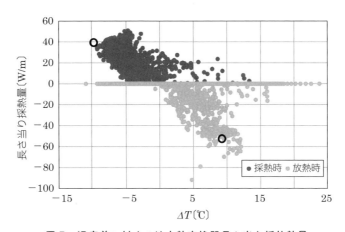

図7　温度差に対する地中熱交換器長さ当り採放熱量

最後に SCOP をもとに熱出力 1 kWh 当りの一次エネルギー消費量の計算を行い，空気熱源ヒートポンプやガスボイラとの比較を行った結果を**図 8** に示す．結果より GSHP システムは空気熱源ヒートポンプシステムと比較して約 35％，ガスボイラと比較して約 30％エネルギー消費量の削減効果があることが確認できた．

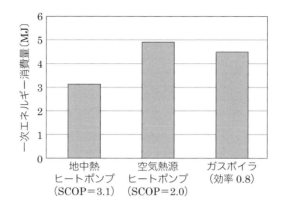

図 8　一次エネルギー消費量の比較

（a）建物および地中熱ヒートポンプシステムの概要

　ここでは福岡大学大濠高校・中学校（福岡県中央区）における導入事例を紹介する.

　福岡大学大濠高校・中学校の新校舎は 2010 年 3 月に竣工した. 建物の外観は**図 1** に示すとおりであり, 7 階建てで, 建築面積 7 439 m², 延べ床面積 28 059 m² である. 本建物はエコスクールの実現を目指し, 環境コンセプトとして「大濠の大樹」を掲げている. これは, バイオミミクリーの概念を導入し, 大樹の持つ多様な機能を建築の機能として可能な限り再現し, その結果として省エネルギー性を高めるという概念である. その一環として, 建物を支える基礎杭（場所打ち杭）を熱源に利用しようという, いわば地中からエネルギーを吸い上げる樹根の機能を再現している.

図 1　建物の外観

　GSHP システムの系統図を**図 2** に示す. U 字管を設置し, 地中熱交換器として使用する場所打ち杭（有効長 7 m×84 本）に水冷ヒートポンプを接続し, 多目的ホールの床冷暖房を行う. 二次側には床冷暖房の補助放熱器としてファンコイルユニット（FCU）が設置されている. 床冷暖房はスラブ下面での結露および階下への熱ロスを防ぐため, 配管下部に断熱材が敷設されている. 場所打ち杭の杭伏図を**図 3** に示す. 本建物は北側の校舎棟と南側の体育館で構成されており, それぞれ 66 本, 61 本, 計 137 本の場所打ち杭が埋設されている. そのうち 84 本に採熱管（U 字管）を設置し, GSHP システムの熱交換器として使用した. 場所打ち杭は口径 1 200 mm, 1 400 mm, 1 600 mm のものがそれぞれ使用されている. **図 4** に口径 1 400 mm の場所打ち杭の断面図を示す. 図 4 に示されるように, 場所打ち杭の外径より 200 mm 小さい口径の鉄筋かごを組み立て, その内側に 4 対の 20AU 字管（高密度ポリエチレン製, 外径 27 mm, 内径 21 mm）を採熱管として設置した.

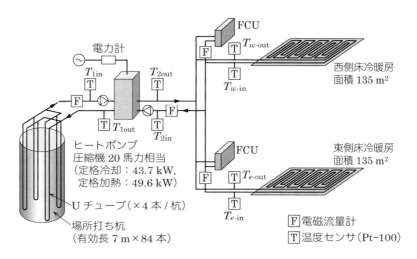

図2　GSHP システムの系統図

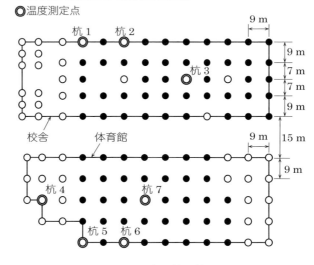

図3　場所打ち杭の杭伏図

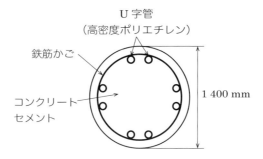

図4　場所打ち杭の断面図

（b）地中熱ヒートポンプシステムの性能評価

　GSHP システムの性能評価を行うための測定機器の設置地点は図 2 に示すとおりであり，測定項目については**表 1** に示すとおりである．温度測定点として，ヒートポンプの一次側出入口温度，二次側出入口温度，床冷暖房の出入口に Pt-100 温度センサを設置した．また，ヒートポンプの採放熱量や二次側熱出力，床冷暖房の熱出力を算出するために各系統に電磁流量計を設置した．さらには，ヒートポンプの消費電力を測定するために電力計を設置した．これらに加え，地中熱交換器の採放熱による温度変化を検討するために地中熱交換器（場所打ち杭）のうち 7 か所（詳細は図 3 参照）の深さ 3.5 m 地点，深さ 7 m 地点にそれぞれ熱電対を設置した．

表 1　測定項目概要

温度測定点 （Pt-100）	ヒートポンプ熱源機一次側出入口 ヒートポンプ熱源機二次側出入口 床暖房東側出入口 床暖房西側出入口
温度測定点 （熱電対）	基礎杭深さ 3.5 m 地点×7 本 基礎杭深さ 7.0 m 地点×7 本 図 2 に示される杭 1～杭 7 に設置
流量 （電磁流量計）	ヒートポンプ一次側 ヒートポンプ二次側 床暖房東側 床暖房西側
電力量（電力量計）	ヒートポンプ（圧縮機）

　GSHP システムの 1 年目の冷房運転は 2010 年 8 月 26 日～9 月 8 日（土日を除く）の 9：00～17：00 に行われた．**図 5** に GSHP システムの日積算電力量と処理熱量を示す．8 月 27 日以降は 150～300 kWh の熱処理が行われており，平均処理熱量は 247 kWh となった．さらには，図 5 に電力量と放熱量から算出した GSHP システムの COP の日変化を示す．COP は 4.5～5.0 の比較的高い値で推移しており，期間平均で 4.68 となった．

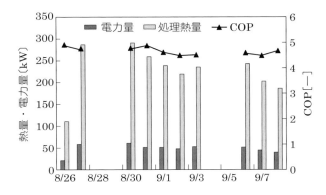

図 5　冷房運転期間中の GSHP システムの日積算電力量，処理熱量，平均 COP

　次に，**図 6** に運転期間中のヒートポンプ一次側・二次側の出入口温度を示す．稼働中における一次側送水，還水温度はそれぞれ 22℃，23℃ 程度，二次側送水，還水温度はそれぞれ 9℃，12℃ 程度であった．また，一次側熱源水温度に大きな変化は見られないことから，安定した熱源供給がなされていることが確認された．

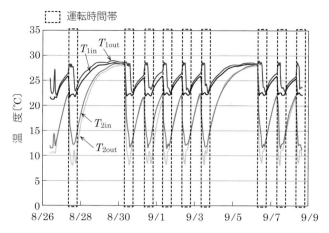

図6　冷房運転期間中のヒートポンプ一次側・二次側の出入口温度変化

　さらに，9月3日を代表日として，1日の温度変化や放熱量，処理熱量などのデータを検討した．**図7**に代表日の一次側，二次側の出入口温度の変化を示す．ヒートポンプ一次側出口温度は12時周辺で最高温度約29℃に達していることがわかる．一方で，一次側入口温度については，9時以降は約23℃で安定している結果となった．ヒートポンプ二次側出口温度は12時周辺で最低温度約9℃となった．

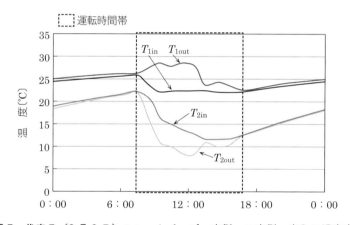

図7　代表日（9月3日）のヒートポンプ一次側・二次側の出入口温度変化

　GSHPシステムの1年目の暖房運転は2011年1月27日〜3月14日（土・日曜日を除く）の9：00〜17：00に行われた．**図8**にGSHPシステムの日積算電力量と放熱量積算値を示す．1日当り300〜400 kWhの熱処理が行われており，週の前半より後半の放熱量が少なくなっている．これは床面への蓄熱によるものと考えらえる．さらには，図8に電力量と放熱量から算出したGSHPシステムのCOPの日変化を示す．COPは4.0〜5.0の比較的高い値で推移しており，期間平均で4.53となった．

　次に，**図9**に運転期間中のヒートポンプ一次側・二次側の出入口温度を示す．稼働中における一次側送水，還水温度はそれぞれ11℃，13℃程度，二次側送水，還水温度はそれぞれ42℃，38℃程度であった．また，冷房時と同様，一次側熱源水温度に大きな変化は見られていないことから，安定した熱源供給がなされていることが確認された．

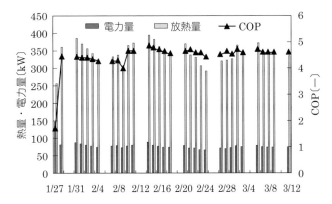

図8　暖房運転期間中の GSHP システムの日積算電力量，処理熱量，平均 COP

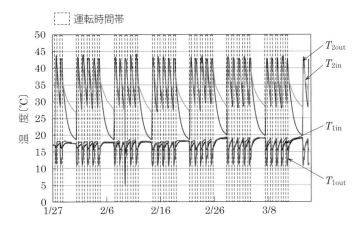

図9　暖房運転期間中のヒートポンプ一次側・二次側の出入口温度変化

　さらに，2月17日を代表日として，1日の温度変化や採熱量，熱出力などのデータを整理した．**図10** に代表日の一次側，二次側の出入口温度の変化を示す．ヒートポンプ一次側出口温度は10時周辺で最低温度約11℃に達し，その後上昇していることがわかる．一方で，一次側入口温度については，10時以降は約15℃で安定している結果となった．ヒートポンプ二次側出口温度は14時周辺で最高温度約43℃となった．

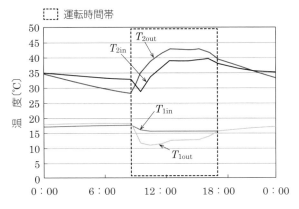

図10　代表日（2月17日）のヒートポンプ一次側・二次側の出入口温度変化

ここでは，2010年3月18日〜2011年3月15日までの，杭内部温度の測定結果について考察した．**図11**に杭4〜7の深さ3.5m地点の杭内部の温度変化を，**図12**に杭4〜7（5は欠損のため除外）の深さ7m地点の杭内部の温度変化を示す．いずれの深さ地点についても，杭4は初期（2010年3月18日）の温度が高く，また，冷房運転，暖房運転中の温度変化が小さいことから，地中熱交換器の採放熱の影響をほとんど受けていないことがわかる．なお，杭4に地中熱交換器温度に周期的な変化があるのは地表面（地下ピット空間）の影響によるものと考えられ，これは地表面に近い深さ3.5mの温度変化約3℃が深さ7m地点の温度変化約1℃よりも大きいことからもうかがえる．

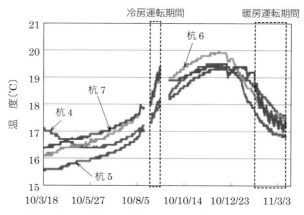

図11　杭4〜杭7の杭内温度変化（深さ3.5m地点）

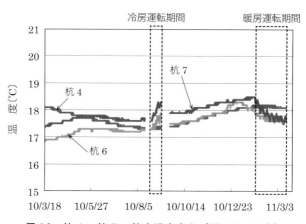

図12　杭4〜杭7の杭内温度変化（深さ7m地点）

　一方，杭5，杭6，杭7の冷房運転，暖房運転中に地中熱交換器の採放熱の影響を受け，急激な温度変化が見られる．ただし，深さ7m地点の温度変化は端部（下部）からの熱移動の影響で小さくなっていることがわかる．

　さらに，初期地中温度を杭4内部の年間平均温度から17.8℃として，地中熱交換器のヒートポンプ出入口平均温度との温度差を計算し，地中熱交換器の放熱量との関係をまとめた．結果を**図13**に示す．地中熱交換器の暖房時の最大採熱量は80 W/m程度，冷房時の最大放熱量は120 W/m程度となった．また，熱媒の初期地中温度からの温度変化（温度差）は暖房時で約5℃，冷房時で約8℃となり，ボアホール型地中熱交換器を使用した場合の

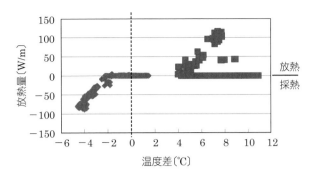

図 13　温度差と採放熱量の関係

温度よりもかなり小さい値となった．この結果から，長さ・温度差当りの採放熱量は 15 〜16 W/(m·K) となり，良好な地中熱交換器性能が得られていることが確認できた．

（a）建物および地中熱ヒートポンプシステムの概要

　ここでは日鉄エンジニアリング(株)（当時，新日鉄住金エンジニアリング(株)）北九州寮（北九州市八幡東区）における導入事例を紹介する．

　日鉄エンジニアリング北九州寮は日本製鉄(株) の前身である官営八幡製鉄所創業から111年目にあたる2012年に竣工となった．建物外観を**図1**に示す．また，日本製鉄(株)および日鉄エンジニアリング(株) の発祥の地である北九州市東田地区においては「北九州スマートコミュニティ創造事業」の対象地域となっていた．「北九州スマートコミュニティ創造事業」は東田地区を主対象に新エネルギー導入強化，建築物・構造物の省エネシステム導入，地域エネルギーマネジメントシステムによるエネルギーの効率的利用，交通システムなどによる社会システムの整備などが行われ，日鉄エンジニアリング(株) 北九州寮についても事業の対象として省エネシステムや地域の電力需給に連携した熱源設備が導入された．

図1　建物外観

　図2に建物に導入されている省エネルギー設備システムの概要を示す．太陽熱・風，地中熱などのエネルギーを最大限に活用している．特に，寮という建物の性質上，給湯によるエネルギー消費が最大であるとともに，このような建物の場合，化石燃料であるガスを用いた個別給湯方式が主流のため，これによる大量の CO_2 の排出が生じることが想定される．本施設では太陽熱と地中熱・空気熱を利用した中央熱源のヒートポンプ給湯システムを導入することで，給湯で排出する CO_2 を50％以上削減している．さらに，LED照明器具や一部空調への少水量対応地中熱ヒートポンプ空調システムの導入などにより，従来の独身寮と比較して，全体で20％程度の CO_2 排出量の削減を行っている．

　また，開発システムとして，地中熱熱回収ヒートポンプシステムやGSHPシステムの制御システム，地域エネルギーマネジメントシステムに対応したBEMSやダイナミックプライシングに対応した給湯運転制御システムの導入などを行っている．以下に本建物に導入されている地中熱熱回収ヒートポンプシステムの概要について説明する．

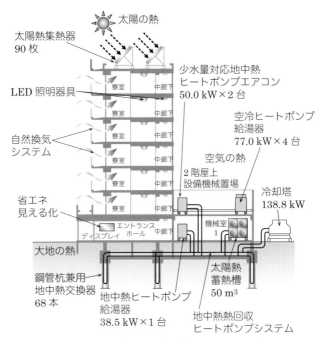

太陽の熱

太陽熱集熱器
90 枚

LED 照明器具

自然換気
システム

少水量対応地中熱
ヒートポンプエアコン
50.0 kW×2 台

空冷ヒートポンプ
給湯器
77.0 kW×4 台

空気の熱

2 階屋上
設備機械置場

冷却塔
138.8 kW

省エネ
見える化

エントランス
ホール

機械室
1

ディスプレイ

大地の熱

鋼管杭兼用
地中熱交換器
68 本

地中熱ヒートポンプ
給湯器
38.5 kW×1 台

太陽熱
蓄熱槽
50 m³

地中熱熱回収
ヒートポンプシステム

図2　日鉄エンジニアリング北九州寮に導入されている省エネルギー設備

　図3に地中熱熱回収ヒートポンプシステムとその構成機器を，表1に空調設備・給湯設備構成機器仕様を示す．給湯システムは太陽熱温水器，地中熱ヒートポンプ給湯器（以下，給湯用 GSHP とする），空気熱源ヒートポンプ給湯器（以下，給湯用 ASHP とする）とバックアップ用ガスボイラで構成されており，この順位で優先的に給湯運転が行われている．また，給湯用 ASHP とガスボイラは建物全体の給湯需要をまかなえるように設計を行っているため，給湯用 GSHP は実験的に任意に運転を行うことが可能となっている．

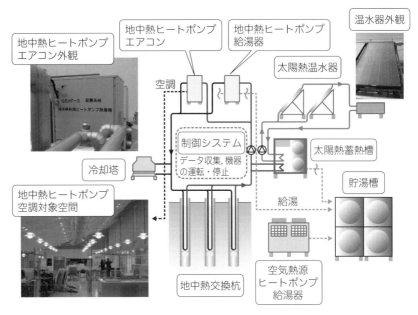

図3　地中熱利用熱回収ヒートポンプシステムおよび給湯システム系統図

表 1　地中熱利用熱回収ヒートポンプシステムおよび給湯システムの機器仕様

熱源機器・補器	空調ヒートポンプ（計 2 台）	水冷ヒートポンプビルマルチ
		圧縮機 40 馬力
		冷房出力 100 kW，暖房出力 112 kW
	一次側循環ポンプ	定格循環流量 384 l/min
		定格消費電力 3.7 kW
	給湯用ヒートポンプ（計 1 台）	水冷ヒートポンプチラー
	一次側循環ポンプ	圧縮機 15 馬力
		給湯出力 30 kW
	二次側循環ポンプ	定格循環流量 76 l/min
		定格消費電力 0.75 kW
地中熱交換器	仕　様	鋼管杭ダブル U チューブ型
	鋼管杭口径	外径 0.7 m，内径 0.68 m
	充填剤	水
	U チューブ仕様	25A
	長さと本数	7m，68 本
土壌条件	地中温度	18.8℃
	土壌熱伝導率	3.3 W/(m・K)
	土壌密度	1 500 kg/m^3
	土壌比熱	2.0 kJ/(kg・K)

　今回導入した地中熱熱回収ヒートポンプシステムは，地中熱ヒートポンプエアコン（以下空調用 GSHP とする），給湯用 GSHP，基礎杭を兼用した地中熱交換杭（鋼管杭），冷却塔や太陽熱蓄熱槽などで構成されており，それらの機器が一つの配管ループ内に接続されている．一般的な熱回収ヒートポンプは熱回収を行うために，冷熱・温熱の需要が同時に発生する必要があり，そうでない場合には冷却塔などの補助熱源が必要となるが，地中熱交換杭を追加することにより，地盤の蓄熱性を利用して，冷熱・温熱の需要の発生する時間差を吸収することが可能となっている．なお，冷却塔や太陽熱蓄熱槽は配管ループ内の温度の過度の上昇・下降を防ぐための補助熱源の役割を持っている．

　鋼管杭の配置図を図 4 に示す．鋼管杭は基礎杭と地中熱交換杭を兼用しており，68 本が埋設されている．口径は 400 mm もしくは 700 mm 以上となっており，U チューブを挿入し地中熱交換器として利用できる有効長は 5.9 〜 12.4 m（平均 7.4 m）となっている．図 5 に示すように鋼管杭には 2 本の U チューブを挿入し，水を充填するダブル U チューブ間接方式を採用している．

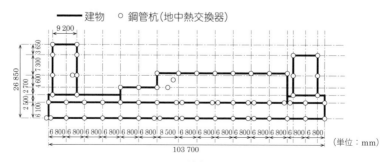

図 4　鋼管杭の配置

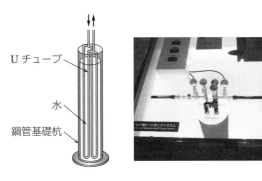

図5 鋼管杭地中熱交換器の仕様と見える化された地中熱交換器

Uチューブ
水
鋼管基礎杭

（b）地中熱ヒートポンプシステムの性能評価

　ここではまず，短期間の代表期間の運転結果から，同時期に採熱と放熱が行われることによる熱回収運転の効果を示す．給湯用 GSHP の運転が行われた代表期間として 2014 年 8 月 25 日〜27 日の GSHP の出力と消費電力を**図 6** に，GSHP の採放熱量と地中熱交換器放熱量，冷却塔放熱量を**図 7** に示す．図 6 のように給湯用 GSHP の運転が行われると，給湯用 GSHP からの採熱により空調用 GSHP からの放熱の一部が回収され，それにより図 7 に示されるように地中熱交換器と冷却塔の放熱量が減少する．また，給湯用 GSHP の運転が行われていない時間帯でも地中熱交換器と冷却塔の放熱量の合計値が空調用 GSHP の放熱量よりも小さくなる時間帯も見られた．これは地中熱交換器の蓄熱効果によるものと考えられる．3 日間の GSHP の採放熱量と地中熱交換器放熱量，冷却塔放熱

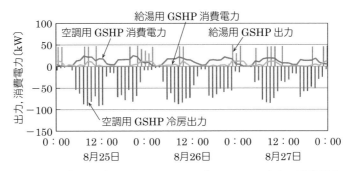

図6 代表期間（2014 年 8 月 25 日〜27 日）の GSHP 出力と消費電力の変化

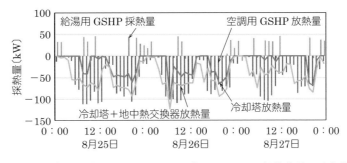

図7 代表期間（2014 年 8 月 25 日〜27 日）の GSHP の採放熱量と地中熱交換器放熱量，冷却塔放熱量の変化

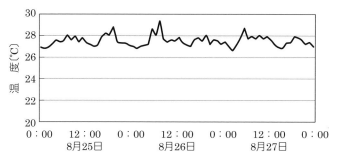

図8 代表期間（2014年8月25日〜27日）の熱源水温度変化

量の合計値をまとめると**図8**のようになり，空調用GSHPの放熱のうち約2割が給湯用GSHPによって回収されている結果となった．

次に，3日間の熱源水（GSHP入口）温度の変化を**図9**に示す．温度は26〜29℃で推移する結果となった．また，給湯用ASHPを含めた各ヒートポンプ熱源機の期間内のCOP平均値を**図10**に示す．まず空調用GSHPのCOPは3.9であった．次に，給湯用GSHPと給湯用ASHPの比較では給湯用GSHPのほうが高いCOPが得られる結果となった．さらに，各ヒートポンプ熱源機の出力と，冷却塔を含めたヒートポンプ熱源機の消費電力量を**図11**に示す．冷却塔の消費電力が運転は熱回収の効果によって，小さくなる結果が得られた．

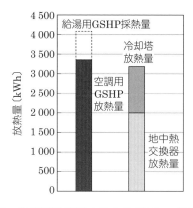

図9 代表期間（2014年8月25日〜27日）の採放熱量のまとめ

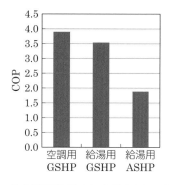

図10 代表期間（2014年8月25日〜27日）のヒートポンプCOP

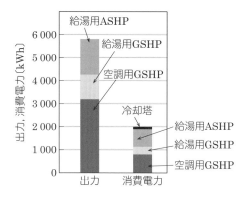

図11 代表期間（2014年8月25日〜27日）の各機器の出力と消費電力

また，冷房期間の結果として 2015 年 4 月 1 日〜 11 月 30 日の GSHP の日平均出力と消費電力の変化を**図 12** に示す．また，2015 年 4 月 1 日〜 11 月 30 日の GSHP の採放熱量と地中熱交換器放熱量，冷却塔放熱量を**図 13** に示す．8 月上旬より 9 月中旬まで給湯用 GSHP に不具合があり，運転が行われなかったが，運転が行われていた 7 月までの冷却塔と地中熱交換器の放熱量の合計値を見ると空調用 GSHP の放熱量よりも小さくなっており，代表期間の結果と同様に給湯用 GSHP による熱回収の効果が確認できた．2015 年 4 月 1 日〜 11 月 30 日の各機器の性能（出力・消費電力・COP など）をまとめると**表 2** に示すとおりとなり，給湯負荷のうち約 4 割が給湯用 GSHP によってまかなわれ，3.4 と給湯用 ASHP と比較して高い値が得られたことが確認できた．

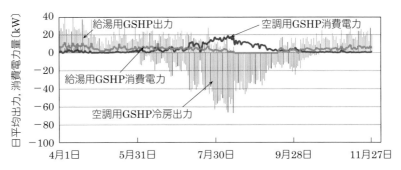

図 12　2015 年冷房期間（2015 年 4 月 1 日〜 11 月 30 日）の GSHP 出力と
　　　　消費電力の日変化

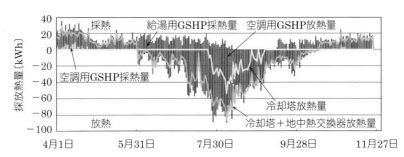

図 13　2015 年冷房期間（2015 年 4 月 1 日〜 11 月 30 日）GSHP の採放熱量と
　　　　地中熱交換器放熱量，冷却塔放熱量の日変化

表 2　2015 年冷房期間（2015 年 4 月 1 日〜 11 月 30 日）の
　　　　各機器の性能のまとめ

	冷房出力〔kWh〕	冷房消費電力〔kWh〕	冷房 COP〔一〕
合計値	80 486	21 228	3.8

	給湯熱量〔kWh〕	消費電力〔kWh〕	COP
給湯用 GSHP	81 801	23 769	3.4
給湯用空冷 HP	118 289	61 192	1.9
合計・平均	200 090	84 961	2.4

	集熱量〔kWh〕	放熱量〔kWh〕	消費電力〔kWh〕	
			ファン	ポンプ
冷却塔	—	22 310	307.7	1 177.6
地中熱交換器	—	34 981	—	
太陽集熱器	51 504	—	—	

付録

地中熱ヒートポンプシステムの実施例

一方で，給湯用 ASHP の COP は 1.9 と代表期間と同様に給湯用 ASHP 単独運転の場合と比較して低い値となり，本システムのような複数の熱源機を有する熱供給システムにおいては，通常運転と同様の性能が得られるような運転制御を行うことが課題となることがわかった．また，効率の良い給湯用 GSHP のほうを優先的に運転させるように制御を設定していたにもかかわらず，給湯用 ASHP のみが運転される時間も発生していた．もし，給湯用 GSHP を優先的に運転させる制御が完全に実現できるのであれば，給湯負荷 200 MWh のうち約 75％となる 153MWh が給湯用 GSHP によりまかなうことができるようになる．

　図 14 に地中熱利用熱回収ヒートポンプシステムの消費電力と，空調・給湯を空気熱源ヒートポンプのみで行った場合（空調 COP＝2.6，給湯 COP＝2.4 と設定）の消費電力量を示す．なお，図 14 には給湯用 GSHP を優先的に運転させる制御が完全に実現できた場合の消費電力量も示す．現状では約 6％の削減であるが，給湯用 GSHP を優先的に運転できれば 20.6％の消費電力量を削減できることがわかった．

　最後に 2013 年 4 月〜 2015 年 10 月の 2 年 7 か月間の熱源水温度と外気温度の日平均値の変化を**図 15** に示す．熱源水温度は外気温度と比較して夏期はほぼ同程度で推移するが冬期は高い傾向にある結果となった．一方で 5 月〜 6 月下旬は熱源水温度のほうが若干下回る結果となっており，これは給湯用 GSHP による採熱の効果であるといえる．

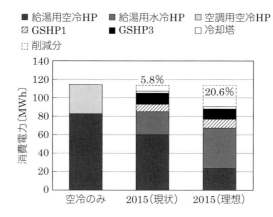

図 14　2015 年冷房期間（2015 年 4 月 1 日〜 11 月 30 日）の
消費電力量の比較

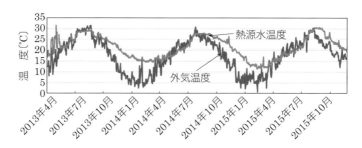

図 15　2013 年 4 月 1 日〜 2015 年 11 月 30 日の熱源水温度および外気温度の日変化

（a）建物概要

　札幌三建ビルは豊平川扇状地末端地域の札幌市北区北 15 条西 2 丁目に建設され，建築面積は 972 m²，延べ床面積は 1 949 m² の外断熱 RC 造，地上 2 階建ての建物である．**図 1** に外観を，**図 2** に南正面図を示す．南東角地に建ち，日当りも良いため南面ファサードの窓間には太陽光発電モジュールを外装材として設置してある．**図 3** に 2 階平面図を示す．主な執務スペースは 2 階の事務室 1（467.4 m²），事務室 2（266.4 m²）である．1 階はエントランス，会議室，機械室のほか，40% 程度はピロティ（駐車場）である．

　本建物は，建物コンクリート躯体を外側から板状発泡断熱材（外壁は厚さ $t=100$ mm，有効熱伝導率 $\lambda=0.028$ W/(m²·K)）で覆う高断熱な外断熱である．断熱材の内側に大きな熱容量（代表的な壁のコンクリート厚さ $t=160$ mm）が確保され，室内温熱環境の安定性や熱源機の小型化に寄与する．仕様書から算出した熱貫流率 U 値は，外壁 0.26 W/(m²·K)，屋根 0.26 W/(m²·K)，床 0.49 W/(m²·K)（ピット部の温度差係数は 0.05）である．また，窓ガラスは空気封入 Low-E ペアガラスで，サッシ枠込みの U_w（窓）

図 1　札幌三建ビル外観（南東方向から長野撮影）

図 2　建物南正面図

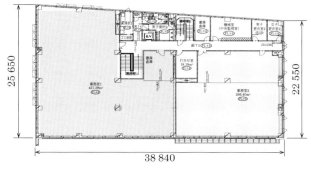

図 3　建物 2 階平面図

地中熱ヒートポンプシステムの実施例

は 2.10 W/(m²·K) である．建物熱損失係数 Q 値は 0.90 W/(m²·K) である．一般的にこの値が 1.0 W/(m²·K) 以下の建物がローエネルギー建築といわれている．

（b）設備仕様と熱源井戸

図 4 に系統図を示す．冷暖房に地下水熱を利用した大面積天井放射パネルによる放射空調システムである．外気処理装置も熱源として地下水熱を利用する．揚水井は SGP150A×1 本で，深度 90 ～ 112 m の間にスクリーンが設置されている．揚水ポンプは，設計揚程で 120 l/ 分の吐出し流量をもつ．還元井は SGP200A×2 本で，それぞれ深度 21.5 ～ 38 m，36.5 ～ 53 m にスクリーンが設置されている．熱利用後の地下水は自然流下で帯水層に還元される．地下水温度は年間通してほぼ 11.5℃ 一定である．水質は鉄イオンが 0.65 mg/l と多めであるが，他の成分も含めてこの地点の地下水は冷凍機の冷却水用水質基準を満たしている．

2 階事務室 1，事務室 2 には，天井放射空調用パネルがそれぞれ 286.3 m²，162.0 m² 設置されている．夏期の冷房は冷凍機を用いず，プレート型熱交換器 1 を介して地下水の冷熱を天井放射冷房に用いる "フリークーリング" により 17 ～ 20℃ の冷水が供給される．一方，冬期は地下水をプレート型熱交換器 2 を介してヒートポンプの熱源として利用し，30 ～ 40℃ の低温水を天井放射パネルに供給する．ここでは，本システムの一般化とコストダウンのために，地下水熱源型ヒートポンプではなく汎用の水冷チラーを採用して，その凝縮器側を低温水供給に利用する．そのため，温水温度は成り行きとなる．な

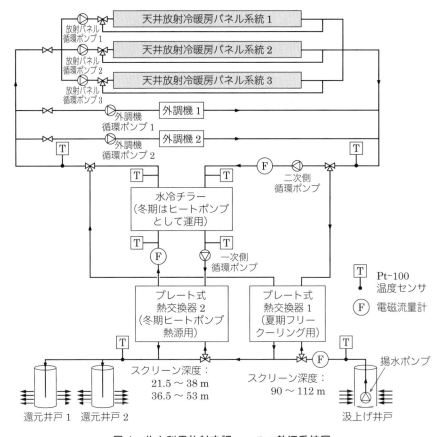

図 4　井水利用放射空調システム熱源系統図

お，一次側，二次側循環ポンプはともに変流量制御により出入口温度差が 4～5℃ 一定に制御される．2 台の外気処理機（事務室 2 用 1 000 m³/h，事務室 1 用 1 500 m³/h）にも天井放射空調パネル系統と同じ冷温水が供給される．

（c）測定結果

図 5 に 2018 年 12 月から 2019 年 11 月までの ZEB 評価に関わる空調，換気，照明，給湯，昇降機の項目と，太陽光発電システム，融雪システムの別月別電力消費量を示す．1 月の空調用（暖房のみ）消費電力量は 83 500 kWh と ZEB 評価に関わる合計9 828 kWh の 85% にのぼった．これより，北海道においては本建物のように高断熱化，地下水利用ヒートポンプという仕様であっても暖房用のエネルギー消費割合は高く，さらなる省エネルギーが重要と理解できる．ここで，1 月の太陽光発電システムからは1 252 kWh の電力が供給されたが，融雪用に 9 616 kWh の電力が使用された．これは暖房用よりも大きかった．

図 6 に年間一次エネルギー消費量の設計値と実測値を基準建物の計算値と比較して示す．ZEB に関わる年間の一次エネルギー消費量は 598 GJ であり，基準建物に比べて69% 低い値であった．また，設計値に比べて空調は▲ 20%，換気は▲ 77%，照明は▲ 11% であり，全体で約 10% 低い値となった．

図 7 に暖房時代表日として 2019 年 12 月 17 日の各温度と温度差，流量，ヒートポンプ（水冷チラーの凝縮側）放熱量，消費電力，COP の推移を示す．このとき，ヒートポンプ

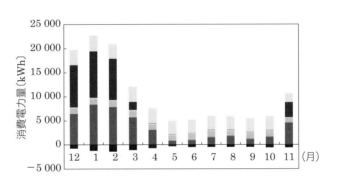

図 5　月別電力消費量とその内訳

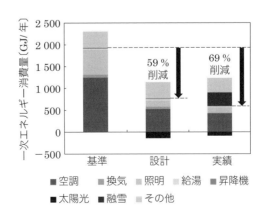

図 6　年間一次エネルギー消費量の比較

の放熱量は 37〜43 kW，ヒートポンプ単体 COP は 6.5〜7.0，井戸・一次側循環ポンプの消費電力を加味した SCOP は 5.5〜6.0，室内温湿度は執務時間中，22 〜 24℃，37 〜 40% を推移していた．これより，本井水利用ヒートポンプ天井放射暖房システムは室内温湿度も快適域に維持されて非常に高効率に運転されていることが示された．

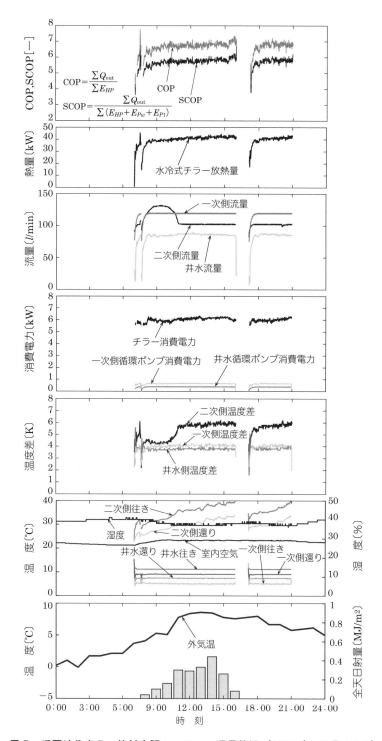

図7　暖房時代表日の放射空調システムの運用状況（2019 年 12 月 17 日）

あ と が き

　本書は，2004 年 10 月〜2007 年 9 月の 3 年間，北海道大学大学院工学研究科内に設立された寄附講座「地中熱利用システム工学講座」の活動の一環としてまとめられた『地中熱ヒートポンプシステム』の改訂版である．改訂前の『地中熱ヒートポンプシステム』は，当時の執筆者が，一般の方々が「ヒートポンプとは？」「地中熱とは？」といった基本的事項を学び，かつ建築設備に携わるプロの方々が地中熱の設計に利用できるようになる技術的指針を示す，という配慮がなされたことにより，わが国で最初に出版された地中熱利用の専門書として幅広く用いられるようになった．それがわが国における地中熱ヒートポンプシステムの普及と発展の要因の一つとなり，結果として地中熱ヒートポンプシステムの導入台数は 2019 年時点で 12 kW/台換算で 13 000 台を超え，地中熱利用システム工学講座開設時の 2004 年と比較すると約 20 倍に増加することにつながった．また，ひと昔前に見られた設計や施工の失敗による大きなトラブルは減ってきているように感じるようになってきた．

　その一方で，初版が出版されてから 10 年以上が経過したことにより，掲載されている情報が古くなったことで，情報の刷新を求める声が上がった．そこで，基本的事項は残したまま，情報を刷新した北海道大学 環境システム工学研究室 編『地中熱ヒートポンプシステム（改訂 2 版）』を刊行する運びとなった．また，地中熱を導入するには，適切な設計を行うことが必要不可欠であり，そのためには導入地点の地質や地下水の条件を把握することが重要となる．しかし，必ずしも設計を行う技術者が地質や地下水に関する知識やそれらの調査方法に精通しているわけではないことから，地質や地下水，さらには地盤の熱移動について解説した 2 章と，地質や地盤の熱物性値を調査する方法を解説した 6 章を新たに加えることになった．さらに，最近ではオープンループシステムが，件数ではクローズドループシステムに及ばないものの，1 件当りの導入規模が大きく，12 kW/台換算の台数としては 3〜4 割を占めることとなってきたことから，オープンループシステムの解説を 3 章と 7 章に加えた．

　本年，東京の 8 月の猛暑日の日数の記録が更新されたように，地球温暖化は徐々に周囲環境に深刻な影響を与えてきており，近い将来，温暖化対策のために建築物のエネルギー消費量削減の義務が厳格化することが予想される．ここ数年は地中熱ヒートポンプシステムの導入数は停滞しているが，エネルギー消費量削減義務の厳格化により，再び地中熱ヒートポンプシステムの導入が拡大すると考えられる．本書が地中熱ヒートポンプシステムの導入の際の設計・運用の一助となり，地中熱ヒートポンプシステムの導入拡大に伴う温室効果ガスの削減に寄与することとなれば幸いである．

　最後に，改訂 2 版の刊行にあたり，ご多忙の合間を縫い執筆および校正にご協力いただいた執筆者の方々に厚く御礼申し上げる．また，タイトなスケジュールの中，編集・調整にご尽力を賜ったオーム社の皆様に心より感謝申し上げる．

北海道大学大学院工学研究院

葛　　隆　生

索　引

地中熱ヒートポンプシステム（改訂2版）

2007 年 9 月 25 日　　第 1 版第 1 刷発行
2020 年 10 月 20 日　　改訂 2 版第 1 刷発行

編　　者　北海道大学 環境システム工学研究室
発 行 者　村 上 和 夫
発 行 所　株式会社 オーム社
　　　　　郵便番号　101-8460
　　　　　東京都千代田区神田錦町 3-1
　　　　　電話　03(3233)0641(代表)
　　　　　URL https://www.ohmsha.co.jp/

© 北海道大学 環境システム工学研究室 2020

組版 徳保企画　　印刷・製本 壮光舎印刷
ISBN978-4-274-22608-3　Printed in Japan

本書の感想募集　https://www.ohmsha.co.jp/kansou/

本書をお読みになった感想を上記サイトまでお寄せください．
お寄せいただいた方には，抽選でプレゼントを差し上げます．